地质灾害机理与防治

（第二版）

黄　雨　毛无卫　郭　桢等　编著

科学出版社

北　京

内 容 简 介

本书主要讲述地球科学与地质灾害基础、地质灾害监测预警与风险评估、地质灾害防治规划、灾害管理及应急预案、常见地质灾害（地震地质灾害、边坡地质灾害、地面变形地质灾害、海岸带地质灾害、特殊土地质灾害、地下水资源恶化、洪涝与干旱灾害、地下空间地质灾害、冰冻圈地质灾害等）的产生机理与防治措施。读者可通过本书了解地质灾害的基本知识，理解我国社会主义生态文明建设的紧迫性与必要性，践行“绿水青山就是金山银山”理念。

本书可用于高校本科生、研究生以及地质灾害防治相关从业者学习地质灾害防治的相关知识，可用作地质类、土建类、水利类、交通类、采矿类等相关专业本科生、研究生的教材及参考用书。同时，本书力求深入浅出，争取既能揭示地质灾害科学研究的过程，又能反映工程防灾减灾的最新进展，是一本适合社会大众了解地质灾害机理与防治的科普著作。

图书在版编目（CIP）数据

地质灾害机理与防治 / 黄雨等编著 . -- 2 版 . 北京 : 科学出版社 , 2025. 8.
ISBN 978-7-03-083272-6

Ⅰ . P694

中国国家版本馆 CIP 数据核字第 2025534X1X 号

责任编辑：韦　沁 / 责任校对：何艳萍
责任印制：肖　兴 / 封面设计：无极书装

科学出版社 出版
北京东黄城根北街16号
邮政编码:100717
http://www.sciencep.com
北京中科印刷有限公司印刷
科学出版社发行　各地新华书店经销
*
2023年6月第　一　版　开本：787 × 1092　1/16
2025年8月第　二　版　印张：17
2025年8月第一次印刷　字数：403 000

定价：198.00元

作者名单

黄　雨　毛无卫　郭　桢

郑　虎　叶　斌　杨　坪

陈之毅　李星月　陆　平

再版前言

地质灾害防治是关乎人民生命财产安全、生态文明建设和国家可持续发展的重要课题。近年来，全球气候变化加剧，极端天气事件频发，人类工程活动强度持续增加，地质灾害呈现出新的时空分布特征和演化规律。随着“一带一路”倡议、新型城镇化、交通强国等国家战略的深入推进，地质灾害防治工作面临更加复杂的挑战。与此同时，人工智能、天－空－地－内一体化监测、大数据分析等新技术的快速发展，为地质灾害的早期识别、智能预警和科学防控提供了新手段。

《地质灾害机理与防治》第一版自出版以来，得到了广大高校师生、科研人员和工程技术人员的关注与支持，被多所高校选为相关课程的教材或参考书。在教学实践和科研应用中，我们收到了许多宝贵的意见和建议。为适应地质灾害防治领域的最新发展，满足教学与工程实践的需求，我们对本书进行了全面修订。在保持第一版核心框架的基础上，重点新增了地下空间地质灾害、冰冻圈地质灾害和地质灾害智能监测预警三个前沿领域章节。第二版章节内容安排如下：第 1 章为绪论，主要介绍学科属性、灾害地理环境和地质灾害链的特征，以及我国地质灾害防治方法和政策的框架和防治理念；第 2 章为地球科学基础，主要介绍地球圈层构成、地球内外动力作用、矿物岩石及构造地质学内容等；第 3 章为地质灾害学基础，定义了地质灾害的内涵与属性，同时介绍了常见地质灾害的类型，比较了地质灾害分类分级的各种角度与我国现行定量分类分级标准，并举实例介绍了地质灾害评估与减灾的理念；第 4 章为地震地质灾害，介绍了地震成因以及类型划分，并结合我国发生的典型地震灾害，讲述地震的直接危害以及地震引发的大量次生灾害；第 5 章边坡地质灾害，介绍边坡地质灾害的基本形式、稳定性评价方法以及相关防治措施等；第 6 章为地面变形地质灾害，主要介绍地面沉降、地裂缝和地面塌陷这三类典型地面变形地质灾害的基本现象、成因和防治措施；第 7 章为海岸带地质灾害，着重介绍了海平面上升、海岸侵蚀、海水入侵、海啸、风暴潮几种常见的海岸带地质灾害；第 8 章为特殊土地质灾害，介绍了软土、红黏土、膨胀土、湿陷性黄土、冻土等一些性质特殊的土体及相应的地质灾害；第 9 章为地下空间地质灾害，聚焦城市地下工程、隧道施工等诱发的地质灾害问题，探讨其成因机理与防控对策；第 10 章为冰冻圈地质灾害，结合全球气候变化背景，分析雪崩、冰岩崩等灾害的演变趋势及防治措施；第 11 章为地质灾害智能监测与智能分析，介绍 InSAR 遥感、无人机遥感、人工智能等新技术在地质灾害监测预警中的应用；第 12 章为地质灾害风险评估，介绍地质灾害风险评估的理论基础与方法、地质灾害危险性评估、易损性评估等；第 13 章为地质灾害防治管理，介绍地质灾害防治管理的基本内容、应急管理手段、法制法规以及相关案例等。本次修订还结合各章节内容，更新了地质灾害案例库与最新地质灾害防治研究成果，如补充了 2024 年福建等东南地区降雨诱发的群发滑坡灾害事件等，并融入地质灾害风险评估、韧性防灾、生态修复等最新研究进展。

本次修订由同济大学《地质灾害机理与防治》课程教学团队完成，其中，第 1 章由黄雨负责修订，第 2、7 章由郭桢负责修订，第 3、4 章由毛无卫负责修订、第 5、6 章由郑虎负责修订，第 8、12 章由叶斌负责修订，第 9 章由陈之毅负责编写、第 10 章由李星月负责编写、第 11 章由陆平负责编写、第 13 章由杨坪负责修订。教材内容更新与出版工作得到了国家重点研发计划项目（2024YFC3012600）、国家自然科学基金项目（42472342、42277156、42171343、42202312、52278410）、上海市重点课程建设项目，以及同济大学课程建设项目、教学改革项目及教材建设基金的支持。团队研究生王艺谙、彭治铭、李尉、苏珂、黑李莎、苗沪生、王子凡、鲁天明、戴国威、潘亚飞、黄烨迪、余璐、王禹汗等协助参与了第一版教材的资料收集、文字撰写、图片绘制等工作；团队博士后朱旻奕、单墨楠，研究生罗森林、陈洁朋、邹嘉玲、李立群、赵翠珠、袁璨、葛梦林、王思怡等协助参与了第二版教材的修订，并在资料收集、案例整理、图表绘制等方面做出了重要贡献。同时，我们参考了大量国内外最新文献，书中部分图片来源于政府部门、科研院所、大专院校等官方网站，在书中均已注明出处。另外，部分图片购自商业素材公司。教材内容得到了中国地质调查局南京地质调查中心、中国地质科学院地质力学研究所和中国地质环境监测院等单位的专业指导，在此一并致谢。

由于地质灾害防治领域科技进展发展迅速，书中难免存在不足之处，恳请广大读者批评指正，以便我们不断完善。希望本书能为高校教学、科研攻关、工程实践和地质灾害科学普及提供有益参考，助力我国地质灾害防治事业的高质量发展。

黄　雨
2025 年 7 月

目　录

再版前言
第 1 章　绪论　1
1.1　灾害学与地理环境　2
1.2　自然灾害概论　12
1.3　地质灾害防治　17
思考题　23
参考文献　23
第 2 章　地球科学基础　24
2.1　地球圈层　25
2.2　地球内外动力　28
2.3　矿物岩石学基础　34
2.4　构造地质学基础　36
2.5　第四纪地貌学　37
思考题　63
参考文献　63
第 3 章　地质灾害学基础　64
3.1　地质灾害内涵与属性　65
3.2　常见地质灾害类型介绍　66
3.3　地质灾害分类与分级　74
3.4　地质灾害评估与地质灾害管理　80
思考题　82
参考文献　82
第 4 章　地震地质灾害　83
4.1　地震概述及成因　84

4.2 地震波及其传播 88
4.3 地震震级和地震烈度 90
4.4 地震地质灾害效应 93
4.5 地震地质灾害减灾 97
思考题 99
参考文献 99
第 5 章 边坡地质灾害 100
5.1 边坡地质灾害概述 101
5.2 边坡变形破坏方式 104
5.3 边坡稳定性影响因素 112
5.4 边坡稳定性评价 114
5.5 边坡破坏监测与预报 117
5.6 边坡灾害危险性评估 117
5.7 边坡灾害防治措施 119
思考题 120
参考文献 120
第 6 章 地面变形地质灾害 121
6.1 地面变形地质灾害概述 122
6.2 地面沉降地质灾害 123
6.3 地裂缝地质灾害 126
6.4 地面塌陷地质灾害 130
思考题 136
参考文献 136
第 7 章 海岸带地质灾害 137
7.1 海平面上升 138
7.2 海岸侵蚀 142
7.3 海水入侵 146
7.4 海啸 150
7.5 风暴潮 153
思考题 157
参考文献 157

第 8 章 特殊土地质灾害 159

8.1 特殊土地质灾害概述 160

8.2 软土地质灾害 161

8.3 膨胀土地质灾害 165

8.4 湿陷性黄土地质灾害 167

8.5 冻土地质灾害 169

思考题 171

参考文献 171

第 9 章 地下空间地质灾害 172

9.1 地下空间地质灾害概述 173

9.2 围岩与地层失稳灾害 175

9.3 地下水诱发灾害 177

9.4 地震诱发灾害 179

9.5 案例分析与预警技术 181

思考题 187

参考文献 187

第 10 章 冰冻圈地质灾害 188

10.1 雪崩 190

10.2 冰岩崩 197

10.3 冰湖溃决 201

10.4 冰川泥石流 207

思考题 211

参考文献 211

第 11 章 地质灾害的识别监测与智能分析 213

11.1 地质灾害早期识别和监测 214

11.2 应急测绘与快速制图响应 218

11.3 应用于地质灾害研究的智能测绘技术前沿发展 220

思考题 224

参考文献 224

第 12 章 地质灾害风险评估 225

12.1 地质灾害风险评估概况 226

12.2 地质灾害风险评估理论基础与方法 228

12.3 地质灾害危险性评估 233

12.4 地质灾害易损性评估 235

12.5 地质灾害风险管理 238

思考题 239

参考文献 239

第 13 章 地质灾害防治管理 240

13.1 地质灾害防治管理概述 241

13.2 地质灾害预防管理 251

13.3 地质灾害应急管理 256

13.4 地质灾害防治管理案例 259

思考题 261

参考文献 261

文明，是人类社会发展的物质和精神成果的总和。生态文明是人类文明新的阶段，它是人类在对人与自然关系深刻反思基础上，为实现永续发展而主动选择的新道路、新模式。随着我国社会经济建设发展，生态建设和灾害防治事业也取得从无到有的伟大飞跃。

第1章 绪　　论

1.1 灾害学与地理环境
1.2 自然灾害概论
1.3 地质灾害防治

1.1 灾害学与地理环境

在漫长的历史长河中，人类经历了以四个文明为基础的四个阶段（何传启，1999）。第一阶段为石器时代，以石、骨等硬质材料为主要工具，人们依靠集体生存，通过采集渔猎进行物质生产。第二阶段为农业时代，以农耕文明和制作、使用生产工具为特征，社会以农业经济为核心，人类社会形成自给自足的生产模式。第三阶段为工业时代，自文艺复兴始，取得了地理大发现、机械化大生产的里程碑式成就，踏足人类文明前所未有的深度。工业革命开启了现代化生产的序章，也造成严重的环境公害。第四阶段为信息时代，以知识经济为核心展开物质生产和科技创新。

在过去的三个时代中，人类社会的前进一味地强调改造和征服自然，这种认识在工业时代发展到顶峰。正是迈进工业时代的百余年内，社会发展对能源的贪婪索取改变了全球活动的生态平衡：化石燃料的大量消耗造成温室效应、气候变化等全球性生态危机。人们认识到如果要延续子孙享有同等生态资源的权利，就需要形成新的文明形态来保证资源供应的可持续性。

1972 年，首届关于环境议题的世界会议在斯德哥尔摩召开，通过了《斯德哥尔摩宣言》和《人类环境行动计划》，将环境问题置于首要位置，这标志着工业化国家与发展中国家开始就经济增长、空气、水与海洋的污染以及全世界人民福祉之间的关联展开对话[①]。1980 年，“可持续发展”首次出现在《世界自然资源保护大纲》中，这是国际组织共同审定、向全球发布的以保护世界生物资源为主的第一份纲领性文件，“必须研究自然的、社会的、生态的、经济的以及利用自然资源过程中的基本关系，以确保全球的可持续发展”[②]。1982 年，美国学者 Lester Brown 针对环境、粮食和能源短缺问题，提出以控制人口增长、保护资源基础和开发再生能源来实现可持续发展的解决方案（Brown，1982）。1987 年，联合国环保署系统阐述了可持续发展的内涵：“既能满足当代人的需要，又不对后代人满足其需要的能力构成危害的发展”（World Commission on Environment and Development,

① 联合国人类环境会议，1972 年 6 月 5~16 日，斯德哥尔摩。
② 国际自然和自然资源保护联盟，1980 年，世界自然资源保护大纲。

1987）。1992 年，各国首脑通过了多项公约，开创了继农业文明、工业文明之后的新文明形态[①]。进入 21 世纪，气候变化议题迅速主流化。2012 年，联合国可持续发展大会（United Nations Conference on Sustainable Development，“里约 +20”峰会）提出绿色经济新范式，130 余国承诺制定国家可持续发展战略（2012）。2015 年成为关键转折点，联合国通过《2030 年可持续发展议程》，17 项可持续发展目标（sustainable development goals，SDGs）系统整合经济包容、社会公正与生态安全三重维度；同年《巴黎协定》签署，195 国承诺将温升控制在 1.5℃内，推动全球发展模式向深度脱碳转型。可持续发展的理念贯穿工业生产和自身价值探索与实现的过程，这是我们为实现永续发展选择的新道路、新模式。

1.1.1　自然地理环境

自然地理环境是对人类社会赖以生存和发展的地球表层环境的统称，包括地形、地貌、土壤、气候、水系、矿藏、动植物等。适当的日地距离、海洋水体、大气层、地质营力等的共同作用孕育了交相错杂的生态系统，并为维系该生态系统稳定的物质循环和能量流动过程提供了多样的环境。

1. 研究对象

自然地理环境按照物质状态来划分，由大气圈、水圈、生物圈和岩石圈组成。人类居住和社会活动均处于地球的四大圈层之中，并对圈层内部环境造成影响。为了理解地球上潜在灾害的成因和演化特征，需要了解构成生态环境的各圈层的物质基础。

大气圈：在地球引力的作用下，大量气体聚集在地球周围，形成几百千米厚的大气圈。气体密度随高度增加而变得稀薄。如图 1.1 所示，各层大气温度、成分和电离程度不同，

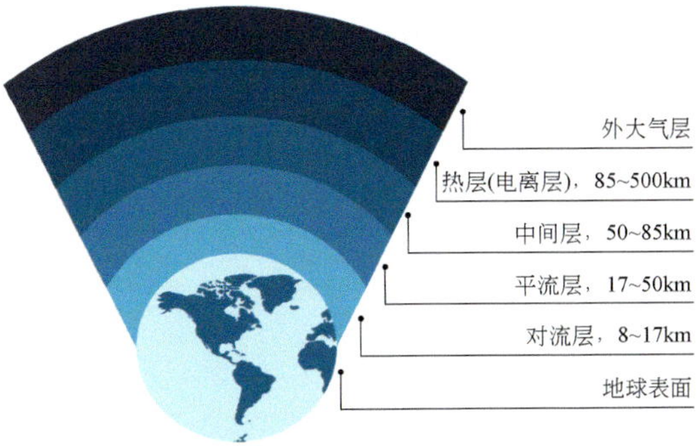

图 1.1　地球的大气圈

① 联合国，1992，里约热内卢环境与发展宣言。

从地面开始依次分为对流层、平流层、中间层、热层（电离层）和外大气层。

对流层是接近地球表面的大气，气体发生以升降为主的对流运动。大气中的水汽大多集中于此，因此刮风、下雨、降雪等天气现象都是发生在对流层内。平流层为 50km 以下、对流层以上的大气，气流水平运动，在这一层中，氧分子在紫外线作用下形成臭氧层，保护地球免受太阳高能粒子辐射。中间层及电离层为 500km 以下、平流层以上的大气，气体分子大量电离，短波无线电通信在这层实现。外大气层，又称散逸层，距地表 1000km，大气密度为海平面处的 $1/10^{16}$，温度可达数千摄氏度。

水圈：地球与太阳保持着合适距离，形成了地球独有的水生态和水循环。地球上的江河湖海、极地冰盖冰川、大陆雪峰共同组成地球的水圈。水圈的水在地球的分布极不平衡，且受到大气环流、纬度、高程和海陆分布的影响——约 97.5% 分布在海洋和咸水湖中，仅有 2.5% 为冰川水、地下水、河流等。地球上的水通过相态转化、运移、径流等方式保持相对稳定的循环，如图 1.2 所示，但是循环中的微小变动会很大程度地扰乱人居环境：一次大规模风暴潮、海啸、洪涝会淹没城市，在温室效应、冰川融化、全球变暖的背景下，我们不得不加深理解水体变动、迁移过程的潜在危险。

图 1.2　地球的水循环

岩石圈：地球表面有一层由坚硬岩石组成的外壳，可以长期保持各种形状，厚度为 70~150km，称为岩石圈，如图 1.3 所示。岩石圈在大陆的平均厚度为 40km，海洋约为 10km；下方是 2900km 厚的地幔；内部地核分为厚度约为 2250km 液态的外地核和厚度约为 1220km 的内地核。

阿尔弗雷德·魏格纳在 20 世纪初提出大陆漂移说。依据非洲和南美洲海岸线在几何和生物学上的相似性，提出了大陆漂移的假说，后续研究提出理论证明此假说，认为地球内部构造最外层分为岩石圈和软流圈，并导致大陆漂移。研究表明，地球实测扁度和理想流体静压力下的扁度十分接近，推测地球内部具有流动性以解释这种类液体的力学模式：在长期构造应力的作用下，岩石圈底部在软流层的带动下不断运动；在相对短期的构造应力作用下，岩石圈表层板块的挤压和扩张趋势形成板块边界的地形，也解释了表生地质过程对形成地形地貌的作用。

生物圈：地球上所有生态系统的统合整体，海平面上下垂直各 10km 的外层圈中所有的生命和生命过程，构成生物圈。它包括地球上有生命存在和由生命过程变化和转变的大气圈、岩石圈和水环境。生物圈是一个封闭且能自我调控的系统，如图 1.4 所示，这其中时刻进行着复杂的物质循环、能量流动和信息交换等生命基本活动。

除地球之外，宇宙中目前还未证实有存在生命过程的第二颗行星。一般认为生物圈是从 35 亿年前生命起源后演化而来的，现今人类活动已然成为生物圈中最为活跃、变异性最高的一股力量。随着经济和社会进步，人类群体行为对生物圈的影响剧增，甚至超过同时期地质营力的强度。在地球亿万年的演化进程中，各圈层的状态始终向着动态平衡趋近，为不可逆的熵增过程。虽然我们的经济社会具备高度文明，但是人的个体是脆弱的，经济社会粗放式发展最终将会危及我们的生存环境。

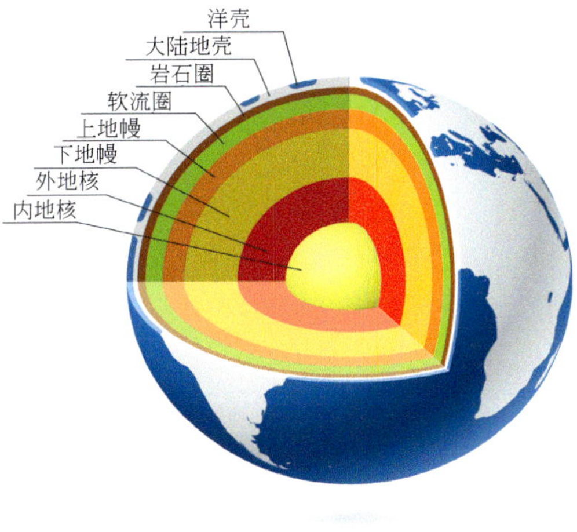

图 1.3　岩石圈与内部结构

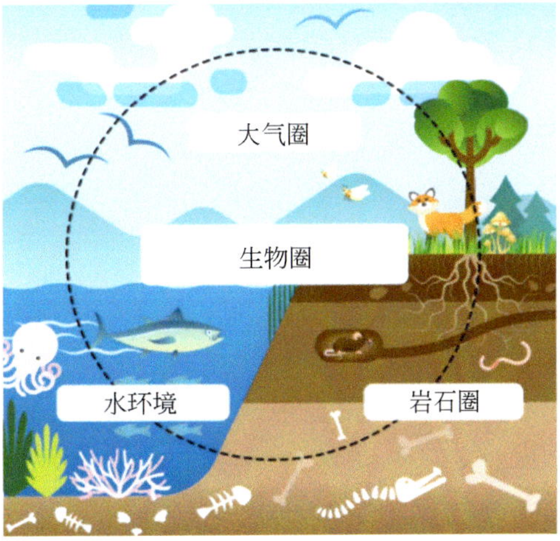

图 1.4　各圈层相互作用

2. 研究任务

本书以灾害环境要素为研究对象，通过建立这些要素之间的联系（图 1.5），挖掘灾害环境要素在时间、空间上的动力学演化特征，揭示不同地质灾害的成因机理，综述世界领先的工程防治措施、工程指标和技术原理，总结我国的灾害防治组织对策和成功经验。

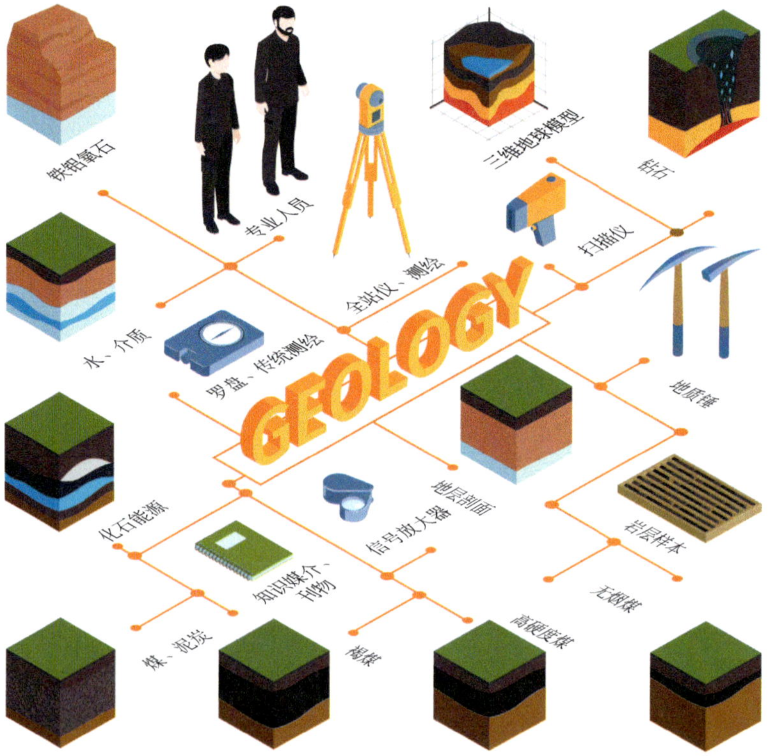

图 1.5　灾害环境要素示意图

面对日益严峻的资源、环境和生态问题，以灾害环境要素为出发点的研究具备深层次的必要性，基于地质学、地震学等多学科理论和工程实践解决两个基本科学问题：阐明灾害环境要素基本构成及关联、揭示灾害环境要素发展特征。站在历史的角度上，只有正确把握灾害环境的演进轨迹，才能真正理解如今地质灾害的形成机理，从而预测未知灾害，提出防治对策。站在发展的角度，人工智能（artificial intelligence，AI）凭借动态建模与智能预测，逐步打破传统的局限，推动灾害防治从被动应对向主动预判转变，重塑精准决策的新型防灾模式。面向 21 世纪的诸多全球性问题，AI 等新技术正积极投身于自然资源综合开发利用、自然灾害防御与治理以及生态环境建设等工作。在识别自然灾害的时空分布和演变特征时，合理运用自然地理学知识与 AI 技术，能为国土开发和区域经济发展提供更全面的工程依据。面向 21 世纪的诸多全球性问题，积极参与自然资源综合开发利用、自然灾害防御与治理、生态环境建设等工作，识别自然灾害时空分布和演变特征，为国土开发和区域经济发展提供工程依据。

1.1.2 灾害环境

灾害环境主要研究自然灾害的形成机制、环境特征和地理分布及其对人类生产生活的影响，并通过对灾害形成因素的变化过程和条件的分析，掌握灾害宏观和微观动态，探索预测、预报和预防的途径，探明灾害成因与灾害后果之间的关系，为防灾减灾提供科学依据（刘会平和潘安定，2007）。

灾害是指危害生命、财产、社会功能以及资源环境的事件或现象，是危害人类赖以生存环境各类事件的统称，兼具自然属性和社会属性。世界卫生组织对灾害的定义为“引起相当体量的设施破坏、经济受损、人员伤亡、健康状况及卫生条件恶化的事件，其规模已超出系统、社会或社区的承受能力而不得不寻求外界专门援助的事件”，包括传染病、自然灾害、地缘冲突、食品和水源危机、化学药品和放射、建筑物倒塌、交通事故、燃料供应不足、空气污染、气候变化等。对相应的灾害风险的定义为“社会在特定时期内可能发生的潜在死亡、受伤或资产毁坏，而这种可能的损失取决于危害、暴露、脆弱性和应对能力的综合结果发生的概率”。

全球变暖、酸性沉降、臭氧层破坏、生态恶化等自然因素是导致灾害事件频发的大背景，事实上，人为改变土地使用性质，化学药剂的使用大大加剧了灾害的破坏性，或许是构成上述背景的主要原因（童威，2008）。联合国在2015年发布了17项联合国可持续发展目标（SDGs），旨在充分激发政府和人民的主动性采取行动和对策，共同解决这17个人口环境的重要问题，如图1.6所示。其中，大部分目标涉及自然地理、人居环境、能源

图1.6 联合国可持续发展目标（SDGs 17）

和碳排放等，如经济适用的清洁能源、可持续城市和社区、气候行动、陆地生态、清洁饮水和卫生设施等。灾害地理环境和人类社会发展相辅相成，其在各个国家和地区表现出不同性质，因地制宜、对症下药，探究灾害地理环境普遍性和区域性的特征和联系，帮助我们深刻反思和理解现存的自然的、科学的和社会的问题，在多种视角的审视下，通过不同的途径从而找到解决问题的最优思路。

1. 区域灾害地理

据联合国统计，在过去的 40 年中，330 万人在自然灾害中丧生；在过去 10 年来，自然灾害的经济损失增加了 4~5 倍，其中绝大部分发生在贫困国家，大多数死亡是由洪水、干旱、地震等人为或自然灾害与灾害群造成的。这些自然灾害最重要的特点是区域性显著，后续对典型区域灾害进行描述。

1）亚洲

亚洲是世界七大洲中面积最大、人口最多的洲，人口约为 47.5 亿人，约占世界总人口的 60%[①]（2023 年）。其绝大部分地区位于东半球和北半球，以温带和亚热带气候为主导的气候类型，部分为热带气候。三大圈层要素运动活跃，构成世界上特大型自然灾害最频发的特征。自然地理方面，人口密度高，地形地貌、水文地质条件复杂，人居环境受到不同程度的挑战。

地震：我国在元朝已经对地震历史形成可追溯的记录。例如，1290 年直隶地震，震中为现内蒙古宁城县，震级为 6.8 级，伤亡惨重；元朝大德七年（1303 年）的洪洞 8 级地震，致使约 27 万人丧生（据《中国地震目录》，1982 年）；明朝嘉靖三十四年腊月十二（1556 年 1 月 23 日）的 8.3 级强震造成 83 万人丧生，这是世界历史上死亡人数最多的地震。

日本位于两大地震带交会处。自百年前的关东大地震至今，日本经历了超过 20 次 7.0 级以上的强震灾害。日本领土及海域每年平均发生地震 7500 次，其中破坏性地震 420 次，释放能量占全球地震的 1/10。例如，2011 年 3 月的东日本大地震曾引起灾难性海啸，造成岩手县、宫城县、福岛县设施摧毁，如图 1.7 所示，其中，仅宫城县的罹难以及失踪人数就接近 1.1 万人，经济损失难以估量。

热带气旋与洪涝：洪涝灾害在东亚与东南亚频发，其发生往往伴随着极端的降雨条件。热带气旋一般在赤道南北 30° 纬度以内范围内生成，在大气环流和太平洋洋流的影响下，东南亚成为世界上热带气旋的主要源地。我国沿岸是全球最多热带气旋登陆的地方，平均每年有七个左右的热带气旋登陆；而同样受到台风灾害影响的还有菲律宾、印度尼西亚、泰国，图 1.8 为泰国中部大城府某遗址公园被洪水淹没的场景。南亚印度的乞拉朋齐

① Worldometer，https://www.worldometers.info/world-population/asia-population/ [2023-04-18].

图 1.7 东日本大地震引发海啸

图 1.8 泰国洪水淹没大城府

被称为“世界雨极”，年降水量曾达到 2 万 mm，其春季和夏季降水占全年的 98%，仅春夏之交的两个月占全年降雨的 47.7%；我国长江中下游、珠江流域地区的夏季降水量占全年 60% 以上[①]。

2）欧洲

欧洲面积为 1018 万 km^2，排名第六；人口 7.48 亿人[②]（2023 年），排名第三，仅次于亚洲和非洲。其位于东半球的西北部，北临北冰洋，西濒大西洋，南隔地中海与非洲相望，形成地中海气候。欧洲地震地质构造稳定，灾害群不显著，其常见的自然灾害类型是

① 中国科学院，2005，长江流域极端降水事件时空分布新特征被发现。
② Worldometer，https://www.worldometers.info/ world-population/europe-population/ [2023-04-18].

酸性沉降、雪崩、森林火灾和海水入侵等。其中，酸性沉降是由于欧洲工业化启程较早的长期效应。

酸性沉降：或酸雨，是气态如氮氧化物、硫化物或微粒状的污染物（如化石烟尘）伴随降雨形式落到地面，对生态造成灾难性后果，主要源于工业生产和高硫高污染化合物的排放，如图 1.9 所示。1972 年，在斯德哥尔摩会议上提出“酸性沉降的长期危害不低于核辐射”，其对于生态资源的间接损失难以计量。20 世纪 70 年代，调查显示，挪威、瑞典等国家 30% 以上的湖泊 pH 小于 5.0，呈现明显酸性，不适合绝大部分鱼类生存；20 世纪 80 年代，酸雨摧毁了德国 8 万 km^2 森林，千亿吨垃圾倾倒入莱茵河加剧了酸化趋势。因此，20 世纪末，为解决土壤酸化引发的生态问题，各国政府成立环境保护署，致力于长期监测和改善森林、土壤和水体。

图 1.9　排放未脱硫烟尘的烟囱

雪崩：是由于外部震动引发冰雪体突发式失稳的重力驱动型自然灾害，类似的还有滑坡和泥石流。根据雪山坡度和高度的不同，常见有平板状雪崩、松雪 – 湿雪崩和冰崩。阿尔卑斯（Alps）是世界著名的雪崩高发区。最为著名的雪崩事件发生在第一次世界大战期间，阿尔卑斯山麓战区发生史上最大规模雪崩，这场雪崩被认为是由炮火引发，累积掩埋超过 4 万名兵士。图 1.10 为 2015 年位于格鲁吉亚的什哈拉雪峰雪崩，造成 44 人死亡，影响十万余人，2.2 万户水电路、信号全部中断，城市陷入停摆状态。

3）北美洲

北美洲（包括加勒比海中众多岛屿）面积为 2422.8 万 km^2，排名第三；人口约 5.98 亿人①（2023 年），排名第四。其位于西半球的北部，西临太平洋，东临大西洋，大陆

① Worldometer，https://www.worldometers.info/world-population/ [2023-04-18].

图 1.10 2015 年格鲁吉亚什哈拉雪峰雪崩

海岸线长约 6 万 km。以美国为例，东、西部海岸气候差异明显，北部为较寒冷的中温带海洋性气候，中南部内陆地区属于暖温带气候，西部为典型山地气候，东南沿海则时常面临飓风灾害威胁。

飓风：不同的地区热带气旋在习惯上称呼不同，飓风专指大西洋和北太平洋东部的热带气旋，一般使用萨菲尔－辛普森（Saffir-Simpson）指标按照中心风速将气旋强度分为五个等级，强度会随气旋移动而改变。北美洲的飓风大多形成于大西洋盆地，包括墨西哥湾、加勒比海和北太平洋。在历史上，卡特里娜飓风是美国最严重的自然灾害之一，2005 年 8 月 29 日，飓风导致美国南部的新奥尔良市被洪水淹没两周以上，至少 1800 余人丧生。

2. 我国灾害环境

我国灾害环境具有普遍性和特殊性。全球范围的气候变化是当代世界各国面临的严峻环境问题，涉及海平面上升、温室效应加剧、生物多样性锐减等宏观而重要的普遍课题，构成灾害环境的普遍性。我国位于太平洋地质构造带和喜马拉雅构造带之间，自西向东形成三级台阶地貌，山地广布，地震及其触发的地质灾害规模大、频度高、致灾效应显著；同时，我国南北跨度大、气候多样、灾害种类繁多。这些要素构成我国灾害环境的特殊性。

我国潜在的生态和地质灾害环境现状如下：一是，我国雨雪时空分布异常，水资源形势堪忧。从 20 世纪 60 年代到 21 世纪初，我国主要流域径流量逐年递减，湖泊面积和蓄水量大幅减少，西北地区每年平均有 20 多个湖泊消失。二是，草原建设和湿地生态保护面临压力。我国荒漠分布范围向我国西部和高海拔地区扩展，草原退化，湿地面积锐减，森林火灾、病虫害传播范围扩大。三是，冻土区生态环境、工程环境受到挑战。全球变暖导致冻土将全面、持续退化，青藏铁路沿线冻土生物多样性减少，物种迁移和消亡的速度明显增加，工程环境艰难。四是，污染物排放和城市建设的热岛效应。大气中气溶胶浓度增加，不利于污染物扩散的天气增多，雾、酸雨、光化学烟雾等极端气候环境事件也将呈增多增强趋势。研究预测，我国的未来的生态和地理环境系统将在未来 50~100 年受到严重影响（《气候变化国家评估报告》编写委员会，2007）。

1.2 自然灾害概论

灾害的严重性使人们不得不重新审视灾害要素之间的联系和影响，以及反思为什么在平衡态的生态系统中会产生突发性的自然灾害。在诸多灾害影响的背景下，1976 年，美国创刊了《自然灾害观测者》杂志，主要报道地震、洪涝等自然灾害的研究计划与研究活动，用科学理论研究自然灾害的成因、量化它们的影响。灾害学逐渐作为独立的学科出现并迅速发展起来。1987 年，联合国通过决议开展“国际减轻自然灾害十年”活动，各种类型灾害学杂志纷纷创刊，包括《灾害学》《我国减灾》《自然灾害学报》等国内学术刊物。在对自然灾害科研学术的推动下，我国自然灾害的学术研究和防治政策得到长足发展（沈金瑞，2009）。

1.2.1 自然灾害的定义

灾害流行病学研究中心（Centre for Research on the Epidemiology of Disasters，CRED）对自然灾害的定义为“对人类生命和财产构成潜在威胁的自然过程和事件，且是由于人类对土地的使用使得这一过程成为一种危险”。自然灾害的标准是：① 10 人或以上死亡；② 100 人或以上受灾；③宣布进入紧急状态；④请求国际援助。如果其中任何一种情况适用，则该事件被视为自然灾害（Guha-sapir et al.，2004）。《天然灾害后的重建手册》一书对自然灾害的定义为“一种对于当地能力带来冲击的情况或事件，需要国家或国际层级的外部援助；一种预想不到且经常是突然发生的事件，导致很大的伤害、毁灭，并带给人类痛苦”，并进一步将自然灾害分为来自地球物理的、气象的、水文的、气候的和生物的（Jha，2012）。其严重程度通常与人口弹性及其社区恢复能力有关。例如，台风、风暴潮是大气圈中不同温压气体的势能差形成的，洪涝、干旱是水圈中降水和地表径流的分布不均造成的，地震、火山喷发是岩石圈下部和软流层的热对流造成的，表生地质灾害是地质作用和工程活动作用的结果。对于城市社区来讲，一场地震可能会带来持久性的破坏，这些破坏通常需要数年才能修复。而对乡村地区来说，群发滑坡会破坏农田、房屋，阻断交通并且还伴有重建艰难的特点。更严重地，人为原因造成的核事故（如1986年切尔诺贝利核事故和2011年福岛第一核电站事故）在城市群级别形成30~50年的恶性的不可逆影响。

1.2.2 自然灾害的特征

在科技进步和监测手段多样的今天，即便引入如深度学习时空序列预测、物理信息神经网络等人工智能新技术，但是人类对于自然灾害的预测仍是重要科学难题，涉及一系列其他问题，如灾害机理和预测的维度与精度等。人类对于自然灾害的预测仍是重要科学难题，涉及一系列其他问题，如灾害机理和预测维度与精度等。本质上，自然灾害的发生为一个物理系统的熵增演化过程，在宏观的时空上表现出群发性和周期性等典型特征，因此自然灾害研究与模拟是基于物理系统的发展规律。在灾害历史记录的列表中，我们能发现自然灾害的时空相关性等统计学规律，凝练其基本属性，通过逆向工程挖掘和理解自然灾害原理，最终形成指导灾害的预测、预警、防护手段的方法论。

1）区域性

自然灾害有区域性发生的特征。我国是陆生地震最为严重的国家，主要发生在板块内部由于断层裂隙形成的地质构造带上。值得注意的是，我国西南地区地形复杂、降雨频发，是世界上较为罕见的崩塌、滑坡、泥石流等地质灾害的高发区。2008年汶川地震诱发崩塌、滑坡、泥石流等地质灾害1.2万余处，形成35处堰塞湖，地震诱发的地质、生物破坏的危害程度甚至超过地震本身。

美国大部分地区受到不同强度自然灾害影响。其中，美国东南海岸的飓风灾害风险尤其严重。2021年得克萨斯州经历超级风暴，电力、供水、供暖、道路等基础设施大量损坏，引起电价上涨百倍以上，水源、食物等基本生活保障难以供应。

2）群发性

灾害群是指灾害在空间上的群居和时间上的群发，各致灾因子之间不存在成因联系，可根据多灾种风险评估模型对其进行评价。通常来说，在某次高强度自然灾害发生后，由于能量耗散的时空衰减特征，在邻近地区将呈现规模性群发特征。这种群发性的特征可以用年频发次数、单次持时与强度、群发规模来衡量。例如，台风登陆引起风暴潮，继而引发大规模降水，造成城市内涝；强震直接摧毁房屋、桥梁、大坝，引起群发地质灾害，甚至是核事故生态灾难。这些都属于群发性的自然灾害，其致灾强度可借由灾前预警预防与其他预防手段而减弱。例如，在地震发生前，通过对地震波的检测做到提前预知，在震后制定区域抗震减灾规划时，除了应对地震本身造成的基础设施损坏，还要对震后的余震、火灾、地质灾害、水库垮塌和疫病等加以预防。

3）周期性

自然灾害具有模糊的周期性规律，这是灾害可以预警和防治的重要前提。然而，由于诱因的复杂性，各种自然灾害发生、发展规律尚未深入而系统地揭示。具体到特定灾害或灾害群，在特定地区发生周期的准确性处于预测和验证反馈中。因此，我们不能简单地以某一次自然灾害的前一个复发间隔预测未来的灾害事件。

例如，由于板块构造和挤压逆冲影响，美国帕克菲尔德地区在1857~1966年间发生六次地震，平均发震周期为22年，根据地震历史预测下一个地震窗口在1988（±4.3）年。然而，这次地震在1993年底还没有发生，而是延迟到2004年，地震时间的预测失败意味着对于地震事件的预测失败。最终对于这次非常规延迟的解释是1983年附近一次规模很小的地震似乎释放了应变能，但是地震监测设备没能发现显著异常。再如，印度尼西亚苏门答腊的锡纳朋火山以平均每年两次的频率喷发，如图1.11所示，其对于低周期、高频、大型自然灾害有较高研究和试验价值。

图 1.11　印度尼西亚锡纳朋火山事件

4）社会性

自然灾害事件是自然环境与人居环境不和谐和难以持续的表现，除了对生命安全、工业生产、生态环境和灾害群形成直接破坏，其间接影响众多，如危害心理健康、商品价格波动、政府公信力下降等，构成极具威胁的社会易损性因素。由于人类活动的影响，对自然环境要素进行毫无节制的索取与开发，在工业文明期间累积造成生态环境的恶化，使生态已经部分丧失了自行调节的机能，自然灾害周期缩短、规模扩大。

在这样的背景下，联合国多次强调，社会保护体系对于增强抵御自然灾害能力十分重要，社会需要着力提高预期性、吸收性、适应性、变革性四种复原能力。优先投资社会保护体系，如建立早期预警系统、完善工业门类提高恢复能力、健全应急抢险社会体制等，这些对于民生的恢复和政府信誉的提升有着巨大作用。

1.2.3 自然灾害群发模式

各类自然灾害可能具有相似或相近的诱发因素和特征，也可能对其他多种灾害产生影响（图 1.12）。对于自然灾害研究的科学性和系统性的逐步提升，根据各类灾害过程的本质特征，我们试图细化这种群发性和复杂性的相互作用模式，采用如“灾害链”“级联效应”“蝴蝶效应”等阐明它们之间抽象的或者具体的关系。我国的自然灾害有如下几种群发模式。

图 1.12 自然灾害的群发模式

1）因果型灾害

因果型灾害为同一地区先后发生灾害有因果联系，这是最为常见的灾害群发模式。典型地，地震后极容易触发群发性灾害，形成地质灾害的链式效应。据较早记录，1739 年宁夏平罗地震，地震引起了地面开裂数尺，方圆百里水患，形成“地震—地面开裂—地面涌水—洪涝”震洪链和“地震—结构倒塌—火灾”的震害链；山地地震易引发“地震—崩滑流—堰塞坝—生态灾害”的地质和生态灾害链；近断层诱发地震对城市易形成“地震—设施破坏—气体泄漏—火灾”，严重危害交通、物资供应和生产。

2）重现型灾害

重现型灾害为多次在同一区域重现的群发模式。在预防和减轻灾害带来的危害时，需特别考虑灾害重现所带来的叠加效应。重现型灾害有周期性，掌握灾害发生发展的规律，可以指导抢险救灾、灾后重建应急管理工作。我国东南沿海地区台风极端气候频繁，平均每年登陆的产生显著影响的台风一般为6~8个（曾令锋等，2015）。例如，2019年台风“利奇马”、2020年强热带风暴“红霞”、2021年台风“烟花”、2022年台风“暹芭”等在我国广东、台湾、浙江等地登陆，造成数千万人受灾。

3）互斥型灾害

互斥型灾害是一种灾害群之间会削弱同时期潜在其他灾害的群发模式，其致灾效应之间呈现负相关性。这类灾害的诱发因素被认为是相同的或相似的，一种灾害的触发会消耗掉其他灾害的触发条件。我国民间有“一雷打九台”的谚语，意思是台风不会在有雷电时到来。这个经验性的说法逐渐被观察所证实：根据我国广东、福建、浙江三省气象台站的观察，是否有系统性雷暴可以作为台风的预测信号。如果台站附近雷暴严重便预测台风影响较弱，反之则需要台站人员提前应急。

我国历史上曾有“大雨截震”和“大震截汛”的记载。例如，1830年河北磁县地震，震后有一系列余震发生，但是在一场大雨后余震便不再活跃；1969年汛期我国长江中下游洪水与渤海湾7.4级大震；1976年西江和湘江洪水与唐山7.8级大震均被认为是互斥型灾害（郭增建等，2006）。

4）同源型灾害

在灾害群中包含的多个灾害可能为触发于同一个灾害的群发模式，这充分体现灾害致灾特点的多样性、群发灾害诱发机理的关联性。1556年，华县发生8级强烈地震，此次地震在我国历史记载中是极端严重的一次，为古今中外罕见。明朝秦可大在《地震记》中记载：“受祸人数，潼、蒲之死者什七，同、华之死者什六，渭南之死者什五，临潼之死者什四，省城之死者什三，而其它州县，则以地之所剥剔近远分深浅矣。”地震首先引发了100余个县城房屋不同程度的破坏，中心几个县城几乎夷为平地，由于地形地貌起伏、水文条件差，引发了大规模的滑坡和泥石流，以及大面积的火灾和水灾，这些群发性灾害最终造成的致灾效应或许不仅仅是线性叠加，更有可能是最大程度削弱自然和社会恢复性的、在短时间内造成的非线性叠加。直观上，多种类型的链式效应，如“地震—房倒屋塌—死伤”“地震—地质灾害—死伤”“地震—火灾—生态破坏和死伤”“地震—地形破坏—溃坝—死伤和淹没”，均同源于这次闻名中外的地震。由于生产和恢复能力有限，此次地震有非常长远的影响，建筑、商业和社会秩序用了近百年才恢复，地震的阴影长久地深入人心、无法抹平。

5）偶排型灾害

偶排型灾害是指灾害群偶然在某一地区，在相隔短时间内聚集性发生的群发模式，由于在历史记录中的稀有性，其群发机理和内在联系尚未可知。此类灾害难以观测到明显征兆，在统计学意义上灾害之间具有较大偶然性，故历史上记录较少。1603 年，泉州诸府海水暴涨，溺死万余人，次年 12 月 29 日泉州发生 8 级大地震；1607 年秋，又再次发生强震，震前未见有关征兆的记录。

1.3　地质灾害防治

地质灾害是指以地球物理和地质作用为主要触发原因的自然灾害，如地震、火山、滑坡、泥石流、岩崩等。由于地质营力和气候变化的影响，生物圈循环过程中对岩石圈和水圈平衡产生不可逆的形成，导致我们赖以生存与发展的资源、环境发生严重破坏的现象或过程（李烈荣，2003）。图 1.13 为 2005~2020 年地质灾害数量与单次经济损失的统计。

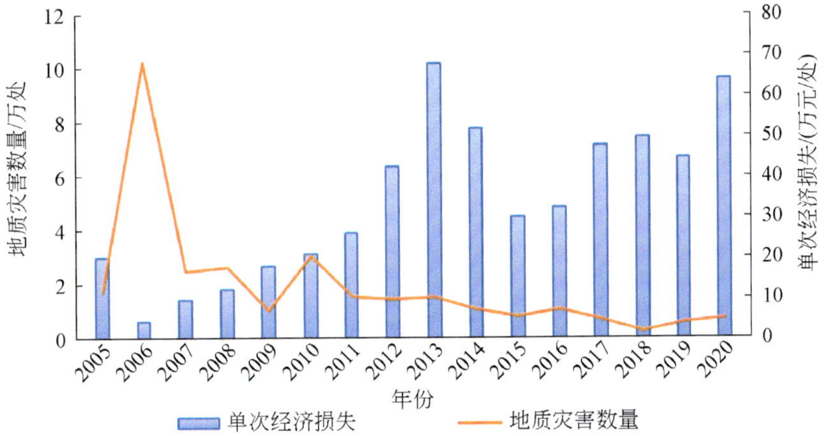

图 1.13　2005~2020 年地质灾害的致灾统计

图片来源：国家统计局，2005~2020 年，http://www.stats.gov.cn/sj/ndsj/ [2022-12-18]

地质灾害是可防可控的，在防控和救援中可以减轻社会损伤。地质灾害的防控是政府牵头组织的行动，但是在许多人道主义难以为继的地区，无法组织有效的防控对策。2010年1月，加勒比海岛国海地发生里氏7.0级地震，整个国家陷入停摆状态，当地居民生活受到非常严重的破坏。据统计，地震过程中的死亡超过20余万人，许多死伤是由于饥饿、疫病、地质灾害造成的，同年在秘鲁的7.1级强震造成500人死亡，这个差距是令人震惊的，也佐证了地质灾害的损失是可以减轻的。因此，在地球资源约束趋紧、地理环境污染加重、生态系统退化的严峻形势下，开展地质灾害机理和防治对策的研究刻不容缓。

1.3.1 地质灾害链

地震通常会引发地面表层移动，地震造成的地质体失稳的体积有时可能会达到数百万立方米。例如，1970年5月的秘鲁地震引发在瓦斯卡兰岩崩和泥石流，约5000万 m^3 的岩石、冰、雪的混合物，以280km/h的速度移动，覆盖了16.5km以上的超长路线，造成了位于山谷的两处村庄约2万人死亡（Lliboutry，1975）。地震甚至可以使以前发生过位移的地表再次移动。海地地震在距离震中46km的范围内引发了大约4500次的地表移动。在此前记录到的1273处山体滑坡中，有572处山体滑坡因2010年地震而再次滑坡（Gorum et al.，2013），形成地质灾害链和触发级联效应。

地质灾害链是地质灾害在空间上的群聚、群发，在时间上存在先后顺序。其中，在时间上最先发生的灾害为原生灾害，其他为次生灾害。通常来说，地震、火山、飓风或台风等原生灾害具有高能量密度、突发性和不确定性，次生灾害则具有分布广泛和致灾效应显著的特征，是可防可控的。

同时，地理环境的区域性决定了不同区域具有不同的潜在灾害群特征。例如，日本阪神大地震、东日本地震通常伴随海啸，形成“地震—海啸—洪水”灾害链；智利1960年地震连续三次袭击了瑞尼赫湖附近的瓦尔德维亚城，引发了巨型滑坡群和湖面上涨，瓦尔德维亚城几乎全部被淹没。

1.3.2 地质灾害防治原则

地质灾害链的发展本质上是地质灾害要素及其赋存能量的迁移与转化过程。在一个链式触发模式中，次生灾害的诱发需要具备内在的客观规律和原生灾害的固有特征，是灾害群中较为容易攻关的部分。通过长期监测和实地考察研究多种地质灾害链的群发模式，尤其是地质灾害的诱发机理，有针对性地预防和减轻次生地质灾害。

地质灾害减轻理论与实践是横跨自然科学、社会科学、人文科学的完整学科体系。在处理经济社会活动与地理环境时，以最大化社会效益和绿色经济为目标，科学开展灾害防控和生态恢复工作：一方面要积极预防可能发生的各种地质灾害以及自然灾害；另一方面注重灾害地理环境的恢复和保护，从根本上减轻灾害的致灾范围。近年来，我国长期以防灾科学研究与减灾技术研发为指导，综合研究各种地质灾害的触发和演化特征，攻克地质灾害研究领域的理论和技术难关（潘懋和李铁锋，2003）。在《工程地质手册》中定义了地质灾害防治基本原则，适用于地震、洪水、火灾等各种重大突发性地质灾害，如图 1.14 所示（《工程地质手册》编委会，2018）。

图 1.14　地质灾害防治基本原则

（1）树立全民减灾意识，提高全社会的防灾抗灾能力，增强全社会的防灾意识和主动性。有些突发性灾害不可避免，以基于政府民间组织时间的抗灾减灾为主，如地震、台风、火灾等。有些缓变型次生灾害是可防可控的，避免次生灾害群造成更大致灾效应。

（2）防患于未然，以防为主，防、抗、救相结合。政府和职能部门通过建立和完善地质灾害灾情信息系统、监测预报网络，提高对于灾害的理解能力和预测水平。同时，在防灾前提下，注重理论与实践并重，在典型的潜在地质灾害高发区，政府部门提前做好预案制定灾害发生的救援计划，并完善灾后调查，以作为抗震的重要依据。

（3）群专结合、综合防治，群众性与专业性相结合。专业技术人员通过勘查、试验等多手段研究，能够系统地掌握典型地质灾害的成因，提出地质灾害防治减轻对策。然而，在点多面广、灾害高发的居民区内，政府人员要尽能力提高居民对灾害的辨别、分析和理解能力，带领居民主动防治、群测群防。

（4）以人为本，突出重点，兼顾一般。地质灾害具有区域性、突发性、社会性的特点。生命线工程内的地理环境要素要重点调查，分析地质灾害易损性和社会效益，减轻灾害损失。对区域内普遍存在的地质灾害，分析灾情大小，进行技术经济论证，组织防治。注重居民的反馈意见和媒体的舆论情况，减轻灾区民众的生活和心理负担，抚慰他们的情绪。

（5）坚持“防灾减灾与经济发展并重”的减灾对策，减灾与发展并重，确定可持续发展的减灾对策。在有限财政和人力资源的前提下，把减灾计划纳入经济发展的规划蓝图中。防灾减灾获得的社会效益与经济发展是互补的，反映了政府的执行力、责任感和民众期待。

（6）积极开展灾害科学研究，充分发挥政府的协调职能。地质灾害的社会性反映了减灾行动的社会性，在政府的指挥领导和各职能部门的组织管理下，提高社会面的对于灾害可防可控的意识，动员民众协调行动。开展灾害评估、灾害社会学、灾害心理学领域的研究，注重防灾减灾科学研究与工程的结合和成果的可转化性。

（7）避免盲目发展，保护生态环境。

地质灾害的防灾减灾原则可以概括为“预防为主、避让与治理相结合，全面规划、突出重点兼顾一般，防治工作统一管理、分工协作，及时建立监测网络、预警系统、群防队伍，经常性巡查，及时发现和处置险情”[①]。具体分为“防”和“治”两部分内容。在进行经济建设和活动时，尽可能防患于未然，在地质灾害发生之前，采取相应措施，及时治理，不仅可以节约治理费用，还可以最大限度降低灾害造成的损失。若地质灾害已经发生，则需要针对实际情况，综合灾害类型、危险程度、灾害大小等因素确定治理方法。

地质灾害的“防”包含灾害监测、灾害预报、灾害评估、宣传教育等系统工程。第一，地质灾害监测是防灾减灾的先导性措施。通过监测提供数据和信息，开展预测预报研究，或把监测数据直接传送到防灾减灾指挥中心作为决策指挥的依据。第二，灾害预报是减灾准备和各项减灾行动的科学依据。我国在地质灾害预报方面取得了一定的成果。加强多部门协作和多学科交叉，如传统的地质工程领域和物联网领域交叉，提供更加快速、健全的灾害预报系统，积极探索地质灾害的综合预报方法。第三，灾害评估是指对灾害规模及灾害破坏损失程度的估计与评定，分为灾前预评估、灾时跟踪评估和灾后评估。第四，政府相关部门应当向全社会普及宣传有关灾害成因、灾前征兆、防灾救灾国家政策和避险自救措施，提高居民的防灾意识、灾害应急处理能力和与灾害对抗的主动性。

地质灾害的“治”主要包括抗灾救灾、灾后安置与恢复、保险与援助等应急管理工作。第一，抗灾救灾包括灾前防御与灾后抢救，抗灾包括灾前的工程防御措施和灾后为救援提供的必要防御和保障措施；灾后抢救包括紧急救援抢险、转移灾民及财产、抗灾指挥和协调等，是减轻地质灾害损失中最重要和最及时的应急措施。第二，灾后安置与恢复包括生产和社会生活的恢复。重大灾害必然造成路网和水电网络中断、建筑设施损毁、企业停产

① 国务院，2003 年，《地质灾害防治条例》。

等，其中首要的是生命线工程的抢修与恢复。第三，保险与援助均属地质灾害保障的范畴，是防灾减灾的重要保障。

1.3.3　地质灾害防治政策

预防地质灾害的发生、减轻地质灾害的危害，是人类面对地质灾害的必然选择，也是研究自然环境和经济社会发展的永续课题。重大天灾和地质灾害链的研究仍是科学难题，研究地质灾害机理与防治对策帮助我们减轻地质灾害和环境恶化的影响。

改革开放以来，我国经济建设取得巨大成就，同时生态文明建设也不可忽视，国家也越来越重视生态文明建设。我国生态文明建设的政策见图 1.15，建设生态文明，是中华民族永续发展的千年大计，关系人民福祉，关乎民族未来，功在当代，利在千秋。

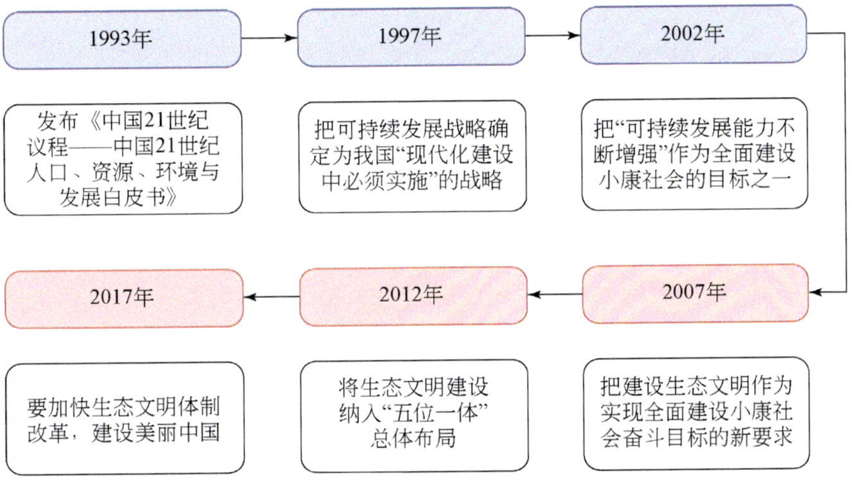

图 1.15　我国生态文明建设的相关政策

课外拓展

国外生态建设的教训与启发

英国作为最早的资本主义国家，在 18 世纪下半叶率先开始了工业化进程。在伦敦、曼彻斯特等地工厂拔地而起、烟囱林立、化石燃料大量燃烧，英国居民享受着煤炭能源供给的生活便利，社会经济活力充沛并持续百余年之久。

英国针对工业中出现的环境问题，1843 年，通过控制蒸汽机和炉灶排放烟尘法案；1847 年，《河道法令》严惩污染公共水源的个人和机构；1855 年，通过法案明确泰晤士河道和污水排放问题；1863 年，要求制碱行业抑制 95% 的排放物，第一次规定了氯化物的最高排放标准；1875 年，《公共卫生法》明确了供排水、街道房屋、垃圾清理、食品卫生监督、疾病预防管理等方面的内容。英国是最早建立完备的水资源和空气污染防治法律体系的。

美国主要位于 25°~45°N，西临太平洋、东临大西洋，地理环境和自然条件优越。第二次世界大战后期，美国工业化取得巨大成就，利用战后经济的优势地位一跃成为世界头号大国。然而，同时期美国国内的自然环境遭到前所未有的挑战，空气、土地、河流、大海的破坏均超过历史水平，发生了严重的公害事件，如多诺拉烟雾事件、洛杉矶光化学污染事件等。

20 世纪 60 年代，美国学界对国家竭泽而渔式的发展进行初步探讨。1962 年，环保主义作家蕾切尔·卡逊的《寂静的春天》一经发表便受到社会各阶层人士的关注，美国的环保主义思潮由此兴起。此后，环保主义观念成为非盈利社会团体的集体倡议。70 年代，在广泛民意的驱动下，美国政府正式通过行政命令干预环境治理、扶持环保产业。美国国会先后通过《国家环境政策法》《美国环境教育法》《联邦污染控制法》等 20 余项与环境保护有关的法律，对居民生活环境、工农业生产环境、生态环境的建设和保护等都有明确的法律限定。

美国继续倡导保护本国生态环境、使用清洁能源等，在履行国际社会责任上表现差强人意。从美国政府未签订《京都议定书》、退出《巴黎协定》，并在新政府执政后“反悔”原政府的决策等现象来看，美国的国家生态观念更像是党派博弈和拉取选票的筹码，其生态文明建设受到诸多因素掣肘，难以保持政策的一致性。

日本人口密度大、土地资源匮乏，内部生态的可持续性必须靠良好的环保策略，因此在国内大力推行环保主义刻不容缓。二战后，日本政府不计成本推动经济的高速发展，环境被肆意破坏，导致国内水俣病、第二水俣病、哮喘、痛痛病四大公害病横行，产生一系列公害公诉案件。公害诉讼案的压力与日俱增，政府重视并审定了《公害基本法》《大气污染防治法》《环境基本法》等生态环境法案。自此日本开启了“自下而上”推动环境治理的模式——由学术界最先觉醒并唤醒民众，通过民间团体的力量施压政府，促使政府出台相关法律政策规范企业行为，防治污染和公害。

新世纪日本实行环境立国战略。企业截污减排、使用环保设备；政府支持学界开展项目，进行环保技术创新；形成政府正确引导、企业承担责任、学术界提供成果、国民广泛参与的良性环保机制。

思 考 题

1. 自然灾害的本质是什么？有哪些分类？
2. 自然灾害的主要特点有哪些？
3. 什么叫灾害链？试举例说明。
4. 地质灾害防治原则有哪些？
5. 请谈谈你见到过的地质灾害，如何防治？

参 考 文 献

邓起东 . 2007. 中国活动构造图 (1:400 万). 北京 : 地震出版社 .
《工程地质手册》编委会 . 2018. 工程地质手册 (第五版). 北京 : 中国建筑工业出版社 .
郭增建 , 秦保燕 , 郭安宁 . 2006. 灾害互斥链研究 . 灾害学 , (3): 20-21.
何传启 . 1999. 第二次现代化——人类文明进程的启示 . 北京 : 高等教育出版社 .
李烈荣 . 2003. 中国地质灾害与防治 . 北京 : 地质出版社 .
刘会平 , 潘安定 . 2007. 自然灾害学导论 . 广州 : 广东科技出版社 .
潘懋 , 李铁锋 . 2003. 灾害地质学 . 北京 : 北京大学出版社 .
《气候变化国家评估报告》编写委员会 . 2007. 气候变化国家评估报告 . 北京 : 科学出版社 .
沈金瑞 . 2009. 自然灾害学 . 长春 : 吉林大学出版社 .
童威 . 2008. 浅谈英国应对自然灾害的研究 . 全球科技经济瞭望 , 23(4): 36-39.
曾令锋 , 吕曼秋 , 戴德艺 . 2015. 自然灾害学基础 . 北京 : 地质出版社 .
Brown L R. 1982. Building a Sustainable Society. New York: W W Norton & Co Inc.
Gorum T, Van Westen C J, Korup O, et al. 2013. Complex rupture mechanism and topography control symmetry of mass-wasting pattern, 2010 Haiti earthquake. Geomorphology, 184: 127-138.
Guha-sapir D, Hargitt D, Hoyois P. 2004. Thirty years of natural disasters 1974–2003: the numbers. Brussels, Belgium: Center for Research on the Epidemiology of Disasters.
Jha A K. 2012. 安全的家园 坚强的社区：天然灾害后的重建手册 . 谢志诚 , 林万亿 , 傅从喜 , 等译 . 台北 : 台大出版中心 .
Lliboutry L A. 1975. La catastrophe de Yungay (Pérou). Snow and Ice-Symposium-Neiges et Glaces, Moscow: IAHS-AISH.
World Commission on Environment and Development. 1987. Our Common Future. Oxford: Oxford University Press.

第 2 章　地球科学基础

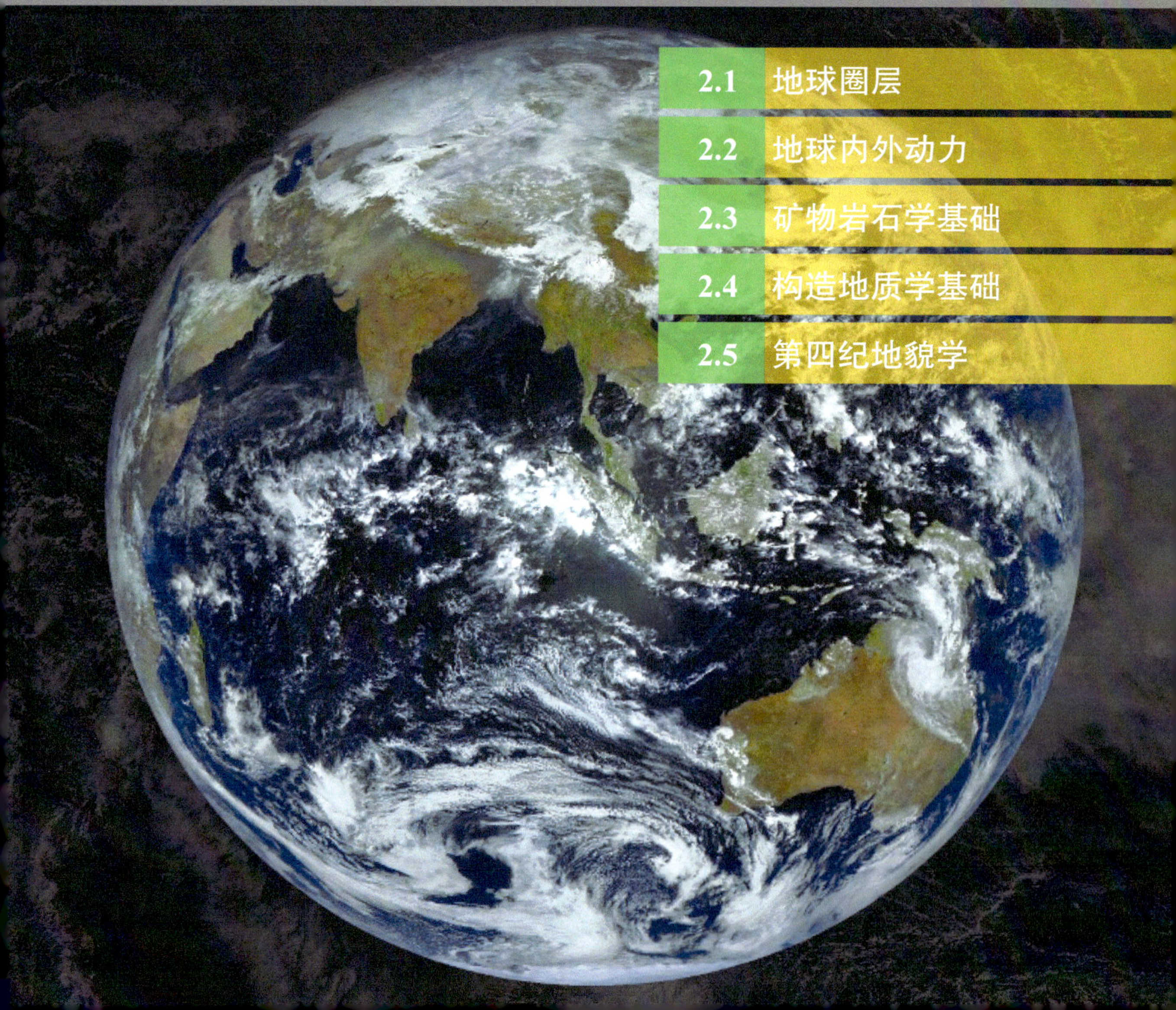

2.1 地球圈层
2.2 地球内外动力
2.3 矿物岩石学基础
2.4 构造地质学基础
2.5 第四纪地貌学

2.1　地球圈层

我们生活的地球是一个活动的星球（图 2.1），它每时每刻都在发生变化。这些变化，特别是快速的变化可能引发自然灾害。地球系统由大气圈、水圈、生物圈和岩石圈组成，了解造成这些圈层运动和变化的能量来源，就能够理解解各种自然灾害的发生机理和原因。

图 2.1　中国风云四号 A 星拍摄的地球影像图

多通道扫描成像辐射计第一幅彩色合成图像；图片来源：国家卫星气象中心，http://www.nsmc.org.cn/nsmc/cn/satellite/FY4A.html [2022-12-18]

地球在太阳系中是独一无二的，它与太阳的距离恰到好处，使其有着最适宜生物生长的地表温度。在 45 亿年以前形成海洋，长期以液体保存。地球是太阳系中唯一具有板块构造的行星，正是板块构造将构成生命基础的营养物质与其他物质送至地球内部，然后再循环回地表。地球是我们的家园，它是唯一拥有氧气占 1/5 大气的行星，它提供给我们日常生活中所需要的一切物质。

2.1.1 大气圈

从宇宙空间的角度看地球，最先看到的便是外围的大气圈。在地球引力的作用下，大量气体聚集在地球周围，形成数千千米的大气圈。气体随地面高度的增加而变得越来越稀薄。大气质量约 6000×10^{12}t，约占地球总质量的百万分之一。根据各层大气的不同特点（如温度、成分及电离程度等），从地面开始依次分为对流层、平流层、中间层、热层（电离层）和外大气层。接近地球表面的一层大气，其间空气的移动是以上升和下降气流为主的对流运动，称为“对流层”。它的厚度差别较大，在赤道上空为 17km，而在地球两极上空仅有 8km，是大气中最稠密的一层。大气中的水汽大多集中在对流层内，刮风、下雨、降雪等天气现象都发生于此。对流层以上直到高于海平面 50km 范围内，气流主要表现为水平方向的运动，对流现象减弱，这一大气层称为“平流层”，又称“同温层”。在 20~30km 高处，氧分子在紫外线作用下，形成臭氧层，像一道屏障保护地球上的生物免受太阳高能粒子的袭击。平流层以上到离地球表面 85km 的范围称为“中间层”，中间层以上到离地球表面 500km 的范围，称为“热层”。在这两层内，经常能观察到有趣的天文现象，如流星、极光等。人类还借助热层，实现短波无线电通信，使远隔重洋的人们相互沟通信息。热层的大气受太阳辐射强烈，温度较高，气体分子或原子大量电离，形成电离层，故能导电，可反射无线电短波。热层以上是外大气层，又称散逸层，可延伸至距地球表面 1000km 处，这里的温度很高，可达数千摄氏度，大气已极其稀薄，其密度为海平面处的一亿分之一。

2.1.2 水圈

地球上的江河湖海、南北极冰盖和大陆冰川组成了水圈，这是地球区别于其他星球的又一重要特征。距离太阳太远的星球温度太低，水不可能以液体和气体状态存在；离太阳太近的星球温度太高，水不可能以固体状态存在。其他星球可能也有水圈存在，但是从目前来看，只有地球的水圈才可能以水、冰、水蒸气三种形态存在。受大气环流、纬度、高程和海陆分布等因素的影响，地表水、地下水以及冰雪固态水在地球上的分布极不平衡。地球上的水在不断地进行着循环，水循环的结果形成了水在地球表面的相对稳定分布，大约 97% 的水在海洋中，海洋是水圈中最主要的水体；在剩下的 3% 的水中，77% 储存在冰川里，22% 为地下水，而河流、湖泊中的水则不到 1%。洪水是一种比较频繁的自然灾害，它是由河流泛滥造成的。从地球上水的总体来看，河流中的水占地球上水总量的千分之一都不到。水分布的微小变动，就可能产生巨大的自然灾害。

2.1.3　生物圈

地球上的又一个主要特征是存在着生物圈，地球上已知生物种类超过百万种。生物圈是地球上一切生物（人、动物、植物和微生物）及其生存环境的总称。它是地球特有的圈层，包括整个水圈、对流层顶以下的大气圈、上层岩石圈（包括土壤在内的风化壳）及全部土壤圈。生物圈中，生物与生物之间、生物与环境之间都不断地进行着物质循环和能量转换，构成一个复杂而巨大的生态系统。迄今为止，尚未发现其他星球上有生物存在的证据。人类活动是生物圈中最重要的活动之一，随着经济的发展和社会的进步，人类活动的空间和规模在迅速扩大，现今人类活动已经成为地球上最为活跃的因素，其对岩石圈表层环境的影响与改造日益剧增，成为与自然地质作用并驾齐驱的营力，某些方面甚至已经超过自然地质作用的速度和强度，在当今全球变化中起着巨大的作用，成为影响地球的重要力量。

2.1.4　岩石圈

岩石圈是地球最外层的一个圈层，受到物理、化学、生物等各种复杂作用的影响。在地球内部的动力作用下，地球的岩石圈在不断地运动，地震和火山的产生就是这种运动的结果。地球许多的表面过程，如风和冰的作用、海洋和洋流的潮汐、表面水的流动、风化和侵蚀等都盛行在岩石圈的表面。地球是一个扁的椭球体，根据人造卫星对地球扁度（e）的精确测量，表明真实地球的扁度和理想流体静压力状态下的地球扁度十分接近，也就意味着整个地球内部是可以流动的。但是，地球表面存在着山脉、大陆、海洋等各种地形，许多大陆（山脉）实际上已存在几百万年甚至几十亿年了，如果地球介质都是可以流动的，就无法解释这些长期存在的山脉。实际上，地球的绝大部分是可以流动的（在长期力的作用下），而地球表面有一层由坚硬岩石组成的外壳，具有很高的强度，可以长期保持各种形状，厚度为 70~150km，称为岩石圈，其下可以流动的部分被称为软流圈。软流圈和岩石圈的分界大约在地面以下 100km。板块理论的构造单位——板块，是由岩石圈分割而成的不同块体。地球的外表面是一层薄薄的地壳，其在大陆上的平均厚度约为 40km，在海洋约为 10km。地壳下方是约 2900km 的地幔。地球的地核分两部分：外地核厚度约为 2250km，是液态的；内地核厚度约为 1220km，是固态的。

人类居住的地球是由大气圈、水圈、生物圈、岩石圈（固体地球）四个子系统构成的。子系统之间相互联系、相互作用、相互依存，又相互协调与发展，构成了人类生存与发展的摇篮以及充满着蓬勃生机的蔚蓝星球。

2.2　地球内外动力

岩石圈或地壳处于永恒的运动和变化之中。这种运动与变化的动力可分为两大类别，一类是地球内力作用，另一类是地球外力作用。按照营力的类型，分为内营力与外营力，这些营力又称地貌营力。地球表面的形态是地球内外营力共同作用的结果。地球内营力的能量主要来自地球内部，地球内部的特殊构造和产生的巨大热能，使其处在激烈的运动之中，外在表现为地壳运动、岩浆活动、地震等。内营力在地表形成大陆与海洋、构造山系与坳陷盆地等基本地貌格架，总的趋势是增加地表起伏。外营力的能量来自地球外部的太阳能，它能造成地壳表层物质的侵蚀、搬运和堆积，总的趋势是夷平高地、填平低处。现今我们所看到的各种地形，都是内外营力长期共同作用的结果。20 世纪，地球科学有三个突出进展，即板块构造的革命、获得地表与地球内部图像能力的提高以及把人类作为一种地质营力的认识的增强。

2.2.1　地壳运动

在 20 世纪 60 年代，地质科学经历了一场观念上的革命，其影响延续至今。传统上，多数地质学家主要根据垂直运动的观点分析地球的历史，认为山脉的出现是地壳弯曲的结果，然后它被剥蚀，由于海平面下降，整个大陆地区被抬升。但是，半个世纪之前，海洋地质学和古地磁学（保存在岩石中的磁性标志记录）的一系列研究进展，促使产生了重要的地球运动新观念。除垂直运动的作用外，这一新观念承认大规模水平运动在整个地球演化中的重要作用。

地球最外层是一层坚硬的岩石外壳，称为岩石圈。岩石圈破碎成七个大的部分，称为岩石圈板块。岩石圈下面是软流圈，软流圈也是由岩石组成，但由于温度非常高，软流圈有 1%~2% 的岩石发生了熔化，部分熔融的软流圈强度较低，而且可以发生塑性变形。

于是，漂浮在软流圈上的岩石圈板块可以发生运动。板块的外面是大陆和海洋，当各板块发生运动时，地球上的大陆和海洋也在不停地相对运动。如果你在世界地图上标出每次地震的地点并把这些点连接起来，就会发现，该连线标出了地球板块的边界。以太平洋为例，沿太平洋和各个大陆的边界集中了世界上大多数的地震和火山，边界的大陆一侧，是造山带，形成了许多沿海岸的山脉；大洋一侧则形成了深深的海沟。横跨边界，地形变化非常激烈，这样的多地震、多火山的大陆和海洋边界带近场即板块之间的边界，绝大多数地质活动都集中发生在板块之间的边界上。两个板块沿着边界发生相对运动，按照运动的方式，可以把板块边界分成三类，即离散边界、汇聚边界和转换边界（表 2.1，图 2.2、图 2.3）。

表 2.1　板块边界的类型、特征和示例（据陈颙和史培军，2007）

边界类型	两侧的板块	地貌特征	地质事件	示例
离散边界（分离型板块边缘）	洋－洋	洋中脊	海底扩张，浅源地震，岩浆溢出，火山	大西洋、太平洋洋中脊
	陆－陆	裂谷	裂开成深谷，地震，岩浆上涌，火山	东非裂谷
汇聚边界（汇聚型板块边缘）	洋－洋	岛弧和海沟	俯冲，深地震，岩浆上涌，火山，变形	西阿留申群岛
	洋－陆	山脉和海沟	俯冲，深地震，岩浆上涌，火山，变形	亚洲东部日本海沟、喜马拉雅山
	陆－陆	造山带	深地震，岩石变形	
转换边界（转换型板块边缘）	洋－洋	错断洋中脊	地震	太平洋洋中脊
	陆－陆	形变小的山脉沿断层变形	地震，岩石变形	美国圣安德烈斯断层

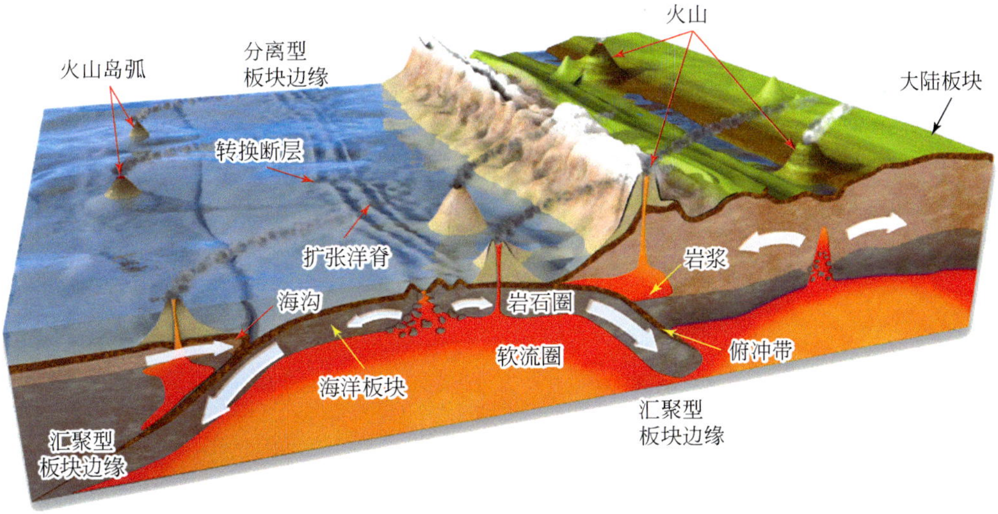

图 2.2　板块边界示意图

第一种是离散边界（分离型板块边缘；图 2.3），又称生长边界，它是两个相互分离的板块之间的边界。地表特征表现为洋中脊轴部或洋隆。洋中脊轴部是海底扩张的中心，由于软流圈物质在此上涌，两侧板块做垂直于边界走向的相背运动，上涌的物质冷凝形成新的洋底岩石圈，添加到两侧板块的后缘上。巨型大陆裂谷带属于离散型板块边界，如最著名的东非裂谷就是索马里板块和非洲板块的边界。巨型大陆裂谷带使得统一的岩石圈板块开裂、散开。

第二种是汇聚边界（汇聚型板块边缘；图 2.3），又称消亡边界，它是两个相互汇聚、消亡的板块之间的边界。地表特征表现为海沟和年轻的造山带。它可进一步分为两类：①俯冲边界。厚度小、密度大、位置低的大洋岩石圈板块俯冲到厚度大、密度小、位置高的大陆板块之下。俯冲边界就是通常所说的俯冲带或消减带，现代俯冲边界主要分布在太平洋周缘。②碰撞边界。大洋板块俯冲殆尽，两侧大陆板块由于厚度很大，不可能一个俯冲到另一个之下，最终发生碰撞，被称为碰撞边界。碰撞边界又称碰撞带或缝合带，主要表现为年轻的造山带，如欧亚板块南部的阿尔卑斯－喜马拉雅带是典型的板块碰撞带实例。

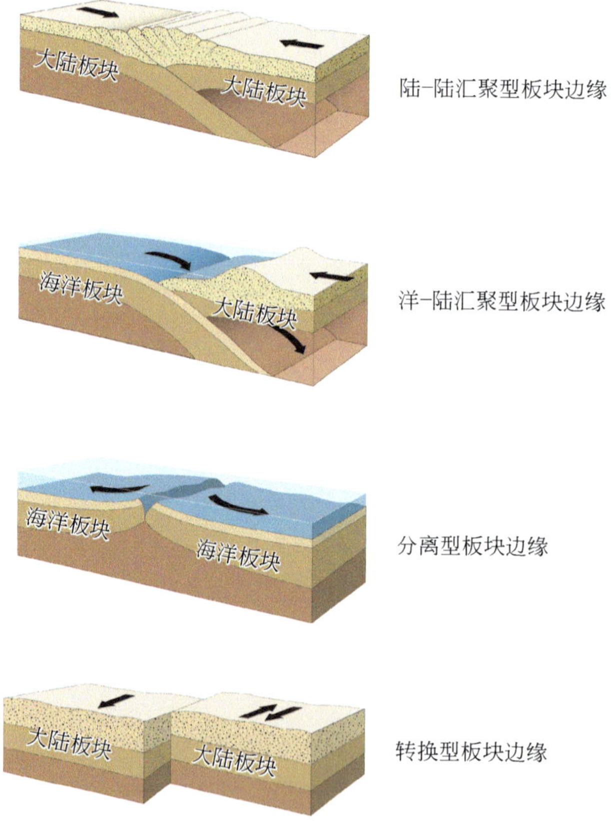

图 2.3　板块边界运动方式示意图

第三种是转换边界（转换型板块边缘；图 2.3），在此边界，两侧板块做平行于边界的走滑运动，岩石圈既不增生，也不消亡，地表特征表现为转换断层。这列边界的代表是加利福尼亚州的圣安德烈斯断层，它是北美板块和太平洋板块的一段边界。板块的运动遵循球面运动的欧拉定律，由于岩石圈板块是在地球表面运动，因此板块的运动必定绕某个极点进行（这个极点与地球的旋转极和磁极无关）。相对于转动极点而言，转换断层恰好位于纬度线上。

板块构造的基本内容在 20 世纪 60 年代就已经形成，但人们对板块的驱动力问题仍未达成共识，这是因为检验各种驱动力是否存在是十分困难的。20 世纪 90 年代以后，绝大多数学者倾向于地幔对流是板块运动的主要驱动力。构造运动的基本能量来自于地球内部，以对流的方式传递，地幔内的高温物质上升到岩石圈底部，并开始水平运动、冷却下沉及再加热上升，形成一个周而复始的物质循环。自然灾害的地域性体现在其空间分布在全球范围内呈带状，称为自然灾害带。世界上最大的自然灾害带有两条：一条是环太平洋沿岸自然灾害带；另一条是从印度尼西亚以北，横穿亚洲南、中部，大致为北纬 10°~50° 的陆海地区自然灾害带。

2.2.2 地表形态演变

地球表面是人类赖以生存的环境，实际上指海陆表面上下具有一定厚度的范围，不包括地球高空和内部地球表层，其形态变化受自然因素和人为因素两方面影响。地球表面由无机和有机的、静态和动态的自然界各种物质和能量组成，具有地理结构特征并受自然规律控制，形成自然地理环境。自然地理环境根据其受人类社会干扰的程度不同，又可分为两个部分：一是，天然环境或原生自然环境，即那些只受人类间接或轻微影响，而原有自然面貌未发生明显变化的自然地理环境，如极地、高山、大荒漠、大沼泽、热带雨林、部分自然保护区、人类活动较少的海域等；二是，人为环境或次生自然环境，即那些经受人类直接影响和长期作用之后，自然面貌发生重大变化的地区，如农村、工矿、城镇等地区。人为环境的成因及其形式，取决于人类干扰的方式和强度，而其本身的演变和作用过程仍然受制于自然规律。

从物质组成来看，地球表面自然地理环境包括四大地理圈层，第一是大气圈的对流层，主要是内氮气、氧气、水汽和固体杂质等组成；第二是水圈，包括分布在地表、地下及大气中的液态水、固态水和气态水，其主体是海洋；第三是生物圈，是地球上所有生物及其生存环境的总称，地球上的生物分布主要集中在地面上下 100m 的范围内，土壤是植物生长发育的基地，也是动物和微生物生活的重要场所，所以通常也将土壤圈看作是生物圈的一个组成部分；第四是沉积岩石圈，它是岩石圈（包括整个地壳和软流层以上的地幔）的一部分，主要由火成岩、沉积岩和变质岩组成。需要说明的是沉积岩石圈并不都是由沉积岩构成，之所以称其为沉积岩石圈是因为沉积岩的分布划定了太阳辐射能影响地表以下的深度，即自然地理环境的下限。上述四大地理圈层的物质组成不同，物质运动形式也不同，都以独特的方式对地球表面发生影响，主要体现在以下几种外营力作用：

1. 风化作用

岩石和矿物在地表（或接近地表）环境中，由于物理、化学和生物作用，发生体积破坏和化学成分变化的过程，称为风化作用。风化作用受气候、岩石成分、结构构造、植被、地形和时间等因素的影响。风化作用和重力作用是改变地球表面自然地理环境的重要营力。由于岩石不断受到风化和重力作用的破坏，为其他营力塑造地表形态创造了前提，也为各种松散堆积物提供了物源。

风化作用可以分为物理风化作用、化学风化作用和生物风化作用：

物理风化作用：地表岩石由于温度的变化、孔隙中水的冻融以及岩石类的结晶而产生的机械崩解过程。它使岩石从比较完整固结的状态变为松散破碎的状态，使岩石的孔隙度和表面积增大。这种只引起岩石物理性质变化的风化作用称为物理风化或机械风化。通常包括温差作用，冰劈作用、冻融风化，盐类的结晶和潮解作用，层裂或卸载作用等。

化学风化作用：在地表或者接近地表条件下，矿物和岩石在原地以化学反应的方式遭受破坏，不仅使矿物和岩石发生破碎崩解，而且其物质成分也发生了改变，这种地质作用称为化学风化作用。通常包括溶解作用、水化作用、水解作用等。

生物风化作用：指生物生长及活动对矿物、岩石的破坏作用，既有机械的，又有化学的。生物的机械破坏作用称为生物物理风化作用，生物的化学破坏作用称为生物化学风化作用。植物的机械破坏表现在两个方面：①种子的发芽长大对岩石产生压力使其破碎；②扎根在岩石裂缝中的植物根茎生长加粗使岩石裂隙扩大乃至破碎（称为根劈作用），树根生长对于岩石的压力足够大时，能使根深入岩石裂缝，劈开岩石。动物的机械破坏，如一些穴居动物（如蚯蚓、蚂蚁）可以穿石翻土，人类的机械破坏则更为明显。生物化学风化作用更为显著，主要表现为生物的新陈代谢及遗体腐烂，分解的产物可吸收岩石中的部分成分，同时分泌有机酸、碳酸、硝酸等物质促使矿物分解。

2. 地面流水作用

地表流水主要包括坡面流水和谷地流水，后者又分为沟谷流水和河谷流水。坡面流水和沟谷流水是暂时性流水，河谷流水是经常性流水。它们顺着地表的坡向流动，相应地形成各种流水地貌形态。流水对地表物质的作用主要包括侵蚀、运移和搬运。侵蚀作用是陆地水体流动及其运移的物质一起在运动中破坏地表，使地表组成物质移离原位的作用。流水侵蚀分为坡面流水侵蚀和谷地流水侵蚀。

3. 风沙作用

风沙对地表物质的作用主要有侵蚀作用、搬运作用、堆积作用。

风沙侵蚀作用：包括吹蚀作用和磨蚀作用。吹蚀作用指风吹过地表时，产生紊流，使沙离开地表，从而使地表物质遭受破坏。吹蚀作用的强度与风速成正比，与粒径成反比，风速超过启动风速越多，吹蚀能力越强。一般组成地表的颗粒越小、越松散、越干燥，要求的启动风速较小，受到的吹蚀越强烈。磨蚀作用指风沙流紧贴地面迁移时，沙粒对地表物质的冲击和摩擦作用。例如，迎风面的岩壁，特别是砂岩，由于风沙流钻进孔隙之中，不断旋磨，可能形成口小内大的风蚀穴。

风沙搬用作用：地表松散的碎屑物质，在风沙流的作用下，从一处转移到另一处的过程称为风沙的搬运作用。其运动方式有悬移（悬浮）、跃移（跳跃）和端移（推移）。

风沙堆积作用：包括沉降堆积和遇阻堆积。在气流中悬浮运行的沙粒，由于风速减弱，当沉速大于紊流旋涡的垂直分速时，就要降落堆积在地表，称为沉降堆积。

2.2.3 地质灾害与地球内外动力

地球由于其自身运动，以及相对于太阳和其他星球的运动，使地球上的地理圈层具有区域性的特点。全球活火山有 800 多处，其中 75% 分布在环太平洋沿岸自然灾害带内；全球 80% 以上地震，60% 以上的飓风、海啸、风暴潮，以及大量地质灾害和海岸带灾害都集中在环太平洋沿岸自然灾害带。这里是世界上人口最集中、经济最发达的地区，据不完全统计，每年平均发生 20 多次自然灾害，经济损失达 600 多亿美元。地球的南北向裂谷带，包括东非裂谷、大西洋海岭、东太平洋海岭、印度洋海岭等，是火山、地震较为严重的地带；南半球中低纬度带的大陆内部和海岛，也是地震、台风、洪水和山地地质灾害较为严重的地区。但上述两个灾害带人口和经济相对稀疏，灾害频度也比较低。在世界性灾害带之内又可分出若干灾害相对集中的区域，如日本就是一个典型的灾害集中区，区内地震、火山频繁，每年还有风暴潮、台风、海啸等灾害袭击，损失严重。我国也是世界上自然灾害严重的国家之一。大陆地震的频度和强度居世界之首，占全球地震能量的 1/10 以上；台风登陆的频次为年均七次；旱、涝灾害，山地灾害及海岸带灾害连年不断。

亚洲是世界七大洲中面积最大的大洲，其绝大部分地区位于北半球，面积约 4400 万 km^2，地震活动频繁，地跨寒、温、热三带，地貌复杂多样，海洋和大气变动活跃，季风气候最典型、类型最多、分布最广，降水频率高，从而使亚洲成为全球每年洪水和水土流失发生最多的地区，在干旱地区导致严重的土地沙漠化和森林火灾等地表形态的改变。欧洲位于东半球的西北部，北临北冰洋，西濒大西洋，南隔地中海与非洲相望，东部与亚洲大陆毗连，以乌拉尔山脉、乌拉尔河、里海、大高加索山脉、黑海、土耳其海峡、爱琴海与亚洲分界，是世界第六大洲，面积约 1018 万 km^2。由于欧洲西濒大西洋，终年受北大西洋西风影响，故西部地区终年湿润多雨，常导致洪涝灾害和泥石流，而地中海沿岸国家则在夏季高温少雨，最常见旱灾，部分中欧地区和东欧地区为大陆型气候，终年干燥，夏季多森林火灾和旱灾。非洲位于东半球的西南部，东濒印度洋，西邻印度洋，北靠地中海，面积约 3020 万 km^2，南北长约 8000km、东西长约 7403km，虽然非洲大陆是一块古老而稳定的大陆，除东非裂谷带等板块边界区域外，地质灾害较少，但气候条件导致旱灾和沙漠化问题非常严重。

陆海地区自然灾害带从印度尼西亚以北，横穿亚洲南、中部，至欧洲中、南部，大致在北纬 20°~50°，是全球潮灾、台风最严重的地区。这一地带地势高差大、地形复杂，所以又是世界上山地地质灾害和冻灾最严重的地区。加之这一地带受信风强烈和地貌复杂影响，因而雪灾、水旱、大风、冻害等气象灾害和农林灾害也十分严重。例如，飓风灾害在这里每年平均要发生 20 多次，造成人员伤亡和经济损失近百亿美元。

随着全球气候变化的影响，全球自然地理环境不断变化，各种自然灾害的发生频率加快，影响范围扩大，并造成巨大的灾害损失。全球气候变暖将会严重影响地质灾害发生规律，并使极端气候事件增多，同时人类活动范围和频率的不断增大，加剧了对资源的消耗和对自然地理环境的破坏，特别是城市化的快速发展，让灾害变得更加复杂化。今后一段时期，随着全球性自然异常变化的不断加强，地球表面形态的演变将趋于快速化和复杂化，多种自然灾害处于多发期，地质灾害防范应对形势仍然严峻复杂。

2.3 矿物岩石学基础

2.3.1 矿物

存在于地壳中的具有一定化学成分和物理性质的自然元素和化合物，称为矿物（图 2.4）。组成矿物的元素质点（离子、原子或分子），在矿物内部按一定的规律排列，形成稳定的结晶格子构造，在生长过程中如条件适宜，能生成具有一定几何外形的晶体，称

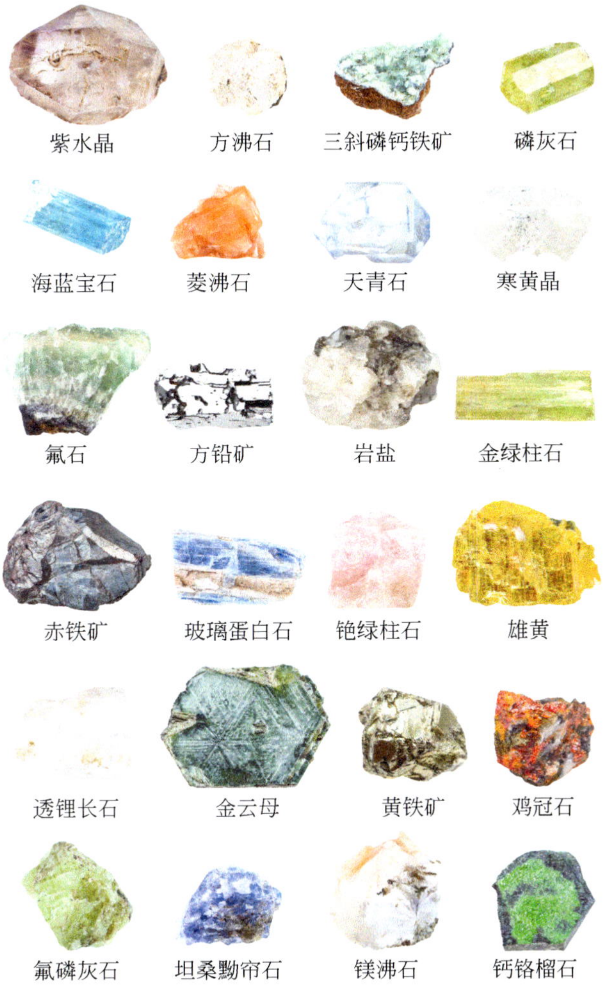

图 2.4　几种常见的矿物

为结晶质。

造岩矿物：构成岩石的矿物，如常见的石英（SiO_2）、正长石（$KAlSi_3O_3$）、方解石（$CaCO_3$）等。造岩矿物绝大部分是结晶质。

次生矿物：当外界条件改变到一定程度后，矿物原来的成分、内部构造和性质就会发生变化，形成新的矿物。

2.3.2　岩石

岩浆岩：是地球内部岩浆在喷出地表或上升入侵过程中冷却后形成的岩石。

沉积岩：是在地表和地表下不太深的地方，由松散堆积物在温度不高和压力不大的条件下形成的。地壳表面分布最广的一种层状的岩石。岩石经风化作用分解成碎屑或黏土矿物，经流水等运动介质搬运到低洼处沉积，再经长期压密、胶结、重结晶等地质过程成岩。

变质岩：是由原来的岩石（岩浆岩、沉积岩）在地壳中受到高温、高压及化学成分加入的影响，在固体状态下发生矿物成分及结构构造变化后形成的新的岩石（图 2.5）。

图 2.5　三大岩类循环

2.4　构造地质学基础

区域地质构造具有复杂性。构造变形在岩层和岩体中遗留下来的各种构造行迹具有规模大小不一的特点，大的如构造带，纵横几千千米，小的如岩石的片理，它们在形成、发展和空间分布上，存在密切的内部联系。

未经构造变动的岩层，其形成的原始产状是水平的，先沉积在下、后沉积在上，称为水平构造。原来水平的地层，在受到地壳运动的影响后，岩层向同一个方向倾斜，称为单斜构造，如褶皱的一翼、断层的一盘等。地层受构造应力的强烈作用，使岩层形成一系列波状弯曲而未丧失其连续性的构造，称为褶皱构造。褶皱构造是岩层产生的塑性变形，是地壳表层广泛发育的基本构造之一。其基本类型包括：①向斜：岩层向下凹的弯曲，剥蚀后，中间的地层新、两侧地层老；②背斜：岩层向上拱起的弯曲，剥蚀后，中间的地层老、两侧地层新。

构成地壳的岩体，受力作用发生变形，当变形达到一定程度后，使岩体的连续性和完整性遭到破坏，产生各种大小不一的断裂，称为断裂构造。根据断裂后两侧岩块相对位移情况，断裂构造又分为①裂隙：又称节理，是没有显著位移的小型断裂构造（图 2.6）；②断层：岩体受力作用断裂后，两侧岩块沿断裂面发生的显著位移。

图 2.6　天津蓟县老虎顶石灰岩边坡的节理

2.5　第四纪地貌学

“第四纪地貌学”是以第四纪地质学和地貌学基本知识为主体，涉及沉积学、自然地理学、岩石学、古生物学、古气候学、新构造运动学和地质年代学等的一门综合性学科。其中，第四纪地质学是研究距今两三百万年内第四纪沉积物、生物、气候、地层构造运动和地壳发展历史规律的学科；地貌学则是研究地球表面形态特征、成因、分布和形成发展规律的学科。两者都以地表自然环境的重要组成部分及其演变历史为研究对象，都是研究地表环境的重要学科，常从不同的角度研究同一个问题，研究结果互相补充，关系十分密切，具有多种理论与实际应用价值。

第四纪地貌学的研究，是开发利用第四纪资源和水文地质及工程地质工作的基础，也是水利、水电、水运、地上－地下交通与管线工程勘察的重要组成部分，还是灾害与地球环境变化和预测的重要环节。中国是一个自然灾害相对较多的国家，对自然灾害的形成发展、时间、空间和强度演化规律监测、预测和防治，以及对减灾和救灾的研究是我国许多学科与部门共同的重要任务。研究第四纪地貌能准确掌握特定区域灾害发生的概率，以及灾害易发区的自然环境、构造，以便及时做好预防及救援工作安排。

2.5.1 第四纪

第四纪（Quaternary）这个名称最早是意大利地质学家乔万尼·阿尔杜伊诺（Giovanni Arduino）于1759年研究波河河谷沉积情况时提出的。1829年，法国地质学家儒勒·迪斯努瓦耶（Jules Desnoyers）引用了这个定义。1839年，莱伊尔（C. Lyell）把海相地层含无脊椎动物化石现生种类达90%和陆相地层有人类活动遗迹的沉积物划归第四纪，并把第四纪分为更新世（Pleistocene）和近代（Recent）。1869年，基尔瓦斯（Gerivais）提出全新世（Holocene）一词。1881年，第二届国际地质学会正式采用第四纪一词，第四纪分为更新世（地层代号为Q_P）和全新世（地层代号为Q_h）。第四纪是地球发展最近的一个时期，基本上与最近的冰河期（冰川回退期）相符，也有研究者将第四纪称为“人类纪”。

现代第四纪的概念是综合性的，第四纪是约2.6Ma以来地球发展的最新阶段，特点包括：在短暂的地质时期以内发生过多次急剧的寒暖气候变化和大规模的冰川活动；人类及其物质文明的形成发展；显著的地壳运动；广泛堆积沉积物和矿产；急剧和缓慢发生的各种灾害不断改变人类生存环境；人类活动范围和强度与日俱增。第四纪是人与自然相互作用的时代，它的过去、现在和未来都与人类的生存及发展息息相关，因此第四纪研究在科学的理论和实践中有着特殊重要的地位。

2.5.2 第四纪分期

按照第四纪生物演变和气候变化，通常把第四纪分为四个时间尺度不等的时期：早更新世、中更新世、晚更新世和全新世。相应的地层分别称为下更新统（Q_1）、中更新统（Q_2）、上更新统（Q_3）和全新统（Q_4）。传统上，将第四纪（系）二分为更新世（统）（Q_P）和全新世（统）（Q_h）。

2.5.3　第四纪沉积物

第四纪沉积物是指第四纪时期因地质作用所沉积的物质，一般呈松散状态。在第四纪连续下沉地区，其最大厚度可达 1000m。第四纪沉积物形成以后又受各种自然因素和人类活动的作用与改造，留下了许多环境历史和环境变化的遗迹，记录着这许多自然过程。

第四纪沉积物基本特征。第四纪形成的松散岩石一般称为“堆积物”、“沉积物”或“沉积层”，如河流形成的“冲积物”或“冲积层”，洪流形成的“洪积物”或“洪积层”等。有的研究者认为对外动力搬运、分选和成层构造者才称为“堆积物”，如“残积物”“重力堆积物”“地震堆积物”“人工堆积物”等。第四纪沉积物的主要特征如下：①岩性松散。第四纪沉积物一般是形成不久或正在形成，成岩作用微弱，绝大部分岩性松散、少数半固结、极少数硬结成岩。这一特点有利于将反映形成时的古气候、古环境信息保存下来，并易于进入沉积物内研究，采矿、施工易于进行，但也因此易于发生灾害。对第四纪沉积物露头要及时摄影、测剖面和采样。②成因多样。由于第四纪气候、外动力和地貌多种多样，由此而形成多种多样的大陆沉积物和海洋沉积物。各种成因的沉积物具有不同的岩性、岩相、结构、构造、物理化学性质与地震效应，因此，要求尽可能在野外对开挖出的原始剖面进行详细描述，并统计分析各种成因的堆积物。③岩性、岩相变化快。即使同一种成因的陆相第四纪沉积物，由于形成时动力和地貌环境变化大，沉积物的岩性、岩相变化也大。第四纪海相沉积物则远较陆相沉积物的岩性、岩相稳定。④厚度差异大。剥蚀区第四纪陆相沉积物厚度一般小，从几十厘米到十几米，堆积区（山前、盆地、平原、断裂谷地）可达几十米、一百多米或几百米。沉积厚度大的、沉积连续的地区，采用钻探（或物探）可以获得丰富的第四纪资料。⑤不同风化程度的陆相沉积物大多出露在地表，受到冷暖气候交替变化的影响，时代越老风化越深。研究地表不同时代沉积物的风化程度，对地层划分对比和工程建筑都有好处。但要注意同一时代沉积物地表和地下掩埋部分的风化程度不同。

2.5.4　第四纪地层

第四纪地层是第四纪地壳发展过程中各种事件的综合记录，有关第四纪的各种理论和实践活动，都应该以地层作为基础。由于第四纪时间相对短暂，地球气候、沉积过程、地壳新构造运动及与此相关的地球表层物理环境、化学环境和生态环境有一定的特殊性，所以在第四纪地层划分对比研究工作中，既沿用一些前第四纪地层学方法，也要注意第四纪地层的形成特点，应该使用适合的第四纪地层学方法并加强年代学方法的应用，对记录丰富、沉积较厚和连续性较好的剖面要深入研究。

地层划分是对同一条剖面或同一个地区的地层进行异时性分析和综合研究，划分出不同的时段；地层对比是对不同地区不同剖面或同一地区不同剖面进行同时性研究，将研究区第四纪地层与其他地区研究程度较深的标准剖面进行比较研究，确定出不同剖面同一时期的地层来。

2.5.5 地貌学

地貌（landform）是地球表面各种形态的总称，严格意义上并不能称为地形。地形仅仅是指地表高低起伏的形态，如盆地、丘陵等，而地貌则是更加广泛的定义，所描述的单元更大。地表形态是多种多样的，成因也不尽相同，是内、外营力地质作用对地壳综合作用的结果。内营力地质作用造成了地表的起伏，控制了海陆分布的轮廓及山地、高原、盆地、平原的地域配置，决定了地貌的构造格架。而外营力（流水、风力、太阳辐射能、大气活动和生物生长）地质作用，通过多种方式对地壳表层物质不断进行风化、剥蚀、搬运和堆积，从而形成了现代地面的各种形态。凡是高于周围地貌形态的称为正地貌，低于周围地貌形态的则称为负地貌，正、负地貌是相对而言的。地貌的基本性质有物质性、界面性、动力性、天然性和变化性。

2.5.6 地貌空间单元

地貌在空间规模（尺度）上具有显著的差异，依据其在地表的存在与分布范围，一般分为具有系统性的实体单元，相对等级可划分为五等。

（1）星体地貌：指地球的形态。地球是太阳系从内到外的第三颗行星，也是太阳系中直径、质量和密度最大的类地行星。地球是一个不规则的旋转椭球体。

（2）巨型地貌：包括大陆和海洋两个空间单元，是最大规模的地表形态。大陆地貌成因复杂多样，受到外力作用的改造与破坏，地貌年代越老、破坏程度越大，有时只剩下残留片段。

（3）大型地貌：指的是大陆和海洋中的山脉、高原、平原等主要大型地貌，占有数万至数十万平方千米的面积，如陆地上的阿尔卑斯山系、喜马拉雅山系、青藏高原、巴西高原、长江中下游平原等。

（4）中型地貌：大型地貌的一部分，是观察研究的重点对象，面积通常有数十平方千米至数千平方千米，如山地的次级地貌形态山岭（山顶、山坡、山麓）和谷地（断层谷、侵蚀谷、冰蚀谷）等，主要是受外力作用形成的。

（5）**小型地貌：**主要是受各种外力作用形成的多种多样的小型剥蚀和堆积地貌，如阶地、河漫滩、洪积扇、冲积扇；也有一部分是受内力作用形成的，如活动断层崖、地震裂缝、火山等，小型地貌是野外观察研究的主要对象。

上述各级地貌，以比它高一级的地貌为发展基础，并逐渐叠加在一起，构成相互联系的体系。

2.5.7　地貌分类

地貌分类是反映地貌图科学性的关键。关于地貌分类的研究，由来已久，不同学者亦有不同见解和看法。纵观前人在地貌分类中所考虑的指标，可归纳为按形态、按成因、按形态成因、按多指标综合四种方式。地貌分类遵循的原则有形态和成因结合原则，主导因素原则，分类体系逻辑性、完备性原则，分类指标定量化原则等。

捷克地貌学家德梅克（J. Demenk）（1972 年）代表国际地理学联合会地貌调查与地貌制图委员会，主编了《详细地貌制图手册》，编制出了两大系列、16 个亚系列、近 400 种地貌类型（表 2.2）。

表 2.2　德梅克的地貌分类体系（据张根寿，2005）

系列	亚系列	内容
甲 . 内力地貌	A. 新构造地貌（断块地貌）	包括直接由地壳构造运动所造成的全部地面形态
	B. 火山地貌	包括火山喷发形成的全部（正的和负的地貌）形态
	C. 热液活动（温泉堆积）地貌	—
乙 . 外力地貌	A. 剥蚀地貌	主要包括由风化物质的片状移动而形成的所有破坏和建设地形
	B. 河流地貌	由流水作用所造成
	C. 河流 – 剥蚀地貌	包括块体运动和剥蚀作用造成的所有谷坡
	D. 冰水地貌	包括冰下河流或冰川流出来的水所形成的所有堆积形态
	E. 喀斯特地貌	—
	F. 管道侵蚀造成的地貌	—
	G. 冰川地貌	由现代的和更新世的山地和大陆冰川活动而产生
	H. 雪蚀和霜冻作用地貌	—
	I. 热喀斯特地貌	由于多年冻土的退化而造成的形态
	J. 风成地貌	—
	K. 海洋与湖泊地貌	—
	L. 生物地貌	—
	M. 人工地貌	—

中国的陆地地貌类型划分研究主要是在新中国成立后借鉴苏联的地貌分类方案而开展的。1956 年，周廷仙等提出了平原、盆地、科原、丘陵、商山、中山的六大类型分类方案；1958 年，沈玉吕为配合中国地貌区划工作，提出以“成因”为地貌分类标准的划分系统，针对中国陆地地貌类纲，首先划分出五大类，即构造地貌、侵蚀剥蚀的构造地貌、侵蚀剥蚀地貌、堆积地貌和火山地貌。

1987 年，《中国 1∶1000000 地貌图制图规范（试行）》的地貌分类系统，将地貌类型划分为三个部分。第一部分，据高程原则将全国分为平原、台地、丘陵、低山、中山、高山、极高山七种基本地貌类型。第二部分，为地貌形态成因类型，按四级划分：第一级按全球巨型地貌单元分为陆地、海岸、海底地貌；第二级陆地部分按地貌成因的动力条件划分为 14 种成因类型（构造、火山、流水、湖成、海成、岩溶、干燥剥蚀、风成、黄土、冰川、冰缘、重力、生物、人为地貌），海岸部分按形成方式（构造、侵蚀、堆积等）划分，海底部分按中型形态（陆架、陆坡、深海盆地等）划分；第三级陆地部分表现各种成因下的基本地貌类型，海岩和海底部分表现小型形态；第四级形态更小，表现为种种成因下的形态符号。

综上所述，我国地势起伏颇大，地貌成因多种多样，不同地区的内、外营力差异性极大。地貌形态、类型错综复杂，可称全球之最，这对地貌分类带来了一定难度，纵然前后有大批的学者对这一问题进行广泛的、科学的探讨（表 2.3），并出版了《中国 1∶1000000 地貌图制图规范（试行）》，但至今尚未形成一个公认的地貌分类系统。随着信息时代飞跃发展，在遥感、数字高程模型和计算机等技术的支持下，借鉴国内外形态和成因相结合的地貌分类原则，更为系统、全面、科学、完善的中国地貌分类方法和体系研究成果指日可待。

表 2.3　中国陆地 1∶1000000 数字地貌分类方案（据周成虎等，2009，修改）

地貌纲	地貌亚纲	地貌类	地貌亚类	地貌型			地貌亚型
第一级	第二级	第三级	第四级	第五级			第六级
基本地貌类型		成因类型		形态类型			物质类型
第一层		第二层	第三层	第四层	第五层	第六层	第七层
起伏度	海拔	成因	次级成因	形态	次级形态	坡度、坡向	物质组成
平原、台地、丘陵、小起伏山地、中起伏山地、大起伏山地、极大起伏山地	低海拔、中海拔、高海拔、极高海拔	海成、湖成、流水、风成、冰川冰缘、干燥黄土、喀斯特、火山熔岩	随成因类型变化而变化，基本分为抬升－侵蚀、下降－堆积	按照次级成因来进一步细分的形态类型	随形态而变，需要进一步细分的形态类型	平原和台地 丘陵山地：平缓的、缓的、陡的、极陡的	按照成因类型、地表物质组成、岩性来区分
固定项（严格执行）					参考项（可修正或调整）		

2.5.8　风化与重力地貌

风化与重力作用是地貌和第四纪松散堆积物形成的重要营力。由于岩石不断受到风化与重力作用的破坏，为其他营力塑造地貌创造了前提，也为各种第四纪松散堆积物提供了物源。风化与重力作用还不断改变地表环境面貌，是造成地质灾害和地方性疾病的重要原因之一，风化作用同时还形成了一些有价值的矿产。

1. 风化壳

地表岩石经受风化作用发生的物理破坏和化学成分改变后，残留在原地的堆积物，称为残积物。具有多层结构的残积物剖面称为风化壳。气候是影响风化作用的主要因素，在寒冷的高纬、高山冻原带，以冻融风化为主，多形成岩屑型风化壳；干旱区（荒漠）或温带半干旱区（草原），以温差（热胀冷缩）风化为主，多形成硅铝 – 碳酸盐（或硫酸盐）型风化壳；在湿润气候条件下，以化学风化作用为主，多形成硅铝黏土型风化壳；在湿热气候条件下，化学风化较彻底，多形成砖红土风化壳。

2. 土壤与古土壤

土壤是以各种风化产物或松散堆积物为母质层，经过生物化学作用为主的成土作用改造而成的。土壤具有植物生长所需有机质组分（腐殖质）和无机组分（N、P、K 的化合物），以及微量元素、水分与孔隙，这是土壤与风化残积物和松散堆积物的主要区别。土壤位于残积物顶部，呈灰、灰黑色一般厚度为 0.5~2.5m。土壤形成时间比风化壳形成时间短得多，大约只需 200~500 年。

1）土壤结构

土壤剖面呈现成层结构，自上而下为① A 层（腐殖层），位于土壤顶部，颜色较深；植物分解产生大量腐殖质，在有机酸作用下，矿物被分解；以富含有机质（含量为 6%~12%）为本层特征，具有团粒、孔隙和细小裂隙等土壤结构。② B 层（淋溶层），位于 A 层之下，颜色较浅；被分解物、微粒矿物和有机质在淋滤作用和淋溶作用（细小颗粒被下渗水流悬移过程）下，从本层往下移动，故本层几乎缺少腐殖质。③ C 层（淀积层），位于土壤下部，由母质层组成，颜色和下伏成土母岩相近，但淀积从上部淋滤下来的成分（Ca_2CO_3、SiO_2 等），故称为淀积层；本层以下为成土母岩。土壤成层结构的发育状况，取决于土壤类型。

2）土壤类型

土壤类型主要取决于气候（决定水热条件）和植被（有机质来源），而植被的发育程度又受气候控制。因此，当气候条件发生变化时，土壤会为适应新的气候条件而改变类型，故土壤呈现可逆性变化，这是它与风化壳的重要区别。气候分布具有地带性，所以土壤的类型在地球上也呈地带性分布。例如，我国主要土壤类型的分布，就具有十分明显的地带性特征（表 2.4）。

表 2.4　气候类型与土壤类型及中国的土壤分布表（据曹伯勋，1995）

自然带	气候类型	土壤类型	中国分布区
热带	热带雨林气候	砖红壤	华南南部和南海诸岛
	热带季风气候	砖红壤性红壤	
	热带草原气候	燥红土（热带草原土）	—
	热带沙漠气候	荒漠土	内蒙古和西北内陆区
亚热带	地中海式气候	褐土	长江以北各省丘陵山地
	亚热带季风性湿润气候	红壤、黄壤	长江以南各省区及喜马拉雅山南麓
温带	温带季风气候	棕壤、褐土	东北地区东部、华北地区、江淮地区、秦岭山地
	温带海洋气候		
	温带大陆性气候	黑钙土、黑土	东北地区北部
		荒漠土、盐碱土	西北地区
寒带	亚寒带气候	灰化土	大兴安岭以北
	寒带苔原气候	冰沼土	—
	寒带冰原气候	未发育土壤	—

在地质时期形成的土壤称为古土壤；因其往往被后期土层所埋藏，故又称埋藏土壤。古土壤上层的腐殖层因遭冲刷、淋滤而炭化，不易保存下来。土壤被埋藏在地下以后，受到上覆地层的压力，导致土壤结构发生改变。而地下水的作用则使原来不含 Ca_2CO_3 的地层也会沿裂隙形成次生 Ca_2CO_3 细脉或形成钙质皮壳等。古土壤的时代越老，上述各种次生变化程度就越深，越不易辨认。目前，只有形成于第四纪的古土壤才较有把握识别。

3. 重力地貌

地表物质受风化作用形成的碎屑物，在重力作用下，经块体运动产生的各种地貌，统称为重力地貌。重力地貌以斜坡为代表，为地表分布最广泛的地貌基本形态，包括凸形坡、凹形坡、直线坡和复合（凸 – 凹形）坡。斜坡按成因分为侵蚀坡、剥蚀坡、堆积坡和人工截坡。斜坡在重力作用的影响下，以崩塌、错落、撒落与倒石锥、滑坡等形式形成重力地貌。

1）崩塌

陡坡（坡度 >50°）上的岩体或土体在重力作用下，突然发生急剧地向下崩落、滚落和翻转运动的过程，称为崩塌。在岸坡称塌岸，岩溶洞穴崩陷称塌陷（如土石体小，称塌方），在冰雪中则称冰崩和雪崩。崩塌借助近地压缩空气滑行，速度很快，一般为 5~200m/s，有时达到自由落体的速度。崩塌规模因地而异，其体积从小于 $1m^3$ 到几亿立方米。崩塌是一种局部的但较为严重的地质灾害。

2）错落

错落是岩体沿陡坡、陡崖上平行发育的一些近于垂直（45°~70°）的破裂面（断裂、节理密集带和交叉带）发生整体下坐位移，其垂直位移大于水平位移，移动岩体基本上保持原岩结构和产状。由于其形成过程和形态更接近于滑坡，一般都将其归入滑坡一类。我国铁道交通部门则把它单独划分为一种类型。错落与崩塌区别在于错落岩体是沿一定近垂直的滑动面整体下坐，而无破碎和翻滚，基部挤压现象，有时坡顶坡度相当平缓（<40°），错落也构成严重灾害。

3）撒落与倒石锥

撒落是山坡上的风化碎石在重力作用下，长期不断往坡下坠落的现象。常常大面积发生在坡度 30°~50° 的斜坡上，对斜坡改造起重要作用，但不造成重大灾害。撒落作用形成的剥蚀地貌，称为剥蚀坡。

倒石锥是撒落的堆积地貌，呈上尖下圆锥状，锥面坡角约 30°，与砂砾（或倾倒废石堆）的天然休止角相当；有时呈倒石锥群贴在陡坡下或坡麓地带。倒石锥的堆积物有一定分选和岩性变化：碎石撒落时，大砾随惯性远移到坡脚下，细砾滞留在坡上，细土充填空隙，显示下粗上细的粗略分选。受季节变化和物理风化的影响，反应在粒径大小上，倒石锥沉积最厚在斜坡由陡变缓处。正在形成发展中的倒石锥，表面碎石新鲜裸露；停止发展时，表面植被丛生，沉积物被风化或被钙质胶结。

4）滑坡

斜坡上岩体或土体在重力作用及水的参与下，沿着一定的滑动面或滑动带做整体下滑运动的现象称为滑坡，是一种重要的地质灾害。滑坡体一般为缓慢、长期、间歇性的向下滑动，它可延续几年、几十年甚至上百年。有的滑坡开始运动缓慢，以后突然变快，变成巨大灾害。影响因素常见的有河流冲刷、降雨、地震、人工切坡等，其特征是土层或岩层整体或分散地顺斜坡向下滑动。

4. 泥石流

泥石流是指在山区或者其他沟谷深壑、地形险峻的地区，因为暴雨、暴雪，在重力作用下引发山体滑坡并携带有大量泥沙、石块的特殊洪流。泥石流具有突然性，以及流速快、流量大、物质容量大和破坏力强等特点。泥石流多发生在暴雨中心区，并随暴雨中心转移而改变，斜坡在 24°~40° 适合泥石流发育。

泥石流是暴雨、洪水将含有沙石且松软的土质山体经饱和、稀释后形成的洪流，它的面积、体积和流量都较大，而滑坡范围是经稀释土质山体小面积的区域，典型的泥石流由悬浮着粗大固体碎屑物并富含粉砂、黏土的黏稠泥浆组成。在适当的地形条件下，大量的水体浸透流水山坡或沟床中的固体堆积物质，使其稳定性降低，饱含水分的固体堆积物质在自身重力作用下发生运动，就形成了泥石流。泥石流是一种灾害性的地质现象，通常泥石流暴发突然、来势凶猛，可携带巨大的石块。因其高速前进，具有强大的能量，因而破坏性极大。

斜坡上的块体运动是多种多样的，有快速运动的崩塌、滑坡，也有缓慢运动的挠曲、倾倒等蠕动破坏；有破坏力较大的滑坡、泥石流，也有破坏力较小的蠕动。不同的运动方式，产生了不同的重力地貌及其堆积物。我国山区面积大，在进行各种工程建设中都会遇到蠕动、崩塌、滑坡、泥石流等地质灾害，对交通、建筑物、农田等破坏性很大，因此研究重力地质作用及重力地貌类型，在生产实践中具有很大意义。

2.5.9　地面流水地貌

河流、湖泊、沼泽三者关系密切，成因上有联系，空间上常相伴出现于沉降堆积平原，历史上有时相互转化，因而沉积坡面上有时交替出现。

1. 河床与河漫滩

河床是河谷中枯水期水流占据谷底的部分。河床横剖面在河流上游多呈“V”形，下游多呈低洼的槽形，主要受流水侵蚀和地转偏向力的共同作用面形成。从河源到河口的河床最低点的连线称为河床纵面。河床纵面总体上是一条下凹形的曲线，它的上游坡度大、下游坡度小。山区河床横剖面较狭窄、纵剖面较陡，深槽与浅滩交替，且多跌水、瀑布；平原区河床横面较宽浅，纵剖面坡度较缓，微有起伏。

1）山地河床地地貌

山地河流发育比较年轻，以下蚀作用为主，河床纵剖面坡降很大，多壶穴（深潭）、深槽、岩槛、跌水（瀑布）、浅滩，河床底都起伏不平，水流急，涡流十分发育。急流和涡流是山地河流侵蚀地貌的主要动力。由河流、溪流挟带的沙石旋转磨蚀基岩河床而形成大小不同、深浅不一的近似壶形的坑，称为壶穴。壶穴普遍分布于河床基岩节理充分发育处或构造破碎带，有时深度能达到数米或更深。在瀑布或跌水的陡崖下方及坡降较大的急滩段最容易形成壶穴。壶穴发育在岩面上，成为石质河床加深的主要方式。当壶穴依次连通之后，河床加深，壶穴崩溃，形成新河道上一条条石沟地形，这样一条深水道便产生了。原来的石质河床此时也会部分干涸，形成高水河床。山地河床以河床浅滩地形发育为特点。山地河床浅滩地形按组成物质可分为石质浅滩和砂卵石浅滩两类，其中后者与平原河流的浅滩属于同一性质。因为山地河流滩多急流，对船舶的航行造成危险，所以浅滩又称滩险。浅滩的成因：①坚硬岩层横阻河底（即岩槛），成为石滩，如黄河九曲处的青铜峡、刘家峡等；②峡谷两岸土石落阻塞河床而成，如北盘江虎跳谷的虎跳石滩；③冲沟沟口的扇形地和泥石流阻塞河床而成。由暴流冲沟所成的扇形地伸入河床面成的滩险，称为“溪口滩”，它最为常见。

2）平原河床地貌

根据平原河道的形态及其演变规律，可以将它分为三种类型：顺直河道（顺直微弯型）、弯曲河道和分汊河道。其中分汊河道又可划分为相对稳定型汊道和游荡型汊道两亚类。

（1）顺直河道。

人们往往把河道的长度与其直线距离之比作为河道顺直与弯曲的划分标准，这一比值称为弯曲率。它的大小变化一般在 1~5，顺直河道弯曲率为 1~1.2，而弯曲率为 1.2~5 的称为弯曲河道。顺直河道在平原或山地中均有分布，不过平原比山地数量少、长度小；在全球，顺直河道比弯曲及分汊河道都要少得多。

顺直河道不易保存，而且大多数略带弯曲，原因是河道在各种自然条件的影响和地球偏转的作用下，主流线经常偏离河心，折向一边河岸冲击，因此河道出现了弯曲。上游一旦弯曲，下游水流便作“之”字形的反复折射，于是产生了一连串的河湾。在湾顶上游，来水集中，水力加强，发生冲刷并形成深槽；在两相邻河湾之间过渡段以及湾顶对岸，水流分散，水力减弱，发生沉积，形成河湾之间的浅滩和紧贴岸边的边滩。深槽、浅滩和边滩经常变位，水深很不稳定，这给水利工程和河港建设带来不利的影响。

（2）弯曲河道。

它是平原地区比较常见的河型，又称曲流。曲流有两种类型：自由曲流和深切曲流。自由曲流又称迂回河曲，一般发育在宽的河漫滩（河岸冲积平原）上，组成物质较散且厚，这就有利于曲流河床比较自由地在谷底迂回摆动，不受河谷基岸的约束。深切曲流出现在山地中，是一种深切入基岩的河曲，又称嵌入河曲。因这种河曲被束缚在坚硬的岩层中，故又称强迫性曲流。平原上的自由曲流由于地壳的强烈上升，河床下切，河道仍保持原有的弯曲，形成深切曲流。若地壳迅速上升，河流强烈下蚀，侧蚀占次要地位，此时形成的深切曲流谷坡对称，称为正常深切曲流；若地壳上升较慢，河流的下蚀与侧蚀相伴，河道向侧方移动，形成谷坡不对称的深切曲流，称为变形深切曲流或增幅深切曲流。深切曲流不断发展，也会发生截弯取直，取直后在原弯曲河道的中间留下相对凸起的基岩孤丘，称为离堆山。河流深切，使被废弃的曲流位置相对增高，称为高位废弃曲流。

（3）分汊河道。

平原上发育的无论是直道还是弯道，如果河床中出现一个或几个以上的江心洲时，都会使河床分成两股或多股汊道，造成河道呈宽窄相间的藕节状，这种河道称为分汊河道。平原上分汊河道按其稳定程度分为相对稳定型汊道和游荡型汊道两种。

相对稳定型汊道的地形标志是发育心滩、江心滩，即河心中的沙质堆积浅滩，多因河床底部有障碍物或双向环流作用导致沉积物堆积而成。在弯曲河床上游的过渡段、束窄段和下游的展宽段、干支流汇口段等地方，河流流速减小，水流搬运能力减弱，以致泥沙逐渐堆积形成锥形心滩；锥形心滩形成后，又进一步增加河床对水流的阻力，使滩面上流速进一步减小，锥形心滩则不断加积，直至高出枯水期水面，形成心滩。

游荡型汊道是指河床中汊道密布而时分时合，汊道与汊道之间的洲滩也经常变形、变位的河道，又称网状河道或不稳定汊道，以黄河下游最为典型。游荡型汊道的特点主要是河身宽浅且较为顺直；河流的含沙量和输沙量大；河床内心滩众多，而且变化迅速；河汊密布，水流系统散乱且变化无常等。

3）河漫滩

河漫滩是在河流洪水期被淹没的河床以外的谷底平坦部分。在大河的下游，河漫滩可宽于河床几倍至几十倍。

（1）河漫滩形成过程。

苏联学者 E. B. 桑采儿认为河漫滩的形成是河床不断侧向移动和河水周期性泛滥的结果。弯曲河床的水流在惯性离心力作用下趋向凹岸，使其水位抬高，从而产生横比降与横向力，形成表流向凹岸而底流向凸岸的横向环流。凹岸及其岸下河床在环流作用下发生侵蚀并形成深槽，岸坡亦因崩塌而后退。凹岸侵蚀掉落的碎屑物随底流带到凸岸沉积下来形成小边滩。边滩促进环流作用，并随河谷拓宽而不断发展成为大边滩。随着河流不断侧向迁移，边滩不断增长扩大，并具倾向河心的斜层理。洪水期，河水漫过谷底，边滩被没于水下，由于凸岸流速较慢，洪水携带的细粒物质（泥、粉砂）就会在边滩沉积物之上叠加沉积，形成具有水平层理的河漫滩沉积，洪水退后，河漫滩露出地表成为较平坦的沉积地形。

通常在靠近河心的边滩下部，沉积物为粗粒推移质，多为砾石；在远离河心的边滩上部，沉积物为细粒悬移质，如粉砂、黏土和亚黏土，因此，河漫滩具有二元结构，即顶部颗粒较细具水平层理的河漫滩相冲积物覆盖于底部颗粒较粗具斜层理或交错层理的河床相冲积物之上。一般只在宽阔的河谷或平原地区的河漫滩，才有较厚的二元相沉积。有些坡陡流急的山区河流，侵蚀作用较强，河床两侧常常没有沉积物保留，只有狭窄的石质漫滩，或者只有粗大的砾石组成的漫滩。

（2）河漫滩类型。

汊道型河漫滩：分布于分汊型河床中，因泥沙堆积河床中发育众多心滩，其上形成一系列鬃岗与洼地相间分布的地形。

河曲型河漫滩：常常发育有滨河床沙坝和迂回扇等。在弯曲型的河床中，洪水期水流使凹岸发生强烈的侵蚀，凸岸发生强烈的堆积，形成一条顺岸弯曲的沙坝，称为滨河床沙坝。河流平水期堆积物较少，凸岸此时形成分隔前后两次洪水期的两列沙坝之间的洼地。

在多次洪水作用下，随着河曲的发展，凸岸形成一系列弧形垄岗状沙坝与洼地相间的扇形地，称为迂回扇。迂回扇上的垄岗向下游河流方向辐聚、向上游河流方向辐散。

堰堤式河漫滩：发育在顺直或微弯河床的两岸。此类河漫滩起伏较大，地貌结构由岸边向外可分为三带。一是天然堤带，分布在岸边，与岸平行排列，由颗粒较粗的砂砾组成。它是河水在洪水期满溢河岸，因岸边流速骤减，大量的较粗粒悬移质首先堆积而成。在多次洪水作用下，天然堤不断增高，河床也不断淤高，成为地上河。许多大河的天然堤宽度达 1~2km，高为 5~10m。二是平原带，在天然堤带的内侧，高度较低，堆积颗粒较细，以粉砂和黏土为主。它是洪水越过天然堤带之后，在流速减慢和堆积物数量减少的情况下堆积而成。滩面平坦，以 1°~2° 微微倾斜。三是洼地沼泽带，离河岸最远，一侧连接平原带，另一侧与谷坡相邻。此处由洪水带来的泥沙数量已经很少，堆积层最薄，而且颗粒最细，所以地势低洼，加上谷坡带来积水，所以往往形成湖泊、沼泽地。

4）河流阶地

由于河流下切侵蚀，原先河谷底部（河漫滩或河床）超出一般洪水位，呈阶梯状分布在河谷上，这种地形称为河流阶地（river terrace）。河流阶地在河谷地貌中较普遍，每一级阶地由平坦的或微向河流倾斜的阶地面和陡峭阶坡组成，前者为原有谷底的遗留部分，后者则由河流下切形成。阶地面与河流平水期水面的高差即为阶地高度。一般河谷中常有一级或多级阶地，多级阶地的顺序自下而上排列。高出河漫滩的最低阶地称为一级阶地，向上依次为二级阶地、三级阶地。

依据组成物质与结构，阶地可分为侵蚀阶地、堆积阶地、基座阶地和埋藏阶地四类（表 2.5）。

2. 冲（洪）积扇

山地河流携带大量碎屑物质，流出山口因坡度急剧变缓，流速骤减，所携物质大量堆积，形成一个从出山口向外展开的半锥形堆积体，平面呈扇形，称为冲积扇（alluvial fan）。因其搬运沉积作用主要发生在洪水期，又称洪积扇（diluvial fan）。

表 2.5　四种不同类型河流阶地对比表（据曾克峰等，2013）

阶地类型	分布位置	物质组成	形成过程
侵蚀阶地	山区河谷	基岩	河流长期侵蚀
堆积阶地	河流中下游	冲积物	在谷地展宽并发生堆积，后期下切深度未达到冲积层底部
基座阶地	河流中下游	阶地上部由冲积物组成，下部为基岩	在谷地展宽并发生堆积，后期下切深度超过冲积层而进入基岩
埋藏阶地	河流中下游	上部为堆积物，下部为早期阶地	阶地形成以后，地壳下降或侵蚀基准面上升，河流大量堆积，使阶地被堆积物覆盖，埋藏于地下

冲积扇的表面有许多由暂时性洪流冲蚀而成的沟槽，它是洪水期的主要排泄通道，当洪水退水时，这些沟槽中沉积了一些砾石，称为槽洪沉积。有时洪水期由沟槽带到洪积扇边缘的砂砾，堆积成规模很小的次生扇。洪水量较大时，沟槽中的水流可漫溢到洪积扇面上形成大片漫流，漫流的深度和流速都相对较小，只能将细砂或黏土带到扇面上沉积，形成一层具有水平层理或斜交层理的细砂或黏土沉积物，称为漫洪沉积。扇顶部位大多由砾石构成，孔隙度大、透水性好，洪水时一部分水流入地下，大量砾石便在扇顶部位堆积下来形成由砾石组成的舌状堆积体，这种沉积称为筛滤沉积。如果洪水量大，这种舌状堆积体可深入扇中部位，它的纵向坡度比洪积扇坡度要小。

总体上看，冲积扇上层砂砾含量多、空隙大、透水性强；下层黏土含量多、空隙小、透水性弱。当地表水下渗转为地下水时，遇到土层，垂直下渗的水流速度变慢，地下水转为水平流动，到了冲积扇的边缘，地下水位接近地面，成泉水溢出。因此，冲积扇的边缘地带常是人类经济活动的场所，居民点和农田大多分布在这些地方，即干旱区的绿洲。

3. 河口三角洲

河流注入海洋或湖泊时，因流速降低，水流动能显著减弱，所携带的泥沙大量沉积，形成一片向海或向湖伸出的平面形态近似三角形的堆积体，即为河口三角洲（delta）。在纵剖面上，三角洲自下而上由底积层、前积层和顶积层构成。前积层是三角洲的主体部分，由河流沉积物向海（或湖）推进沉积面形成。前积层向外在三角洲的底缘逐渐转变成近水平的粉砂和土的薄层，称为底积层。当三角洲生长时，河流向海洋或湖泊方向推进，在前积层上发育网汊状河流，河流有轻微的淤积，并且扩展成新的冲积层，即顶积层。

三角洲是由于河口区的堆积作用超过侵蚀作用而形成的，它的形成需要以下几个条件：首先，必须具有丰富的泥沙来源，根据世界上许多三角洲的河流含沙量测定，河流年输沙量约等于或大于年径流量的 1/4 就会形成三角洲；其次，河口附近的海洋侵蚀搬运能力较小，泥沙方才容易沉积下来；最后，河口外海滨区水深较浅，坡度平缓，一方面对波浪起消耗作用，另一方面浅滩出露水面有利于泥沙进一步堆积。

三角洲的形成过程可以分为三个阶段：水下形成阶段、沙岛及汊道形成阶段、三角洲形成阶段。河口区河床纵坡降小、水流分散，加之海水或湖水的顶托作用，使河水的活力大大减小，河流携带的大量碎屑物在河口区沉积下来，形成形态各异的三角洲沉积。三角洲根据形状可分为尖头状三角洲、扇状三角洲、鸟足状三角洲、岛屿状三角洲。

4. 冲积平原

我国的东北平原、华北平原、长江中下游平原以及四川盆地内部的成都平原，都是由河流的冲积作用形成的冲积平原。

冲积平原是在构造沉降区由河流带来大量冲积物堆积而成的平原。它可由一条或几条河流形成。冲积平原多发生在地壳下沉的地区，这里地势平坦，有深厚的沉积层。例如，江淮平原第四纪松散沉积物的厚度达数百米，组成物质主要为冲积物，表层大多为亚黏土及黏土，下部为砾石、砂及粉砂。密西西比平原、西西伯利亚平原、亚马孙平原和恒河平原等都是世界上著名的大冲积平原。

规模较大的冲积平原根据形成部位主要分为三类：第一类是山前平原，属冲积－洪积型，由洪积扇合并或大冲积扇构成；第二类是中部平原，即广阔的河漫滩平原，一般分布在河流中下游或山间盆地，主要由冲积物组成，如长江中游平原（江汉平原）；第三类是滨海平原，属于冲积－海积型，沉积物质颗粒较细，泛滥带与河间低地地势高差很小，沼泽面积较大，海面升降或周期性海潮入侵造成海积层与冲积层相互交替的现象，主要分布在沿海地区以及太湖湖滨地带。华北平原是由黄河和海河等三角洲不断向海滩推进而形成的冲积平原。

冲积平原根据形状也可分为三类：一是积扇平原，大量泥沙堆积在山地河流出山口处所成扇形的平原；二是泛滥平原，沿河搬运的泥沙在洪水期经常泛滥、堆积在河床两侧的河漫滩上，沿河呈带状分布的平原，为大型的河漫滩；三是三角洲平原，由河口区泥沙堆积而成的三角洲，进一步发展形成的平原。

2.5.10　岩溶地貌

岩溶地貌发生在可溶岩分布地区，可溶岩主要是指碳酸盐类、硫酸盐类及卤盐类岩石。岩溶地貌由岩溶作用生成；岩溶作用主要是水对可溶性岩石的溶蚀、冲蚀等化学作用，以及崩塌、堆积等物理作用的总称，以化学溶蚀作用为主、物理作用为辅。岩溶作用的空间十分广阔，既作用在地表，又作用在地下，从而形成了丰富多彩的地表与地下岩溶地貌。

两类地貌既各自发展，又相互影响，一方面，地表岩溶地貌的高度降低、类型减少，趋向消亡；另一方面，地下岩溶地貌不断暴露并逐渐成为地表地貌。如果地壳发生构造运动，那么这种变化就会变得更加复杂。

在岩溶作用下，地表呈现各种形态，岩溶发育阶段不同，形态差异明显；在不同地区，岩溶形态也不相同。岩溶的形成必须具备以下条件：①岩石可溶性、②岩石的透水性、③水的溶解性以及④水的流动性。

1. 地表岩溶地貌

1）溶沟和石芽

溶沟和石芽是石灰岩表面的溶蚀地貌。地表水流沿石灰岩表面流动，溶蚀、侵蚀出许多凹槽，称为溶沟。溶沟宽十几厘米至几百厘米，深以米计，长度不等。溶沟之间的突出部分，称为石芽。石芽除有裸露型之外，还有埋藏型。埋藏型石芽多是在地下水渗透过程中溶蚀而成。在热带，地面植被生长茂密，土壤中 CO_2 含量较多，入渗水流的溶蚀力特别强，形成规模很大的埋藏石芽，其上覆盖有溶蚀残余红土和少量石灰岩块。通常，从山坡上部到下部，石芽类型依次为全裸露石芽、半裸露石芽和埋藏石芽。

石芽的发育与可溶性岩石的纯度及厚度有关。在厚层、质纯的石灰岩上可以发育出高大而尖锐的石芽；在薄层、泥质或硅质的石灰岩、白云岩上发育的石芽比较低矮圆滑。其原因是不纯的石灰岩很难产生溶沟，或者溶沟被难于溶解的蚀余物质覆盖，石芽不显露，即使已成的石芽也容易崩落。

石林是一种非常高大的石芽，或称石林式石芽。石林式石芽在我国云南路南发育最好，最高达 30 余米，是厚层、质纯、倾角平缓、具有较疏垂直节理的石灰岩，在湿热气候条件下形成的。它们挺拔林立、方圆数十里，蔚为壮观。

2）峰林、峰丛和孤峰

由碳酸盐岩石发育而成的山峰，按其形态特征可分为峰林、峰丛和孤峰。它们都是在热带气候条件下，碳酸盐岩石遭受强烈的岩溶作用后所形成的特有地貌。这些山峰峰体尖锐，外形呈锥状、塔状（圆柱状）和单斜状等。山坡四周陡峭，岩石裸露，地面坎坷不平，石芽溶沟纵横交错，且分布着众多漏斗、落水洞和峡谷等。山体内部发育有大小不等的溶洞和地下河，整个山体被溶蚀得千疮百孔。

（1）峰林。

峰林是成群分布的石灰岩山峰，山峰基部分离或微相连。它是在地壳长期稳定状态下，石灰岩体遭受强烈破坏并深切至水平流动带后所成的山群。与峰林相随产生的多是大型的溶蚀谷地和深陷的溶蚀洼地等，我国峰林地貌以桂林、阳朔等地最为著名。

（2）峰丛。

峰丛是一种连座峰林，顶部山峰分散，基部连成一体。当峰林形成后，地壳上升，原来的峰林变成了峰丛顶部的山峰，原峰林之下的岩体也就成了基座。此外，峰丛也可以由溶蚀洼地及谷地等分割岩体而成。在我国南方喀斯特地区，峰丛分布很广，高度较大，如广西西北部的峰丛海拔达千米以上，相对高度超过 600m，而且许多成行排列，显示它的发育与构造线一致。一般峰丛位于山地中心部分，峰林在山地边缘，而孤峰则分布于溶蚀平原或溶蚀谷地上。

（3）孤峰。

孤峰是指散立在溶蚀谷地或溶蚀平原上的低矮山峰，它是石灰岩体在长期岩溶作用下的产物，如桂林的独秀峰、伏波岩等。孤峰形态主要受岩石纯度和构造影响，锥状孤峰是顶部小、基部大的山峰，峰脚坡积物较多，它生成于岩层水平的不纯石灰岩区；塔状孤峰为圆柱形，山坡陡直，它是在层厚、质纯而产状水平的石灰岩上形成的；单斜状孤峰的山坡两侧不对称，一坡陡峭而另一坡缓和，其形态与岩层的单斜产状有关。

3）溶蚀洼地

溶蚀洼地是由四周为低山丘陵和峰林所包围的封闭洼地。其形状和溶蚀漏斗相似，但规模比溶蚀漏斗大许多。其平面形状有圆形、椭圆形、星形和长条形，垂直形状有碟形、漏斗形和筒形，由四周向中心倾斜。溶蚀洼地底部较平坦，直径超过 100m，最大可达 2km。

溶蚀洼地是由漏斗进一步溶蚀扩大而成，底部常发育落水洞和漏斗。此外，还发育一些小溪，从洼地四壁流出的泉水，经小溪汇流进入落水洞中。溶蚀洼地常发育于褶皱轴部或断裂带中，沿大断裂带发育的溶蚀洼地常呈串珠状排列。如果溶蚀洼地底部被黏土或边缘的坠积岩块所覆盖，底部的溶蚀漏斗和落水洞被阻塞，就会形成岩溶湖。溶蚀洼地是包气带岩溶作用的产物，也是岩溶作用初期的地貌标志，因此它在岩溶高原上发育最为普遍。溶蚀洼地的发展，最初是以面积较小的单个漏斗（溶斗）为主，随着多个漏斗不断溶合扩大，形成面积较大的盆地。它的发展不但使地面切割加剧，而且还促进了正地貌的形成，如洼地越发育，峰丛石山越明显。溶蚀洼地在云南、贵州和广西等地分布广泛，如贵州思南的溶蚀洼地。

2. 地下岩溶地貌

1）溶洞及溶洞堆积物

溶洞又称洞穴，是地下水沿着可溶性岩石的层面、节理或断层进行溶蚀和侵蚀形成的地下孔道。当地下水流沿着可溶性岩石的较小裂隙和孔道流动时，其运动速度很慢，这时只进行溶蚀作用。随着裂隙的不断扩大，地下水除继续进行溶蚀作用外，还产生机械侵蚀作用，使孔道迅速扩大为溶洞。

（1）溶洞形态。

溶洞形态多种多样，规模亦不相同。根据溶洞的剖面形态可分为水平溶洞、垂直溶洞、阶梯状溶洞、袋状溶洞和多层状溶洞等。这些形态各异的溶洞或是与地下水动态有关，或是与地质构造有关。在垂直循环带中发育的溶洞多是垂直的，规模较小；在水平循环带中形成的溶洞多是水平的，有时受断层面倾向或地层产状的影响，也可能是倾斜的。有些溶洞发育还受岩层中节理的控制，经常见到溶洞的方向与某一组特别发育的节理方向一致。

溶洞内经常充满水，形成地下河、地下湖和地下瀑布。当地壳上升，地下水位下降，溶洞将随之上升，使洞内水溢出。地壳多次间歇抬升，就会出现多层溶洞。溶洞在我国各地都有分布。

（2）溶洞堆积物。

溶洞堆积物多种多样，除了地下河床冲积物如卵石、泥沙（其中有砂矿、黏土矿物等）外，还有崩积物、古生物及古人类文化层等堆积。但最常见和大量的是碳酸钙化学堆积，并且构成了各种堆积地貌，如石钟乳、石笋、石柱、石幔等。

石钟乳：是悬垂于洞顶的碳酸钙堆积，呈倒锥状。其生成是由于洞顶部渗入的地下水中 CO_2 含量较高，对石灰岩具有较强的溶蚀力，呈饱和碳酸钙水溶液。当这种溶液渗至洞内顶部出露时，因洞内空气中的 CO_2 含量比下渗水中 CO_2 含量低得多，所以水滴将失去一部分 CO_2 而处于过饱和状态，于是碳酸钙在水滴表面结晶成为极薄的钙膜，水滴落下时，钙膜破裂，残留下来的碳酸钙便与顶板联结成为钙环。由于下渗水滴不断供应碳酸钙，所以钙环不断往下延伸，形成细长中空的石钟乳。如果石钟乳附近有多个水滴堆积时，则形成不规则的石钟乳。

石笋：是由洞底往上增高的碳酸钙堆积体，形态成锥状、塔状及盘状等。其堆积方向与石钟乳相反，但在位置上两者对应。当水滴从石钟乳上跌落至洞底时，变成许多小水珠或流动的水膜，这样就使原来已含过量 CO_2 的水滴有了更大的表面积，促进了 CO_2 的逸散，因此在洞底产生碳酸钙堆积。石笋横切面没有中央通道，但同样有同心圆结构。石钟乳和石笋的最主要区别是前者是从上面生长下来的，而后者是从下面生长上去的。

石柱：是石钟乳和石笋相对增长，直至两者连接而成的柱状体。由洞顶下渗的水溶液继续沿石柱表面堆积，使石柱加粗。

石幔：是含碳酸钙的水溶液在洞壁上漫流时，因 CO_2 迅速逸散而产生片状和层状的碳酸钙堆积，其表面具有弯曲的流纹，高度可达数十米，十分壮观。

（3）溶洞崩塌地貌。

溶洞内部周围岩石的临空和洞顶因溶蚀变薄，会使洞穴内的岩石应力失去平衡而发生崩塌，直到洞顶完全塌掉，变为常态坡面为止。崩塌是溶洞扩大和消失的重要作用力，形成的地貌主要有崩塌堆、天窗、天生桥、穿洞等。

崩塌堆： 洞顶岩层薄、断裂切割强以及地表水集中渗入的洞段容易发生崩塌，洞底就会出现崩塌堆；洞内化学堆积的发展也会引起溶洞的崩塌，如巨大的石钟乳坠落。

天窗： 洞顶局部崩塌并向上延及地表，或地面往下溶蚀与下部溶洞贯通，都会形成一个透光的通气口，称为天窗。若天窗扩大至洞顶塌尽时，地下溶洞则称为竖井。

天生桥、穿洞： 溶洞的顶部崩塌后，残留的顶板横跨地下河河谷两岸中间悬空，称为天生桥，呈拱形，宽度数米至百米。有些天生桥是由于分水岭地区地下河流溯源侵蚀袭夺而形成的。穿洞是桥下两头可以对望的洞。

2）地下河和岩溶泉

（1）地下河。

地下河是石灰岩地区地下水沿裂隙溶蚀而成的地下水汇集和排泄的通道。地下河的水流主要由地表降水沿岩层渗流或由地表河流经落水洞进入地下河组成，少数地下河水流由深源和远源地下水补给组成。地下河具有和地表河一样的由主流、支流组合的流域系统，水文状况也随地表河洪、枯水期的变化而变化。地下河分布深度常与当地侵蚀基准面相适应，如果有隔水层的阻挡，或者第四纪地壳上升幅度大于溶蚀深度，地下河则高于当地侵蚀基准面，形成悬挂式的地下河。

地下河常引起地表塌陷灾害，在工业基地、交通枢纽和人口密集地区研究地下河的分布和发育，进行灾害评价尤为重要。另外，地下河蕴藏丰富的地下水资源，是价值很高的旅游资源，科学开发地下河资源是重要的研究议题。

（2）岩溶泉。

岩溶地区常有泉水出露，按泉的涌水特征和成因可分为暂时性泉、周期性泉、涌泉。

2.5.11　风成地貌与黄土地貌

风成地貌与黄土地貌是干旱和半干旱区发育的独特地貌，它们在时间、空间分布以及成因上都有密切联系。风力对地表物质的吹蚀、搬运和堆积过程中所成的地貌，称为风成地貌。干旱和半干旱区日照强烈，昼夜气温变化明显，物理风化强，降水少、变率大而集中，蒸发强烈，所以，风就成为塑造地貌的主要营力，风成地貌特别发育。

黄土地貌，特别是现代的黄土侵蚀地貌，流水的侵蚀作用十分显著。然而，黄土（loess）的堆积地貌及黄土物质的形成过程中，虽然也有流水作用的堆积物（黄土状土），但风力作用却是主导的，是风把干旱沙漠、戈壁以及大陆冰川作用区冰水平原上的细颗粒吹送到半干旱草原区堆积才形成黄土地貌的。因此，风成地貌与黄土地貌都是第四纪地质历史时期广大干旱和半干旱区内特殊的干燥气候环境的产物。

1. 风成地貌

风对地表松散碎屑物的侵蚀、搬运和堆积过程所形成的地貌，称为风成地貌。风成地貌主要分为风蚀地貌和风积地貌。

1）风蚀地貌

风的吹蚀作用仅限于一定高度，因风的挟沙量在近地表 10cm 处最大，跃移的沙粒上升高度一般不超过 2m，所以风蚀地貌在近地面处最明显，主要类型见表 2.6。

表 2.6 风蚀地貌类型划分表（据杨景春和李有利，2005；吴正，2009，修改）

风蚀地貌名称	主要特征	成因分析
风蚀壁龛（石窝）	直径约 20cm，深 10~15cm 小凹坑	昼夜温差大，片状剥离，旋转磨蚀
风蚀蘑菇	上部宽大、下部窄小的蘑菇状地形	近地面风沙流，岩石下部侵蚀较强
风蚀柱	高低不等、大小不同的孤立石（土）柱	垂直裂隙发育岩石土体，长期吹蚀
风蚀垄槽（雅丹）	不规则的背鳍形垄脊和宽浅沟槽	干涸湖底干缩开裂，裂隙扩大
风蚀谷	沿主风向延伸，底部崎岖，宽窄不均	偶有暴雨冲刷（冲沟），风蚀扩大
风蚀洼地	小型：椭圆形，沿主风向伸展，深 1m	松散物质组成的地面，风蚀而成
	大型：深度可达 10m 左右	流水侵蚀基础上再经风蚀改造
风蚀残丘	桌状平顶较多，亦有尖峰状，高 10~30m	基岩地面，风蚀谷扩展，残留小丘
风棱石	棱角明显、表面光滑	适当沙粒、强风和开阔地面

2）风积地貌

前进中的风沙流在遇到障碍物时，会因受阻而产生涡旋或减速，使其动能降低而发生堆积，形成各种堆积地貌。根据风沙流的结构等特征， B. A. 费道洛维奇（1954 年）将风积地貌划分为四种类型。

信风型风积地貌：指在单向风或几个近似方向风的作用下形成的各种风积地貌。荒漠地区主要形成纵向沙丘、灌丛沙丘、新月形沙丘和纵向沙垄等，在荒漠区的边缘或在海岸带、湖岸带非荒漠区常有抛物线沙丘发育。①纵向沙丘：形态走向与起沙风的合成风向之间夹角小于 30°，或近平行的一类沙丘。②灌丛沙丘：风沙流在前进中，遇到障碍物时，便在其背风面发生沉积，形成各种不规则的沙堆，是不稳定的堆积体。③新月形沙丘：是一种平面形如新月的沙丘，其纵剖面有两个不对称斜坡，迎风坡凸而平缓，延伸较长，坡度为 5°~20°；背风坡微凹而陡，坡度为 28°~34°，背风坡的坡度大小与不同粒径沙粒的休止角有关。在新月形沙丘背风坡的两侧形成近似对称的两个尖角，成为新月形沙丘的两翼，此两翼顺着风向延伸。在迎风坡与背风坡连接的地方，形成弧形的脊，成为新月形沙丘脊。单个新月形沙丘多分布在荒漠边缘地区，有时沙质海滨地带也有分布。④纵向沙垄：是沙漠中顺着主要风向延伸的垄状堆积地貌。垄体较为狭长平直，高度一般为 10~30m，长数百米至数十千米。总体特征为两坡对称而平缓，丘顶呈浑圆状。

此外还有季风 – 软风型风积地貌、对流型风积地貌、干扰型风积地貌。

2. 黄土及黄土地貌

黄土是第四纪时期形成的广泛分布的松散堆积物，其主要特征是呈浅灰黄色或棕黄色，主要由粉砂组成，富含钙质，疏松多孔，不显宏观层理，垂直节理发育，具有很强的湿陷性。从全球来看，黄土覆盖面积约占地球陆地表面积的 10%，主要分布在中纬度干旱或半干旱的大陆性气候地区。黄土的成因主要有风成说、水成说和风化残积说三种观点，其中风成说历史长、影响大、拥护者多。

按主导地质营力将黄土地貌分类，可分为黄土堆积地貌、黄土侵蚀地貌、黄土潜蚀地貌和黄土重力地貌四种类型（表 2.7）。

表 2.7　黄土地貌类型划分表

类	小类	型	典型代表地貌
黄土堆积地貌	黄土高原	黄土塬	白草塬、董志塬、洛川塬
		黄土墚	山西柳林
		黄土峁	陕北
	黄土平原、丘陵		渭河平原、宁夏西吉墚峁丘陵沟壑区
黄土侵蚀地貌	黄土区大型河谷地貌		黄河、渭河、洛河、泾河
	黄土沟谷地貌		纹沟、细沟、切沟、冲沟
黄土潜蚀地貌	黄土碟		圆形、椭圆形
	黄土陷穴		漏斗状、竖井状、串珠状
	黄土桥		洛川地质公园黄土桥
	黄土柱		柱状、尖塔形
黄土重力地貌	崩塌、滑坡、泻溜等		

1）黄土堆积地貌

黄土堆积地貌分为黄土高原和黄土平原、丘陵。黄土高原的地貌可分为塬、墚、峁三种类型。塬、墚、峁是黄土高原黄土堆积的原始地面经流水切割、侵蚀后的残留部分，他们的形成与黄土堆积前的地形起伏及黄土堆积后的流水侵蚀都有关。

黄土塬是指在第四纪以前的山间盆地的基础上，被厚层黄土覆盖、面积较大、顶面平坦、侵蚀较弱、周围被沟谷切割的台地。黄土墚是平行沟谷的长条状高地，主要是黄土覆盖在墚状古地貌上，又受近代流水等作用形成的，根据墚的形态可分为平顶墚和斜顶墚两种。黄土峁是顶部浑圆、斜坡较陡的黄土小丘，大多是由黄土墚进一步切割而成，常成群分布。

2）黄土侵蚀地貌

黄土侵蚀地貌可分为黄土区大型河谷地貌和黄土沟谷地貌。黄土区大型河谷地貌是长期发展的结果，如黄河、渭河、洛河、泾河，其形成发展与一般侵蚀河谷相似，但由于有风积黄土堆积，晚期黄土覆盖早期河谷阶地的情况经常可见。黄土区千沟万壑，地面被切割得支离破碎，根据黄土沟谷形成的部位、沟谷的发育阶段和形态特征，可将黄土沟谷地貌分为纹沟、细沟、切沟、冲沟。

3）黄土潜蚀地貌

地表水沿黄土中的裂隙或空隙下渗，对黄土进行溶蚀和侵蚀，称为潜蚀。潜蚀后，黄土中形成大的空隙和空洞，引起黄土的陷落而形成的地貌，称为黄土潜蚀地貌。其主要包括黄土碟、黄土陷穴、黄土桥、黄土柱。

4）黄土重力地貌

黄土谷坡的物质在重力作用和流水作用影响下，常发生移动，形成崩塌、滑坡、泻溜等重力地貌。

2.5.12 冰川与冻土地貌

冰川是降雪积压而成并能运动的冰体。现在世界上冰川覆盖面积约为 1623 万 km^2，占陆地面积的 11%，集中了全球 85% 的淡水资源，主要分布在极地和中低纬的高山、高原区。第四纪冰期，欧、亚、北美的大陆冰盖连绵分布，留下了大量冰川遗迹。冰川的进退不仅与气候变化密切相关，而且还会引起海面升降与地壳均衡变化。同时，它也是塑造地貌非常重要的一种外营力。冰川地貌主要包括现代冰川地貌景观与古冰川遗迹，是旅游资源开发利用的一个重要组成部分，是地质公园、风景名胜区等的关注焦点。

冻土的主要外力作用是融冻作用，以融冻作用为主所形成的一系列地质地貌现象总称为冻土地貌；在许多出版物和文献中将冻土地貌称为冰缘地貌，但是实际上以冻土地貌为特征的冻土区范围，早已超出了狭义的冰缘区界线。全世界冻土地貌分布面积约 3500 万 km^2，在第四纪最大冰期时，世界上冻土作用区域更为广大，因此对冻土地貌的研究具有非常重要的意义。

1. 雪线与冰川运动

雪线是常年积雪的下界，即年降雪量与年消融量相等的均衡线，雪线以上年降雪量大于年消融量，降雪逐年加积，形成常年积雪，进而变成粒雪和冰川冰，发育冰川。冰川运动是冰川区别于其他自然界冰体的主要特征，冰川运动主要有两种方式：①冰川借助冰与床底岩石界面上融水的润滑和浮托，沿冰床向前滑动，称为基底滑动；②由于冰川冰是不同粒度冰晶的几何体，当冰川达到一定厚度时（最小为 30cm），在自身压力作用下冰晶开始发生平行晶粒底面的粒内剪切蠕变，称为塑性流动。

2. 冰川地貌

冰川地貌分为冰蚀地貌、冰碛地貌和冰水堆积地貌三个部分。冰蚀地貌包括冰斗、刀脊、角峰、冰川谷、峡湾、羊背石、冰川磨光面和冰川擦痕等。冰碛地貌是由冰川侵蚀搬运的沙砾堆积形成的地貌，有冰碛丘陵、侧碛堤、中碛堤、终碛堤等几种类型。冰水堆积地貌是在冰川边缘由冰水堆积物组成的各种地貌，分为冰水扇、冰水湖、冰砾阜、冰砾阜阶地、锅穴、蛇形丘等几种类型。

1）冰蚀地貌

（1）冰斗、刃脊和角峰。

冰蚀地貌主要是冰斗、冰川在发展过程中塑造的地貌。其中，冰斗是冰川在雪线附近塑造的椭圆形基岩洼地，是雪蚀与冰川剥蚀的结果。典型冰斗由峻峭的后壁（三面）、深凹的斗底（岩盆）和冰坎组成。冰斗发育于雪线附近的地势低洼处，剧烈的寒冻风化作用使基岩迅速冻裂破碎，崩解的岩块随着冰川运动搬走，洼地周围不断后退拓宽，底部加深，并导致四周不断扩大而形成。冰斗在冰川退缩后可形成冰斗湖。古冰斗底的高度标志着古雪线的位置，不同时期古冰斗高度与现代雪线的高差，是研究古温度波动的重要标志。

由于冰斗后壁受到不断的挖蚀作用而后退，当两个冰斗或冰川谷地间的岭脊变窄，最后形成薄而陡峻的刀刃状山脊称为刃脊，又称鳍脊；当不同方向的两个及以上冰斗后壁后退时，发展成为棱角状的尖锐山峰，称为角峰。由于组成刃脊和角峰的岩性和地质构造不同，有的可残留，有的则被破坏殆尽。

（2）羊背石和冰川擦痕。

羊背石（sheepback rock）是由冰蚀作用形成的石质小丘，特别在大陆冰川作用区，石质小丘往往与石质洼地、湖盆相伴分布，成群出露于地表，犹如羊群伏在地面上一样，故得名。它由岩性坚硬的小丘被冰川磨削而成，顶部浑圆，纵剖面前后不对称。迎冰坡一般较平缓，带有擦痕、刻槽及新月形的磨光面，是冰川磨蚀作用的结果；背冰坡较陡峻且粗糙，由阶状小陡坎及裂隙组成，是冰川拔蚀作用的结果。羊背石的长轴方向，与冰川运动的方向平行，因而可以指示冰川运动的方向。

在羊背石、“U”形谷壁及大漂砾上，常因冰川的作用而形成磨光面，当冰川搬运物是砂和粉砂时，在较致密的岩石上，磨光面更为发达；若冰川搬运物为砾石，则在谷壁上刻蚀出条痕或刻槽，称为冰川擦痕（槽），擦痕的一端粗，另一端细，粗的一端指向上游。

（3）冰川谷。

由山谷冰川剥蚀作用所形成的平直、宽阔的谷地，称为冰川谷，又称冰蚀槽谷，因其横截面为“U”形，故又称“U”谷或幽谷，它是山岳冰川分布最广的地形。

2）冰碛地貌

冰川消融后，原来的表碛、内碛和中碛都沉落到冰川谷底，与底碛一起统称基碛。这些冰碛物受冰川谷底地形起伏的影响或受冰面和冰内冰碛物分布的影响，堆积后形成波状起伏的丘陵，称为冰碛丘陵或基碛丘陵。

3）冰水堆积地貌

冰雪融化后形成的水流称为冰水。冰水堆积是指冰川消融时冰下径流和冰川前缘水流的堆积物，大多数是原有冰碛物，经过冰融水的再搬运、再堆积而成。因此，它们既具有河流堆积物的特点（如分选、磨圆度和层理构造），同时又保存着条痕石等部分冰川作用痕迹。按其形态、位置及成因等，分为冰水扇、冰水湖、冰砾阜、冰砾阜阶地、锅穴和蛇形丘等地貌。

3. 冻土地貌

冻土是指处于0℃以下，并含有冰的土（岩）层。按其冻结时间的长短，可分为冬季冻结、夏季融化的季节性冻土和常年不化（冻结持续时间在三年以上）的多年冻土两类。全球冻土的分布具有明显的纬度和垂直地带性规律。自高纬度向中纬度，多年冻土埋深逐渐增加，厚度不断减小，年平均地温相应升高，由连续多年冻土带过渡为不连续多年冻土带、季节冻土带。冻土地貌的类型主要有石海、石河与石冰川，多边形土和石环，冻融泥流阶地，冻胀丘和冰核丘等。

2.5.13　海岸地貌

海岸带是地球上大气圈、水圈、岩石圈和生物圈最紧密接触的部分，是响应全球变化和陆–海各种动力作用最迅速、最敏感的地区；同时海岸带作为人类利用和开发海洋的前沿基地具有非常重要的地位。据统计，全球有40%的人口居住在离海岸100km以内的范围内，世界大约30%的海岸被开发成城市、工业场地、农业用地和旅游用地。但是，目前人类活动使陆地到海岸的物质传输迅速变化，过渡捕捞、污染，以及沿海、外流河流域的不合理开发使海岸带生态系统正在遭受缓慢持续的破坏。海岸带环境、资源与灾害对沿海地区经济发展及人口生存影响极大。

1. 海岸分类

海岸分类的研究已有百年历史，但由于不同学者研究海岸的视角不同，对全球海岸的分类有很大差异，迄今尚无统一的、公认的分类系统。较有代表性的海岸分类是李希霍芬海岸分类。李希霍芬于 1886 年最早提出根据形态、地质构造运动、切割性质和成因对各种海岸进行分类（表 2.8）。

表 2.8　李希霍芬海岸分类

分类依据	分类
按形态分类	①陡峻的海岸；②有平坦海滨及其后侧有海蚀崖的海岸；③有宽广滨岸平原的海岸；④低海岸
按地质构造运动分类	①纵海岸；②横海岸和斜交海岸；③下沉盆地的凹岸；④桌状及块状地区的中性岸；⑤堆积岸
按切割性质和成因分类	①海侵岸（太平洋式海岸、大西洋式海岸等）；②堆积作用与大陆基岩相连岸；③地方成因海岸（火山海岸和珊瑚礁海岸等）

与当时其他学者仅将海岸分为太平洋式、大西洋式两种类型比较，李希霍芬的分类较为全面，但是其分类原则不够统一和严密。简单分类来讲，按其成因可以将海岸分为侵蚀型海岸、堆积型海岸和平衡型海岸三类；按其物质组成，可以分为基岩海岸、砂砾质海岸和泥质海岸；按照陆地地貌，可以分为平原海岸、山地丘陵海岸和生物海岸。所谓生物海岸，是指主要由生物体构成的海岸，最常见的是红树林海岸和珊瑚礁海岸。一般来说，基岩海岸都是上升型海岸和侵蚀型海岸，砂砾质海岸和泥质海岸则视具体情况，分别属于堆积型海岸或平衡型海岸。

2. 海岸地貌类型

根据海岸地貌的基本特征，可分为海岸侵蚀地貌和海岸堆积地貌两大类。海岸侵蚀地貌是岩石海岸在波浪、潮流等不断侵蚀下所形成的各种地貌；海岸堆积地貌是近岸物质在波浪、潮流和风的搬运下，沉积形成的各种地貌。

1）海岸侵蚀地貌

在海蚀崖与高潮海面接触处，常有海蚀穴形成，海蚀穴逐渐扩大后，上部的岩石失去支撑而垮塌形成陡崖，称为海蚀崖。海蚀穴指海蚀岩岸与海面（一般是与高潮海面）接触处受海蚀作用形成的断续凹槽，又称海蚀槽，其中，深度大于宽度的称为海蚀洞；深度小于宽度的称为海蚀龛或海蚀壁龛，多位于海蚀崖和浪蚀台前缘陡坎的基脚处。我国北方的基岩海岸带可以见到不同高程的海蚀穴，是海岸抬升的重要标志之一。海蚀洞常见于海崖上的岩石裂缝发育的地方，因受海浪不断冲击，岩石不断碎落成空洞而得名。它是机械侵蚀的产物，与化学溶解而成的许多内陆溶洞不同。此外还有海蚀拱桥、海蚀柱、海蚀平台、海蚀沟与海蚀窗等自然景观。

2）海岸堆积地貌

近岸物质在波浪、潮流和风的搬移下沉积形成的各种形态。按海岸物质的组成及其形态，可分为砂砾质海岸地貌、淤泥质海岸地貌、三角洲地貌、生物海岸地貌等。按堆积体形态、与海岸的关系及其形成原因，可分成毗连地貌、自由地貌、封闭地貌、环绕地貌和隔岸地貌五大类型。

3. 大陆边缘地貌

海底和陆地一样是起伏不平的，有高山、深谷，也有广阔的平原和盆地。海底靠近大陆，并作为大陆与大洋盆地之间过渡地带的区域成为大陆边缘。在构造上大陆边缘是大陆的组成部分。大陆边缘主要包括大陆架、大陆坡和大陆隆三个地貌类型。

大陆架是大陆沿岸土地在海面下向海洋的延伸，可以说是被海水所覆盖的大陆。在过去的冰川期，由于海平面下降，大陆架常常露出海面成为陆地、陆桥；在间冰期（冰川消退，如现在），则被上升的海水淹没，成为浅海。大陆坡介于大陆架和大洋底之间，大陆架是大陆的一部分，大洋底是真正的海底，因而大陆坡是联系海–陆的桥梁，它一头连接着陆地的边缘，另一头连接着海洋。大陆坡虽然分布在水深200~2000m的海底，但是大陆坡地壳上层以花岗岩为主，通常归属于大陆型地壳，只有极少部分归属于过渡性地壳。大陆隆又称大陆裙，位于大陆坡和深海平原之间，靠近大陆坡的地方较陡，向深海减缓，平均坡度为0.5°~1°，水深为1500~5000m，主要分布在大西洋、印度洋、北冰洋边缘和南极洲周围。在太平洋仅西部边缘海向陆一侧有大陆隆，在太平洋周围的海沟附近缺失大陆隆。大陆隆上的沉积物主要是来自大陆的黏土及砂砾，厚度约在2000m以上。

2.5.14　地貌与人类活动

地貌是地球表面形形色色的各种空间实体，是自然环境的重要组成部分。在人类出现以前，地貌的形成发育由岩石构造、内外地质营力和时间三个因素所决定。在过去漫长的岁月里，不同岩性的岩石在各自的地质构造中，受到自然界内外营力的作用，形成了如今的地球面貌。各种地貌形成后，对自然环境（如气候、水文、土壤等）也产生了一定的影响。当人类出现后，他们会选择一些适合居住的地貌环境生活。随着人类社会的迅猛发展，人类活动对地貌的影响日益强烈，并且形成了诸如楼房、高速公路、水坝、梯田等的人工地貌。

人工地貌是指因人类作用形成的地球表面的起伏形态、物质结构（又称人工地貌体）。

人类活动直接或者间接影响地球地貌，直接活动有挖掘过程、建造过程、河道过程等；间接活动有侵蚀作用、风沙过程、风化过程、河流过程、地基沉陷、海岸过程、坡地过程等。主要的人工地貌有城镇人工地貌、人工交通地貌、水利工程地貌、农田人工地貌等。人类对地貌产生了重大的影响，改变了初始第四纪地貌的形态，而这些原始地貌在一定程度上也反哺着人类，为人类带来资源、经济效益等。自然地貌、地质遗迹景观是大自然的宝贵馈赠，以其为基础诞生了许许多多的风景名胜区、旅游景区、森林公园、地质公园、矿山公园、湿地公园、海洋公园，极大地促进和繁荣了旅游业的发展。以地质遗迹为基础的国家地质公园为例，2000 年以来，我国分七批次申报和建设了 241 家国家地质公园，在保护地质遗迹的同时极大地带动了区域旅游经济和社会经济的发展。

思 考 题

1. 简要介绍地球各圈层。
2. 什么是矿物？请列举几种常见矿物。
3. 岩石如何分类？说说各类岩石的形成过程。
4. 常见的地质构造有哪些？
5. 请谈谈如何区分向斜、背斜，正断层、逆断层。
6. 常见的地貌有哪些？是怎么形成的？你家乡最为常见的地貌是什么？

参 考 文 献

曹伯勋 . 1995. 地貌学及第四纪地质学 . 武汉 : 中国地质大学出版社 .

陈颙 , 史培军 . 2007. 自然灾害 . 北京 : 北京师范大学出版社 .

简文彬 , 吴振祥 . 2015. 地质灾害及其防治 . 北京 : 人民交通出版社 .

刘海松 . 2013. 地貌学及第四纪地质学 . 北京 : 地质出版社 .

任爱珠 . 2014. 防灾减灾工程与技术 . 北京 : 清华大学出版社 .

沈金瑞 . 2009. 自然灾害学 . 长春 : 吉林大学出版社 .

石振明 , 黄雨 . 2018. 工程地质学 (第三版). 北京 : 中国建筑工业出版社 .

吴正 . 2009. 现代地貌学导论 . 北京 : 科学出版社 .

杨景春 , 李有利 . 2005. 地貌学原理 . 北京 : 北京大学出版社 .

曾克峰 , 刘超 , 于吉涛 . 2013. 地貌学教程 . 武汉 : 中国地质大学出版社 .

曾克峰 , 刘超 , 程黄鑫 . 2014. 地貌学及第四纪地质学教程 . 武汉 : 中国地质大学出版社 .

曾令锋 , 吕曼秋 , 戴德艺 . 2015. 自然灾害学基础 . 北京 : 地质出版社 .

张根寿 . 2005. 现代地貌学 . 北京 : 科学出版社 .

周成虎 , 程维明 , 钱金凯 , 等 . 2009. 中国陆地 1:100 万数字地貌分类体系研究 . 地球信息科学学报 , 11(6): 707-724.

Keller E A. 2012. Introduction to Environmental Geology, 5th Edition. Upper Saddle River, NJ: Pearson Prentice Hall.

中国是一个幅员辽阔、资源丰富、文明历史悠久的国家。但人口众多，自然地理、地质构造、地形地貌、气候条件复杂，地质灾害分布广泛、发生频繁，是世界上地质灾害最严重的国家之一。

第3章　地质灾害学基础

3.1 地质灾害内涵与属性

3.2 常见地质灾害类型介绍

3.3 地质灾害分类与分级

3.4 地质灾害评估与地质灾害管理

3.1 地质灾害内涵与属性

1. 地质灾害内涵

地质灾害是指在地球的发展演化过程中，由各种自然地质作用和人类活动所形成的，对人类财产、环境造成破坏和损失的地质作用或现象。其中自然地质作用包括地震、火山、滑坡等；人类地质活动包括人为剥蚀、搬运、堆积、塑造地形等。

地质灾害内涵由两部分组成：致灾动力条件和灾害事件后果。

2. 地质灾害属性

必然性： 地质灾害是伴随地球运动而生并与人类共存的必然现象。

可防御性： 通过研究灾害属性，揭示并掌握地质灾害发生、发展的条件和分布规律，进行科学的预测预报，采取适当的防治措施，就可以对灾害进行有效预防，减少或者避免损失。

随机性： 由于地质灾害影响因素极为复杂多样，其发生的时间、地点、强度等均有很大的不确定性。

周期性： 随着人类认知水平的提高，逐渐发现地质灾害具有周期性特征，如地震具有平静期与活跃期等。

突发性与渐进性： 突发性地质灾害特征为骤然发生、历时短、暴发强、成灾快、危害大，如地震、火山等；渐进性地质灾害特征为缓慢发生、危害程度逐步加重、涉及范围较广、对生态环境影响大，如荒漠化、水土流失等。

群体性与诱发性： 许多地质灾害不是孤立发生的，前一种灾害的结果可能是后一种灾害的诱因，如地震、强降雨等灾害易引发滑坡、泥石流等灾害。

成因多元性： 地质灾害往往受气候、地形地貌、地质构造、人类活动等多种因素综合制约。

原地复发性： 某些地质灾害由于当地特殊地质、气候条件等，可能会在区域内反复出现，如川藏公路沿线的古乡冰川泥石流，一年内发生泥石流 70 余次。

区域性：地质灾害的形成与演化受制于区域地质条件，因此其空间分布呈区域性特点。

破坏性与“建设性”：地质灾害对人类的主导作用是造成多种形式的破坏。有时地质灾害的发生可以对人类产生有益的“建设性”作用，如上游水土流失灾害可为下游提供肥沃的土壤等。

复杂性：地质灾害的发生、发展有其自身复杂的规律，对人类社会经济的影响表现出长久性、复杂性等特征，如重大地质灾害常造成大量人口伤亡和人口大迁移、地质灾害的周期性变化导致经济发展也具有周期性特点、地质灾害地区分布规律导致经济发展的地区性不平衡等。

人为地质灾害的日趋显著性：随着全球人口的急剧提升，人类需求不断增长，不合理的人类活动使得地质环境日益恶化，各类次生灾害频发。除地震与火山外，大多数地质灾害的发生均与人类活动有关。

地质灾害防治的社会性和迫切性：地质灾害的发生不仅造成大量的直接生命财产损失，还会给灾区社会经济发展造成广泛而深远的影响。有效防治地质灾害，不仅需要国家大量的资金投入，更需要全社会广泛的参与。

3.2　常见地质灾害类型介绍

3.2.1　地震

地震（图 3.1~ 图 3.4）又称地动，是地壳快速释放能量过程中造成的震动，其间会产生地震波的一种自然现象。

3.2.2　火山喷发

火山喷发（图 3.5~ 图 3.7）是地壳运动的一种表现形式，也是地球内部热能在地表的一种最强烈的显示。火山喷发是岩浆等喷出物在短时间内从火山口向地表的释放。

图 3.1　2008 年 5 月 12 日，汶川地震

图 3.2　2010 年 2 月 27 日，智利地震

图片来源：美国地质调查局（United States Geological Survey，USGS），https://www.usgs.gov/media/images/collapsed-building-12 [2022-12-06]

图 3.3　汶川地震纪念碑图

据《汶川特大地震四川抗震救灾志》，汶川地震发生于 2008 年 5 月 12 日，矩震级 7.9 级。自 2009 年起，每年 5 月 12 日为全国“防灾减灾日”

图 3.4　汶川地震损坏的建筑物

图 3.5　里道特火山喷发

图片来源：美国地质调查局（USGS），https://www.usgs.gov/media/images/k-lauea-volcano-lava-fountaining-fissure-8-0 [2022-12-06]

图 3.6　里道特火山

图片来源：美国地质调查局（USGS），https://www.usgs.gov/media/images/redoubt-volcano [2022-12-06]

图 3.7　在火山口形成的火山湖

3.2.3　滑坡

滑坡（图 3.8、图 3.9）指斜坡上的土体或者岩体，受河流冲刷、地下水活动、雨水浸泡、地震及人工切坡等因素影响，在重力作用下，沿着一定的软弱面或者软弱带，整体地或者分散地顺坡向下滑动的自然现象。

图 3.8　2021 年 1 月 26 日美国加利福尼亚州大苏尔滑坡

图片来源：美国地质调查局（USGS），https://www.usgs.gov/media/images/big-sur-california-landslide-january-26-and-28-2021 [2022-12-06]

图 3.9　厄瓜多尔的大规模滑坡现场

3.2.4　崩塌

崩塌（图 3.10）是陡坡上的岩土体在重力作用或其他外力参与下，突然脱离母体，发生以竖向为主的运动，并堆积在坡脚的动力地质现象。

图 3.10　崩塌示意图

3.2.5 泥石流

泥石流（图 3.11）指在山区或者其他沟谷深壑、地形险峻的地区，因为暴雨、暴雪或其他自然灾害引发的山体滑坡并携带有大量泥沙以及石块的特殊洪流。

图 3.11 奥地利某山地雨后的泥石流痕迹

3.2.6 沉降

沉降（图 3.12）是在建筑物荷载作用下，地基土因受到压缩引起的竖向变形或下沉。

图 3.12 苏州虎丘斜塔不均匀沉降

虎丘斜塔，塔高 47m，八角七层，青砖造就，此塔建于五代后周显德六年（959 年），落成于北宋建隆二年（961 年），至今已有一千多年历史。塔顶中心偏离塔底中心 2.32m，塔身倾斜度为 2.47°，被国外建筑学家称为“中国的比萨斜塔”

3.2.7　地裂缝

地裂缝（图 3.13、图 3.14）指由地震、矿物开采、地下水抽取等因素导致的地面开裂现象。

图 3.13　地震引起地裂缝

图片来源：美国地质调查局（USGS），https://www.usgs.gov/programs/earthquake-hazards/science/southern-california-earthquake-hazards [2022-12-06]

图 3.14　地裂缝引起公路变形

3.2.8 荒漠化

荒漠化（图 3.15）是由于干旱少雨、植被破坏、过度放牧、大风吹蚀、流水侵蚀、土壤盐渍化等因素造成的大片土壤生产力下降或丧失的自然（非自然）现象。

图 3.15 荒漠景观

图片来源：美国地质调查局（USGS），https://www.usgs.gov/media/images/desert-landscape-4 [2022-12-06]

3.3 地质灾害分类与分级

3.3.1 地质灾害分类

地质灾害分类是指根据地质灾害的空间分布状况、成因、危害方式，以及地质环境变化速度等特征划分地质灾害的类型。

按空间分布状况分类时，分为陆地地质灾害与海洋地质灾害。陆地地质灾害又可分为地面地质灾害与地下地质灾害；海洋地质灾害又可分为海底地质灾害与水体地质灾害。

致灾地质作用都是在一定的动力诱发（破坏）下发生的，按灾害成因分类时，分为自然动力型、人为动力型、复合动力型三种。①自然动力型（图 3.16）指主要驱动力由自然营力引起的，如自然动力型地壳活动灾害：地震、火山喷发，断层错动等；斜坡岩土体运动灾害：崩塌、滑坡、泥石流等。②人为动力型指驱动力由于人类活动引起的，如城市地质灾害：建筑地基与基坑变形、垃圾堆积等；地面变形灾害：地裂缝（图 3.17）、大面积

(a) 地震

(b) 滑坡

(c) 断层错动

(d) 火山喷发

图 3.16　自然动力型地质灾害

图片来源：(a) 美国地质调查局（USGS），https://www.usgs.gov/media/images/northridge-ca-earthquake-damage-40 [2022-12-06]；(d) 美国地质调查局（USGS），https://www.usgs.gov/media/images/augustine-volcano [2022-12-06]

图 3.17　地裂缝

图片来源：美国地质调查局（USGS），https://www.usgs.gov/media/images/earthquake-damage-california-hwy-178-0 [2022-12-06]

开采地下水引发地面沉降（图 3.18）等；矿山与地下工程灾害：矿井塌方、煤层自燃等。③复合动力型指由人为活动与自然地质作用混合作用诱发的地质灾害，如水库诱发地震等（图 3.19）。

图 3.18　地面沉降造成房屋结构破坏

美国佛罗里达州多佛地区，农民抽水灌溉植物致地下水位下降造成地面沉降，部分房屋、道路、农田遭到破坏。图片来源：美国地质调查局（USGS），https://www.usgs.gov/media/images/sinkholes-west-central-florida-freeze-event-2010-3 [2022-12-06]

图 3.19　新丰江水库

位于广东省新丰江下游亚婆山峡谷的新丰江水库在 1962 年 3 月 19 日 04 时 18 分发生的 M_S 6.1 级地震，是我国截至目前最大的水库地震。图片来源：广东省水利厅，http://slt.gd.gov.cn/zsdw_2021/djlyglj/tslm/slfj/content/post_3767501.html [2022-12-06]

按地质环境变化速度分类时，分为渐变性地质灾害与突发性地质灾害两种。地质灾害的发生、发展过程为逐渐完成时，称为渐变性地质灾害，如地面沉降、水土流失、水土污染等。地质灾害的发生、发展过程具有很强的突然性时，称为突发性地质灾害，如地震、崩塌、滑坡等。前者一般具有明显前兆，对其防治有较从容的时间，可有预见地进行，其成灾后果一般造成经济损失，不出现人员伤亡。后者一般可预见性差，其防治工作通常是被动式地应急进行，成灾后果造成经济损失，也常造成人员伤亡，是地质灾害防治的重点对象。

3.3.2　地质灾害分级

地质灾害分级指按地质灾害的危害程度划分地质灾害的等级，见表 3.1。

表 3.1　地质灾害危险性评估分级

建设项目重要性	地质环境条件复杂程度		
	复杂	中等	简单
重要	一级	一级	二级
较重要	一级	二级	三级
一般	二级	三级	三级

地质灾害分级的原则：反映地质灾害对人类与环境的危害程度；为地质灾害管理服务，是管理决策的依据；适应地质灾害调查和编录、灾前预防性普查、灾后灾情调查、灾害防治效果回馈等工作。

地质灾害分级方案主要有如下三种。

（1）灾变分级：对地质灾害活动强度、规模和频次的等级划分，分为特大型灾变、大型灾变、中型灾变、小型灾变；

（2）灾度分级：反映灾害事件发生后所造成的破坏和损失程度，分为特大灾害、大灾害、中灾害、小灾害；

（3）风险分级：在灾害活动概率分析基础上核算出的期望损失级别划分，分为高度风险、中度风险、轻度风险、微度风险。

3.3.3　现行地质灾害分类分级标准

我国现行地质灾害分类分级标准为《地质灾害分类分级标准（试行）》（T/CAGHP 001—2018），其采用定量分级。地质灾害等级界限值只要达到上一等级的下限即定为上一等级灾害。一次灾害事件造成的伤亡人数或直接经济损失，只要一项指标达到高等级，则按高等级划定灾害的级别。例如，地质灾害灾情等级，根据人员伤亡和经济损失的大小划分，见表 3.2；地质灾害险情等级，根据直接威胁人数和潜在经济损失的大小划分，见表 3.3。

表 3.2　地质灾害灾情等级划分

灾情等级	特大型	大型	中型	小型
死亡人数（n）/ 人	$n \geqslant 30$	$10 \leqslant n < 30$	$3 \leqslant n < 10$	$n < 3$
直接经济损失（S）/ 万元	$S \geqslant 1000$	$500 \leqslant S < 1000$	$100 \leqslant S < 500$	$S < 100$

表 3.3　地质灾害险情等级划分

险情等级	特大型	大型	中型	小型
直接威胁人数（n）/ 人	$n \geqslant 1000$	$500 \leqslant n < 1000$	$100 \leqslant n < 500$	$n < 100$
潜在经济损失（S）/ 万元	$S \geqslant 10000$	$5000 \leqslant S < 10000$	$500 \leqslant S < 5000$	$S < 500$

现行标准将地质灾害分为六类，斜坡类：滑坡、崩塌、泥石流；非斜坡类：地裂缝、地面沉降、地面塌陷，具体各类的细分如下。

1. 滑坡

分别按物质组成、成因类型、受力形式、发生年代分类：土质滑坡与岩质滑坡，工程滑坡与自然滑坡，推移式滑坡与牵引式滑坡，新近滑坡、老滑坡与古滑坡。

按滑体颗粒大小和物质成分分类：粗粒土滑坡有堆积层滑坡、残坡积层滑坡、人工堆积层滑坡；细粒土滑坡有黄土滑坡、黏性土滑坡、软土滑坡、膨胀土滑坡、其他细粒土滑坡。

按规模分类：巨型滑坡、特大型滑坡、大型滑坡、中型滑坡、小型滑坡。

按滑动速度分类：超高速滑坡、高速滑坡、快速滑坡、中速滑坡、慢速滑坡、缓慢滑坡、极慢速滑坡。

2. 崩塌

分别按物质组成、诱发因素和规模分类：土质崩塌与岩质崩塌，自然动力型崩塌与人为动力型崩塌，特大型崩塌、大型崩塌、中型崩塌、小型崩塌。

按形成机理分类：倾倒式崩塌、滑移式崩塌、鼓胀式崩塌、拉裂式崩塌、错断式崩塌。

按危岩体高度分类：特高位危岩、高位危岩、中位危岩、低位危岩。

3. 泥石流

按集水区地貌特征分类：坡面型泥石流、沟谷型泥石流。

按物质组成分类：泥流型泥石流、泥石型泥石流、水石（砂）型泥石流。

按流体性质分类：黏性泥石流、稀性泥石流。

4. 地裂缝

按形成主导因素分类：非构造型地裂缝、构造型地裂缝。

按规模分类：巨型地裂缝、大型地裂缝、中型地裂缝、小型地裂缝。

5. 地面沉降

按形成主导因素分类：土体固结（压密）型地面沉降、非土体固结（压密）型地面沉降。

按规模分类：巨型地面沉降、大型地面沉降、中型地面沉降、小型地面沉降。

6. 地面塌陷

按形成主导因素分类：岩溶地面塌陷、采空地面塌陷、其他地面塌陷。

按规模分类：巨型地面塌陷、大型地面塌陷、中型地面塌陷、小型地面塌陷。

我国地质灾害类型构成见图 3.20。

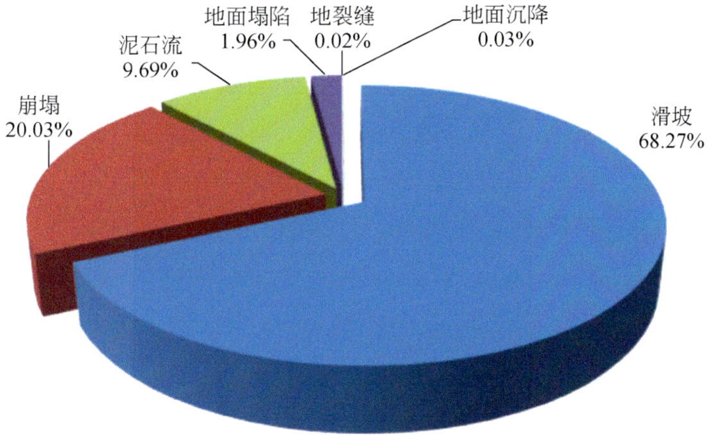

图 3.20　2019 年地质灾害类型构成

2019 年，全国发生地质灾害 6181 起，其中滑坡 4220 起、崩塌 1238 起、泥石流 599 起、地面塌陷 121 起、地裂缝 1 起和地面沉降 2 起，共造成 211 人死亡，直接经济损失 27.7 亿元。图片来源：自然资源部地质灾害技术指导中心，2019 年，全国地质灾害通报

3.4 地质灾害评估与地质灾害管理

3.4.1 地质灾害评估

地质灾害评估的目的是揭示地质灾害的发生和发展规律、评价地质灾害的危险性及其所造成的破坏损失、人类社会在现有经济技术条件下抗御灾害的能力，以及运用经济学原理评价防灾减灾的经济投入及取得的经济效益、社会效益。

地质灾害的评估内容是危险性评价、易损性评价（灾情评价的基础）、破坏损失评价（灾情评价的核心）以及防治工程评价（灾情评价的应用）。

以滑坡为例，进行地质灾害危险性评估内容：分析地质灾害危险性影响因素、地质灾害形成机理，以及地质灾害防控、预测、预警治理方案；评价出滑坡的稳定性及其影响因素、滑坡的形成机理、滑坡的预测预警以及治理方案。

3.4.2 地质灾害管理

地质灾害管理具体措施包括①灾害监测：减灾工作的先导性措施，提供防减灾决策依据；②灾害预报：减灾准备和各项减灾行动的行动依据；③灾害评估：对灾害规模及灾害破坏损失程度的估测与评定；④防灾措施：回避性原则＋工程预处理；⑤抗灾与救灾措施；⑥安置与恢复措施；⑦保险与援助措施等。

地质灾害管理的基本原则是防灾、减灾、救灾。

灾害发生前的预防性措施称为防灾，如对于泥石流、滑坡、地震等不良地质条件多发区，采取绕避、搬离是最为有效的方法（图 3.21）。无法绕避时，采用人为工程手段，将可能发生的地质灾害风险降低，如平整山坡、植树造林，保护植被等水土保持的措施，有利于维持较优化的生态平衡，可以有效防治崩塌、泥石流与滑坡。研究更为安全的抗震结构设计也属于防灾措施。

渐进性灾害初发时采取措施，避免受灾范围扩大称为减灾。例如，通过限制地下水过量开采[①]、减少高层建筑的规划以减缓地面沉降，进而避免受灾范围扩大。

---

① 廊坊市人民政府，2018，廊坊市人民政府关于公布地下水超采区、禁止开采区和限制开采区的通知。

灾害发生后快速响应，尽量减小生命财产损失称为救灾。

防灾、减灾、救灾三原则中应以防灾为主。

图 3.21 坐落在坡体上的县城

对于泥石流、滑坡、地震等不良地质条件多发区，采取绕避、搬离是最为有效的方法。

图片来源：盐津县人民政府，http://www.ztyj.gov.cn/news/tszy/28662.html [2022-12-09]

减灾措施：①对于滑坡地质灾害，有消除或减轻水的危害、改变滑坡体外形、设置抗滑建筑物改善滑动带土石性质等；②对于崩塌地质灾害，有遮挡、拦截、支挡、护坡、削坡、排水等；③对于泥石流地质灾害，有跨越、穿过、防护、排导、拦挡等工程；④对于沉降地质灾害，有限制地下水开采等。

我国救灾体系已逐步完善：建立了全国救灾动员体系，科学制定了各类应急救援预案，各职能部门完善了救灾技能训练，研究了灾情响应现代化信息体系。2021 年，郑州遭遇千年一遇的特大暴雨，造成地铁被淹、车站漏雨、街道变河，许多区域的电力系统无法恢复，同时也让通讯基站无法正常工作。7 月 21 日，翼龙 -2H 应急救灾型无人机从安顺机场起飞，在河南上空执行了 5h 左右的侦察和中继任务。翼龙 -2H 应急救灾型无人机可定向恢复 $50km^2$ 的移动公网通信，建立覆盖 $15000km^2$ 的音视频通信网络。

近年来，我国在地质灾害管理方面的文件与举措如下：

2003 年，发布《地质灾害防治条例》；

2006 年，发布《国务院关于全面加强应急管理工作的意见》；

2007 年，发布《中华人民共和国突发事件应对法》；

2018 年，应急管理部组建；

2018 年，发布《国家突发地质灾害应急预案》。

思　考　题

1. 什么是地质灾害？如何理解其内涵？
2. 地质灾害基本属性有哪些？
3. 我国地质灾害分布有什么特点？
4. 地质灾害的分类方法有哪些？
5. 地质灾害防减灾的基本原则是什么？如何理解？
6. 谈谈你家乡发生过的地质灾害，想想怎么防治。

参考文献

汶川特大地震四川抗震救灾志编纂委员会. 2018. 汶川特大地震四川抗震救灾志. 成都：四川人民出版社.

2008年5月12日，发生在四川省汶川县的“5·12”汶川地震是中华人民共和国成立以来破坏性最强、波及范围最广、灾害损失最重、救灾难度最大的一次地震。经国务院批准，自2009年起，每年5月12日为全国“防灾减灾日”。

第4章　地震地质灾害

4.1 地震概述及成因

4.2 地震波及其传播

4.3 地震震级和地震烈度

4.4 地震地质灾害效应

4.5 地震地质灾害减灾

4.1 地震概述及成因

4.1.1 地震基本概念

地震是一种地质现象，它主要是由于地球的内力作用而产生的一种地壳振动现象。地震主要发生在近代造山运动区和地球的大断裂带上，即形成于地壳板块边缘地带。

地震是危及人民生命财产的突发式自然灾害。除了人身伤害以外，地震所带来的损失还包括房屋破坏，交通生产中断，水、火、疾病等次生灾害和社会与政治影响。世界范围内的很多国家（如日本、美国、智利等）均饱受地震灾害的影响，与此同时，我国大陆地区则是全球大陆地震最集中和活动性最高的地区之一，也是遭受地震带来的水土流失、生态环境破坏和人民生命财产损失最严重的国家之一。

我国典型地震灾害见表 4.1。

表 4.1 我国典型地震灾害（据四川地震局，1983；张春山等，2012；李宁等，2013）

时间和地点	震级（M_S）	伤亡、损失情况
1920 年 12 月 16 日，宁夏海原	8.5	约 247000 人死亡
1927 年 5 月 23 日，甘肃古浪	8.0	40912 人死亡
1933 年 8 月 25 日，四川茂县叠溪镇	7.5	6800 余人死亡
1966 年 3 月 22 日，河北邢台	7.2	8064 人死亡、9492 人重伤、28959 人轻伤，毁坏民房 2620000 间，经济损失约 10 亿元
1970 年 1 月 5 日，云南通海	7.7	15621 人死亡、5648 人重伤、21135 人轻伤，毁坏民房 338456 间，经济损失约 3 亿元
1976 年 7 月 28 日，河北唐山	7.8	约 240000 人死亡、167593 人重伤、541063 人轻伤，毁坏民房 6293800 间，损坏水库 245 座，破坏桥梁 1034 座，经济损失 132.75 亿元
1988 年 11 月 6 日，云南澜沧－耿马	7.6	748 人死亡、3759 人重伤、3992 人轻伤，损坏水库 207 座，破坏桥梁 91 座
2008 年 5 月 12 日，四川汶川	8.0	69197 人死亡、18377 人失踪、374176 人受伤，直接经济损失 8451 亿元
2010 年 4 月 12 日，青海玉树	7.1	2192 人死亡、78 人失踪、12128 人受伤，其中 1424 人重伤
2013 年 4 月 21 日，四川雅安	7.0	196 人死亡、11470 人受伤

4.1.2　地球内部结构

地球是一个略呈梨形的椭球体，平均半径约 6400km。地球由地表至核心可分为性质不同的三层（图 4.1）。最外一层是相当薄的地壳，厚度为几千米至几十千米；其下为地幔，厚约 2900km，地壳与地幔的交界面称为莫霍面；最内的球为地核，半径约 3500km。

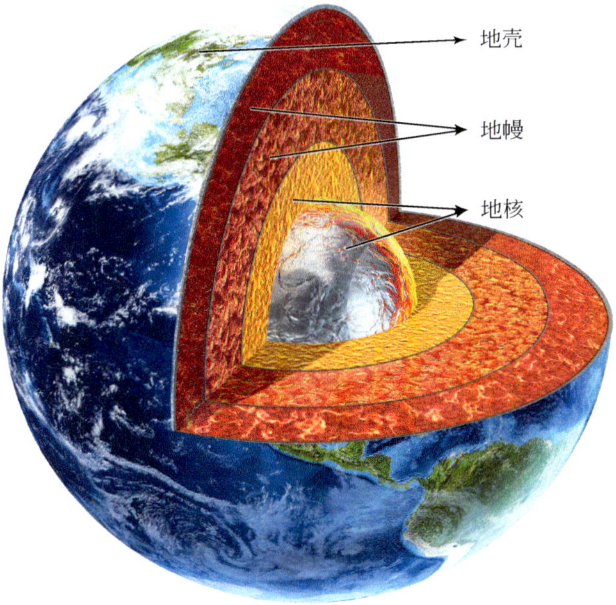

图 4.1　地球内部结构

地壳表层由很不均匀的岩石组成，大陆表面几千米之内为多种沉积岩、岩浆岩、变质岩以及疏松沉积物；在海洋中，海底沉积物之下为玄武岩，性质较单一。一般认为，大陆地壳可分为花岗质层和玄武质层，而海洋地壳仅有玄武质层，缺失花岗质层。地壳厚度变化很大，在海洋下，一般仅为几千米；而在大陆下，平均厚度为 30~40km，在大山脉之下，厚度更大，如我国青藏高原，地壳最厚可达 70km。绝大部分地震都发生在地壳内。

一般认为，地幔由较均匀的橄榄岩组成，但其上部的几百千米内，情况仍然复杂。从莫霍面以下，40~70km 内是一层岩石层，它与地壳共同组成所谓岩石圈或岩石壳。岩石层以下存在着一个厚数百千米的软流层。软流层内波速明显低于上下的岩层，这可能是因为该层因高温高压而具有黏弹或流变性质。岩石层与软流层合称为上地幔，上地幔之下称为下地幔。

地核又可分为外核与内核。内核半径约 1400km。外核处于液态，地震波观测发现，地震横波不能通过外核；内核处于固态。地核物质主要是镍和铁。

地球岩层的密度是从外向内显著增加的，地壳岩石的密度最小，为 2.7~3.0g/cm^3；地幔外层为 3.3g/cm^3，内层为 5.7g/cm^3；地核外核为 9.7g/cm^3，内核为 12.3g/cm^3；整个地球的平均密度约为 5.5g/cm^3。

4.1.3 板块构造学说

板块构造学说认为，岩石圈下面是具塑性可流变物质构成的地幔软流层；软流层中的地幔物质一部分以岩浆活动的形式涌出海岭（洋中脊），形成新的海底，同时把原来的海底向两侧推挤，造成海底扩张现象，大部分物质则同时在海岭下部形成上升扩散流。

根据板块构造学说，全球被分为七大板块，即欧亚板块、太平洋板块、北美板块、南美板块、非洲板块、印度洋板块和南极板块。板块之间的接合部类型主要有海岭、海沟、转换断层和缝合线。当两个板块相遇时，其中一个板块俯冲插入另一板块之下，引起其本身与附近地壳和岩石层的脆性破裂而发生地震，即为构造地震的宏观背景原因。

4.1.4 地震成因

20 世纪初，里德提出弹性回跳学说，认为：①地壳由弹性的、有断层的岩层组成；②地壳运动产生的能量以弹性应变能的形式在断层及其附近岩层中长期积累；③当弹性应变能积累及其岩层发生变形达到一定程度时，断层某一点的两侧岩体会发生相对位移错动，并使沿断层的邻近点随之发生位移，以致断层两侧体向相反方向突然滑动，地震因之产生，此时，断层上长期积累的弹性应变能突然释放；④地震后，过去在应变能作用下发生变形的岩体又重新恢复没有变形的状态。弹性回跳学说对地壳为何发生运动、弹性应变能怎样得以积聚等宏观原因没有给予说明，而板块构造学说恰巧在这一点上弥补了其不足。

20 世纪 60 年代中期，根据岩石力学实验结果，改进了弹性回跳学说，使得解释局部震源机制的断层说得到了改善。弹性回跳学说认为，断层发生错动时，把全部积累的应变能释放完，地震发生后，震源处基本处于无应力状态。

黏滑学说则提出：每一次断层发生错动时只释放了积累的总应变能中的一小部分，而剩余部分则被断层面上很高的动摩擦力所平衡。地震后，断层两侧仍有摩擦力使之固结，并可以再积累应力而发生较大的地震。黏滑学说的这些观点，得到了地震序列类型的支持。

4.1.5　地震类型

地震可分为人为地震和天然地震两大类。

人为地震，主要指人工爆破、矿山开采及工程活动（如兴建水库）所引起的地震。人为地震一般都不太强烈，仅有个别情况（如水库地震）会造成较大破坏。

天然地震，主要有构造地震、火山地震和陷落地震，如前文所述，构造地震是研究的主要对象。它是指因板块构造活动及断裂构造活动所产生的地震，其数量占全球发生地震总数的 90% 以上。

按照震源深度（h），地震又可以划分为①浅源地震（h<70km），主要集中在 h<33km 的深度范围内，占地震总数的约 72%；②中源地震（70km<h<300km），占地震总数的约 23.5%；③深源地震（h>300km），到目前为止，观测到的最大震源深度为 720km，深源地震仅占地震总数的约 4.5%。

4.1.6　断层类型

断层是地壳受力发生断裂，沿断裂面两侧岩块发生的显著相对位移的构造。断层可分为三种类型：正断层、逆断层、走滑断层（图 4.2）。

1906 年旧金山大地震，美国加利福尼亚州圣安德烈斯断层（图 4.3）两盘发生 3~4m 的错动。断层每年平均移动约 3cm。这一数字并不稳定，地质活动温和的年份几乎完全停滞，而移动的最高纪录则突破 10cm/a。未来可能有 9 级超强地震。

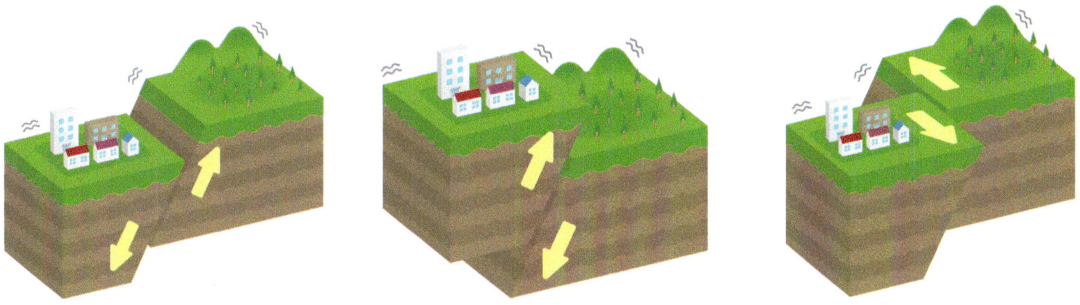

(a) 正断层　　(b) 逆断层　　(c) 走滑断层

图 4.2　断层类型

图 4.3　美国加利福尼亚州圣安德烈斯断层（白色箭头）

图片来源：美国地质调查局（USGS），https://www.usgs.gov/media/images/san-andreas-fault-se-coachella-valley [2022-12-06]

4.2　地震波及其传播

4.2.1　地震波类型

地震时震源释放的应变能以弹性波的形式向四面八方传播，这种弹性波就是地震波。地震波是使建筑物在地震中破坏的原动力，也是研究地震的最主要的信息和研究地球深部构造的有力工具。地震波包括两种在介质内部传播的体波 [横波（S 波）和纵波（P 波）] 和两种限于界面附近传播的面波 [瑞利波（Rayleigh wave，R 波）和勒夫波（Love wave，L 波）]（图 4.4）。

体波是指通过介质体内传播的波。纵波（P 波）是由震源传出的压缩波，质点振动与波前进方向一致，一疏一密推进，周期短、振幅小；横波（S 波）是震源向外传播的剪切波，质点振动方向与波前进方向相垂直。

面波是指沿着介质表面（地面）及其附近传播的波。瑞利波（R 波）传播时，质点在波的传播方向与表面层法向组成的平面内作逆进的椭圆运动；勒夫波（L 波）的传播类似于蛇行运动，质点在与波传播方向相垂直的水平横向内作剪切型振动。

面波是由纵波与横波在地表相遇后激发产生的混合波。传播速度相对较慢，只能沿地表传播，对建筑物的危害最大。

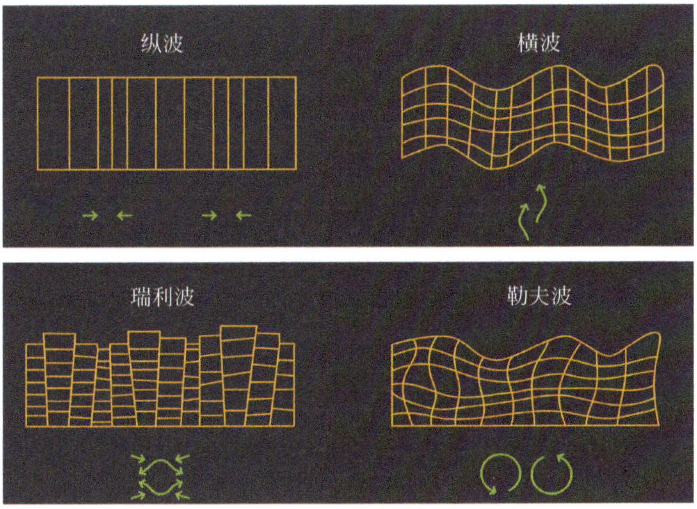

图 4.4　两种体波和两种面波

体波：纵波（左上，P 波）、横波（右上，S 波）；面波：瑞利波（左下，R 波）、勒夫波（右下，L 波）。纵波传播速度是所有的震波中最快的，平均为 7~13km/s；面波是由纵波与横波在地表相遇后激发产生的混合波，只能沿地表传播，对建筑物的危害最大

4.2.2　震源定位与地震波速

在局部或附近地震的情况下，P 波和 S 波到达时间的差异可用于确定到事件的距离。对于发生在全球范围内的地震，三个或更多地理上不同的观测站（使用公共时钟）记录 P 波到达，可以计算出该事件在地球上的唯一时间和位置。通常，使用数十个甚至数百个 P 波到达来计算震源。

压缩波（纵波，P 波）和剪切波（横波，S 波）的速度都由它们穿过的介质的弹性特性决定，特别是体积模量（K）、剪切模量（μ）和密度（ρ）。其中，P 波速度（v_P）和 S 波速度（v_S）为

$$v_P=\sqrt{\frac{K+(4/3)\mu}{\rho}}$$

$$v_S=\sqrt{\frac{\mu}{\rho}}$$

$$\varphi=v_{\mathrm{P}}^{2}-\frac{4}{3}v_{\mathrm{S}}^{2}=\frac{K}{\rho}$$

$$K=-v\frac{\mathrm{d}P}{\mathrm{d}V},\quad K=\rho\frac{\mathrm{d}P}{\mathrm{d}\rho}$$

4.3　地震震级和地震烈度

4.3.1　地震震级

地震震级是表示一次地震大小的指标，震级高低是地震释放能量多少的尺度。1935 年，里克特（C. F. Richter）首先引入震级的概念，并提出以地震仪记录的水平向地震波最大位移的平均值来测定震级的大小。他提出的地震震级定义为

$$M_{\mathrm{L}}=\lg B-\lg B_{0}$$

式中，B 为标准地震仪（周期为 0.8s，阻尼比为 0.8，放大倍数为 2800）记录的两水平向分量最大振幅的平均值；$\lg B_0$ 为起算函数，与震中距有关。

地震的能量（E）与地震的震级（M）之间有一定关系（表 4.2），地震每大一级，能量约大 31.6 倍，将地震台站所收到的地震波的能量和震级加以比较有如下关系式：

$$\lg E=11.8+1.5M$$

表 4.2　地震能量（E）与地震震级（M）换算表

M	E/erg	M	E/erg
1	2.0×10^{13}	6	6.3×10^{20}
2	6.3×10^{14}	7	2.0×10^{22}
3	2.0×10^{16}	8	6.3×10^{23}
4	6.3×10^{17}	8.5	3.6×10^{24}
5	2.0×10^{19}		

注：1erg=1dyn・cm=1×10^{-7}J。

4.3.2　地震烈度

一次地震所引起的地面运动及各种建筑物遭受的破坏程度，在不同地区是不同的。地震烈度是表示某一区域范围内地面和各种建筑物受到一次地震影响的平均强弱程度的一个指标，反映了在一次地震中一定地区内地震动多种因素综合强度的总平均水平。

地震烈度不仅取决于地震能量，同时也受震源深度、震中距、地震波传播介质的性质等因素的影响。一次地震只有一个震级，但在不同地点，烈度大小可以是不一样的。

地震时按照破坏程度的不同，而将地震的强弱排列成一定的次序作为确定地震烈度的标准，即为地震烈度表，中国地震烈度表见表 4.3。

表 4.3　中国地震烈度表（GB/T 17742—2020）

地震烈度	房屋震害		人的感觉	器物反应	生命线工程震害	其他震害现象
	类型	震害程度				
Ⅰ（1）	—	—	无感	—	—	—
Ⅱ（2）	—	—	室内个别静止中的人有感觉，个别较高楼层中的人有感觉	—	—	—
Ⅲ（3）	—	门、窗轻微作响	室内少数静止中的人有感觉，少数较高楼层中的人有明显感觉	悬挂物微动	—	—
Ⅳ（4）	—	门、窗作响	室内多数人、室外少数人有感觉，少数人睡梦中惊醒	悬挂物明显摆动，器皿作响	—	—
Ⅴ（5）	—	门窗、屋顶、屋架颤动作响，灰土掉落，个别房屋墙体抹灰出现细微裂缝，个别老旧 A1 类或 A2 类房屋墙体出现轻微裂缝或原有裂缝扩展，个别屋顶烟囱掉砖，个别檐瓦掉落	室内绝大多数、室外多数人有感觉，多数人睡梦中惊醒，少数人惊逃户外	悬挂物大幅度晃动，少数架上小物品、个别顶部沉重或放置不稳定器物摇动或翻倒，水晃动并从盛满的容器中溢出	—	—
Ⅵ（6）	A1	少数轻微破坏和中等破坏，多数基本完好	多数人站立不稳，多数人惊逃户外	少数轻家具和物品移动，少数顶部沉重的器物翻倒	个别梁桥挡块破坏，个别拱桥主拱圈出现裂缝及桥台开裂；个别主变压器跳闸；个别老旧支线管道有破坏，局部水压下降	河岸和松软土地出现裂缝，饱和砂层出现喷砂冒水；个别独立砖烟囱轻度裂缝
	A2	少数轻微破坏和中等破坏，大多数基本完好				
	B	少数轻微破坏和中等破坏，大多数基本完好				
	C	少数或个别轻微破坏，绝大多数基本完好				
	D	少数或个别轻微破坏，绝大多数基本完好				

续表

<table>
<tr><th rowspan="2">地震烈度</th><th colspan="2">房屋震害</th><th rowspan="2">人的感觉</th><th rowspan="2">器物反应</th><th rowspan="2">生命线工程震害</th><th rowspan="2">其他震害现象</th></tr>
<tr><th>类型</th><th>震害程度</th></tr>
<tr><td rowspan="5">Ⅶ（7）</td><td>A1</td><td>少数严重破坏和毁坏，多数中等破坏和轻微破坏</td><td rowspan="5">多数人惊逃户外，骑自行车的人有感觉，行驶中的汽车驾乘人员有感觉</td><td rowspan="5">物品从架子上掉落，多数顶部沉重的器物翻倒，少数家具倾倒</td><td rowspan="5">少数梁桥挡块破坏，个别拱桥主拱圈出现明显裂缝和变形以及少数桥台开裂；个别变压器的套管破坏，个别瓷柱型高压电气设备破坏；少数支线管道破坏，局部停水</td><td rowspan="5">河岸出现塌方，饱和砂层常见喷水冒砂，松软土地上地裂缝较多；大多数独立砖烟囱中等破坏</td></tr>
<tr><td>A2</td><td>少数中等破坏，多数轻微破坏和基本完好</td></tr>
<tr><td>B</td><td>少数中等破坏，多数轻微破坏和基本完好</td></tr>
<tr><td>C</td><td>少数轻微破坏和中等破坏，多数基本完好</td></tr>
<tr><td>D</td><td>少数轻微破坏和中等破坏，大多数基本完好</td></tr>
<tr><td rowspan="5">Ⅷ（8）</td><td>A1</td><td>少数毁坏，多数中等破坏和严重破坏</td><td rowspan="5">多数人摇晃颠簸，行走困难</td><td rowspan="5">除重家具外，室内物品大多数倾倒或移位</td><td rowspan="5">少数梁桥梁体移位、开裂及多数挡块破坏，少数拱桥主拱圈开裂严重；少数变压器的套管破坏，个别或少数瓷柱型高压电气设备破坏；多数支线管道及少数干线管道破坏，部分区域停水</td><td rowspan="5">干硬土地上出现裂缝，饱和砂层绝大多数喷砂冒水；大多数独立砖烟囱严重破坏</td></tr>
<tr><td>A2</td><td>少数严重破坏，多数中等破坏和轻微破坏</td></tr>
<tr><td>B</td><td>少数严重破坏和毁坏，多数中等和轻微破坏</td></tr>
<tr><td>C</td><td>少数中等破坏和严重破坏，多数轻微破坏和基本完好</td></tr>
<tr><td>D</td><td>少数中等破坏，多数轻微破坏和基本完好</td></tr>
<tr><td rowspan="5">Ⅸ（9）</td><td>A1</td><td>大多数毁坏和严重破坏</td><td rowspan="5">行动的人摔倒</td><td rowspan="5">室内物品大多数倾倒或移位</td><td rowspan="5">个别梁桥桥墩局部压溃或落梁，个别拱桥垮塌或濒于垮塌；多数变压器套管破坏、少数变压器移位，少数瓷柱型高压电气设备破坏；各类供水管道破坏、渗漏广泛发生，大范围停水</td><td rowspan="5">干硬土地上多处出现裂缝，可见基岩裂缝、错动，滑坡、塌方常见；独立砖烟囱多数倒塌</td></tr>
<tr><td>A2</td><td>少数毁坏，多数严重破坏和中等破坏</td></tr>
<tr><td>B</td><td>少数毁坏，多数严重破坏和中等破坏</td></tr>
<tr><td>C</td><td>多数严重破坏和中等破坏，少数轻微破坏</td></tr>
<tr><td>D</td><td>少数严重破坏，多数中等破坏和轻微破坏</td></tr>
<tr><td rowspan="5">Ⅹ（10）</td><td>A1</td><td>绝大多数毁坏</td><td rowspan="5">骑自行车的人会摔倒，处于不稳状态的人会摔离原地，有抛起感</td><td rowspan="5">—</td><td rowspan="5">个别梁桥桥墩压溃或折断，少数落梁，少数拱桥垮塌或濒于垮塌；绝大多数变压器移位、脱轨，套管断裂漏油，多数瓷柱型高压电气设备破坏；供水管网毁坏，全区域停水</td><td rowspan="5">山崩和地震断裂出现；大多数独立砖烟囱从根部破坏或倒毁</td></tr>
<tr><td>A2</td><td>大多数毁坏</td></tr>
<tr><td>B</td><td>大多数毁坏</td></tr>
<tr><td>C</td><td>大多数严重破坏和毁坏</td></tr>
<tr><td>D</td><td>大多数严重破坏和毁坏</td></tr>
<tr><td rowspan="5">Ⅺ（11）</td><td>A1</td><td rowspan="5">绝大多数毁坏</td><td rowspan="5">—</td><td rowspan="5">—</td><td rowspan="5">—</td><td rowspan="5">地震断裂延续很大；大量山崩、滑坡</td></tr>
<tr><td>A2</td></tr>
<tr><td>B</td></tr>
<tr><td>C</td></tr>
<tr><td>D</td></tr>
<tr><td>Ⅻ（12）</td><td>各类</td><td>几乎全部毁坏</td><td>—</td><td>—</td><td>—</td><td>地面剧烈变化，山河改观</td></tr>
</table>

震级与地震烈度既有区别，又相互联系（表 4.4）。一次地震，只有一个震级，但在不同的地区烈度大小是不一样的。震级是说这次地震大小的量级，而烈度是说该地的破坏程度。

表 4.4　浅源地震中震级和震中烈度的关系

震级 / 级	3 以下	3	4	5	6	7	8	8 以上
震中烈度 / 度	Ⅰ～Ⅱ	Ⅲ	Ⅳ～Ⅴ	Ⅵ～Ⅶ	Ⅶ～Ⅷ	Ⅸ～Ⅹ	Ⅺ	Ⅻ

4.4　地震地质灾害效应

地震常引起次生灾害：火灾、断水、断电、煤气管道破裂爆炸、交通设施毁坏；在海洋中地震产生可以波及很远的海啸，造成的灾害常超过地震本身。

地震对场地的地震效应包括：

（1）地震力效应；

（2）地震破裂效应；

（3）地震液化效应；

（4）地震诱发次生地质灾害效应等。

4.4.1　地震力效应

地震可使建（构）筑物受到一种惯性力的作用，这就是地震波对建（构）筑所直接产生的惯性力，这种力称为地震力。惯性力通过基础和支撑结构传递给上部建筑结构物内部发生相对位移，产生裂缝。不同结构物响应不同。

小型建筑：更容易受到高频波（短而频繁）的影响或震动。例如，一艘在海洋中航行的小船不会受到大浪的很大影响；快速连续的几个小波浪可以掀翻或倾覆小船。以同样的方式，一个小建筑物会受到高频地震波的更多震动。

大型结构或高层建筑：高楼大厦更容易受到长时间或缓慢震动的影响。例如，一艘远洋班轮几乎不会受到短波连续快速的干扰；然而，大的涌浪将显著影响船舶。类似地，与较短的地震波相比，摩天大楼在长期地震波的作用下会承受更大的震动。

4.4.2 地震破裂效应

地震波引起相邻的岩石振动，这种振动具有很大的能量，它以作用力的方式作用于岩石上，当这些作用力超过了岩石的强度时，岩石就要发生突然破裂和位移，形成地震断层和地裂缝。

1）地震断层

地震断层在地表出露的基本特点是狭长且延续几十至百余千米的一个带，其方向往往和区域大断裂相一致。

2）地裂缝

地震地裂缝是因地震产生的构造应力作用而使岩土层产生破裂的现象。它对建（构）筑物危害甚大，是地震区一种常见的地震效应现象（图 4.5）。

图 4.5 2020 年 1 月 7 日波多黎各 6.4 级地震后的地裂缝

图片来源：美国地质调查局（USGS），https://www.usgs.gov/media/images/lateral-spread-along-road-caused-m64-earthquake-puerto-rico [2022-12-06]

4.4.3 地震液化效应

地震过程的短暂时间内，骤然上升的孔隙水压力来不及消散，这就使原来由砂粒通过其接触点所传递的压力（称为有效压力）减小。当有效压力完全消失时，砂土层会完全丧失抗剪强度和承载能力，变成像液体一样的状态，这就是通常所称的砂土液化（图 4.6）。

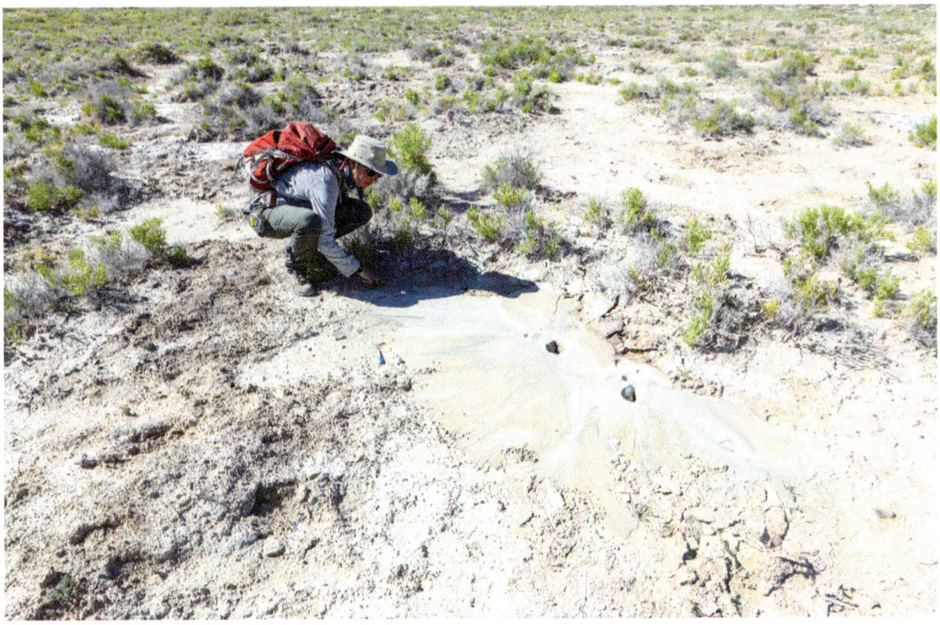

图 4.6　美国 7.1 级里奇克莱斯特（Ridgecrest）地震后液化冒砂现象

图片来源：美国地质调查局（USGS），https://www.usgs.gov/media/images/women-science-responding-ridgecrest-ca-earthquake-july-2019-5 [2022-12-06]

4.4.4　地震诱发次生地质灾害效应

地震次生灾害的主要形式有爆炸、滑坡、水灾、泥石流、海啸等。1923 年，日本关东大地震震倒房屋 13 万幢，而震后大火烧毁房屋达 45 万栋。1964 年，日本新潟地震，由于护岸破坏，使新潟市部分地区遭受水灾相当长时间，而工厂区则由于贮油罐起火，数天不熄。1970 年，秘鲁地震后形成的泥石流，埋没了两个城市，死亡两万余人。2011 年，日本东北部太平洋海域地震引发巨大海啸，对日本东北部岩手县、宫城县、福岛县等地造成毁灭性破坏，并引发福岛第一核电站核泄漏。

1）地震诱发滑坡和泥石流

“5·12”汶川地震之后，周围山体变得不稳定，导致了大量滑坡和泥石流的发生（图 4.7）。

2）地震诱发海啸

地震巨大的能量不仅会引起陆地上的滑坡、泥石流等地质灾害，还会诱发海底滑坡以及海啸（图 4.8）。

图 4.7　2008 年泥石流发生后的北川县城

2008 年汶川地震之后，北川县城发生了多起滑坡以及泥石流灾害，导致道路严重损坏，并威胁到为地震灾民分配的搬迁地区。图片来源：美国地质调查局（USGS），https://www.usgs.gov/media/images/damage-2008-great-sichuan-earthquake-china [2022-12-06]

图 4.8　2011 年东日本大地震引发海啸后的照片

2011 年 3 月 11 日在西太平洋国际海域发生里氏 9.0 级地震，日本气象厅随即发布了海啸警报，随后的海啸掀翻了船只，冲击了陆上建筑物。图片来源：美国地质调查局（USGS），https://www.usgs.gov/media/images/tsunami-damage-natori-japan [2022-12-06]

4.5 地震地质灾害减灾

4.5.1 强震观测

地震观测可大致分为两种，一种研究震源和传播介质情况，以观测世界性地震或弱震为主；另一种研究地面质点振动规律，以观测近震或强震为主。

地震动观测仪器主要有地震仪和强震加速度仪两种。一般说来，地震仪以弱地震动为主要测量对象，测量地震动的位移；强震加速度仪以强地震动为观测对象，测量地震动的加速度（表 4.5）。

表 4.5 地震动观测仪器对比

仪器	使用者专业	地震强弱	运转	记录纸速	放大倍数	记录地震动量	记录重点内容	设置地点	通频带
地震仪	地表	弱	连续不停	慢	高	位移	各种波形的到时与初动方向	基岩	窄，低频
强震加速度仪	抗震	强	自动触发	快	低	加速度	全过程	各种场地与结构物	宽，高、低频

4.5.2 地震预警

地震发生之后，地震波的传播需要一定的时间，纵波的速度快但破坏性小，横波的速度慢但破坏力大。地震预警则是指在破坏性地震发生以后，在某些区域可以利用“电磁波”抢在“地震波”之前发出避险警报信息，以减小相关预警区域的灾害损失。

以 2008 年汶川特大地震为例，地震烈度为Ⅺ度的北川在 S 波到来前有接近 20s 的预警时间，地震烈度为Ⅹ度的青川县预警时间可达 1min，而地震烈度为Ⅵ度的西安获取的预警时间甚至接近 3min。

成都高新减灾研究所（Institute of Care-Life，ICL）地震预警系统成功完成了多次地震预警，截至 2021 年 9 月 1 日，成功预警了 64 次造成了破坏的地震，包括芦山 7 级地震、鲁甸 6.5 级地震、九寨沟 7 级地震、长宁 6 级地震、河北唐山 5.1 级地震，无一误报。预警系统通过智能手机、广播电视、微博、地震预警信息接收服务器等同步发布预警信息，使得我国成为继墨西哥、日本后第三个具有地震预警技术能力的国家。

目前，成都高新减灾研究所已建成延伸至31个省（自治区、直辖市）的、覆盖面积230万km^2的世界最大的地震预警系统，占我国地震预警一线区面积的90%，覆盖人口约6.6亿人，提前五年超额完成中国地震预警网建设任务。地震预警一线区指“人员密集的地震区”，主要分布在南北地震带、华北地震带、东南沿海地震带、新疆西北部。已建设地震预警网覆盖中国地震预警一线区的面积的90%。

4.5.3 地震预报

地震是板块构造运动使地壳岩石破裂所引起的。这种破裂虽然很突然，但破裂之前的应变能积累过程则长达几千、几万年，而且这一积累过程所涉及的范围常广达几百千米以上，深及几十千米。地震发生之前的这种时间长、范围广的力学变化，可能引起其他物理场的变化，这就是地震预报的物理基础之一。

地震预报的第二个物理基础是历史地震活动规律。由于板块运动至少已持续了上亿年之久，我国有文字记载的历史也长达几千年，这几千年内表现出来的地震活动规律，就可以用来为今后的地震预报服务。

我国现在采用的是综合预报方法，即广泛采用各种手段，全面分析对比各种现象的变化，从而做出预报。表4.6中列出了综合对比的几种手段中应注意的异常现象和应注意排除的干扰因素。

表4.6　地震前兆

类别	异常现象	干扰因素
地形变	地壳形变（包括局部隆起、沉降、推移、倾斜、开裂等）幅度变化；形变速度增加，方向变异	温度或潮湿引起的伸缩和地下水引起的膨胀等
震情	地震区微震活动情况改变，未来震中区出现前震；波速比值下降和回升；*b*值突变；震中分布特殊，密集或特殊空旷	无定的小震群
地下水	应力场、磁场、电场改变、地面反潮、出水、开裂；穴居动物不安；井泉水面变化，水起泡、发浑、变味、出气、出声等	外围地下水
水氡	深井水氡含量增加	外围地下水
地磁电	局部磁场（场强、偏角）和电场（电阻率）短期变化	来自空间的非局部磁电场；地下水
动物	家畜惊扰不进圈，鸟兽成群飞窜	动物的适应性和选择性

地震预报手段包括：①地壳形变；②地壳波速；③地下水位变化；④其他物理场的变化；⑤生物生活习性的变化；⑥地震活动性及震情变化；⑦历史地震活动规律。

思　考　题

1. 什么是地震？为什么会发生地震？
2. 地震波有哪几种类型？分别进行简要介绍。
3. 地震的震级与烈度有什么区别与联系？
4. 地震可能带来的灾害有哪些？请简要介绍。
5. 思考临震预警的原理是什么？

参 考 文 献

郭祥云，蒋长胜，韩立波，等 . 2022. 中国大陆及邻区震源机制数据集（2009—2021 年）. https://data.earthquake.cn, DOI:10.12080/nedc.11.ds.2022. 0004[2025-05-12].
李宁，李岩峰，李红光 . 2013. “4・20”芦山地震高人员伤 / 亡比例原因初析 . 中国减灾，(11): 35-37.
四川省地震局 . 1983. 一九三三年叠溪地震 . 成都：四川科学技术出版社 .
张春山，杨为民，吴树仁 . 2012. 山崩地裂——认识滑坡、崩塌与泥石流 . 北京：科学普及出版社 .

中国幅员辽阔、地形地貌多样、地质环境复杂、山川河流发育、边坡广泛分布，同时由于降雨充沛、地震活动频繁，加之人类活动，导致滑坡、泥石流等地质灾害日益增多，给人民群众的生命财产造成了巨大的损失。

第 5 章　边坡地质灾害

5.1 边坡地质灾害概述
5.2 边坡变形破坏方式
5.3 边坡稳定性影响因素
5.4 边坡稳定性评价
5.5 边坡破坏监测与预报
5.6 边坡灾害危险性评估
5.7 边坡灾害防治措施

5.1　边坡地质灾害概述

5.1.1　边坡与边坡灾害

边坡是地表广泛分布的一种地貌形式，是指地壳表面部分一切具有侧向临空面的地质体。可简单划分为天然边坡（图 5.1）和人工边坡（图 5.2）两种。

图 5.1　天然边坡

(a)　(b)

图 5.2　人工边坡

天然边坡是指赋存在一定地质环境中，受各种地质营力作用而演化的自然产物，未经人工改造，如沟谷岸坡、山坡、海岸、河岸等；人工边坡是指由于某种工程活动而开挖或改造形状的边坡，如路堑、露天矿坑边坡、渠道边坡、基坑坡顶面边坡、山区建筑边坡等（唐辉明，2008）。

边坡的基本形态要素包括坡体、坡高、坡角、坡面（坡顶面、坡底面）、坡肩、坡脚等。

边坡在各种内、外地质营力作用下，不断地改变着坡形，其坡高、坡角发生变化，改变了坡体内应力分布状态，当边坡岩土体强度不能适应此应力分布时，就产生了边坡的变形破坏现象。尤其是大规模的工程建设，使自然边坡发生急剧变化，改变其稳定性，往往造成灾害。边坡灾害包括有天然边坡灾害与人工边坡灾害。

5.1.2 天然边坡灾害

在我国，由于特殊的自然地理和地质条件所制约，边坡地质灾害分布广泛、活动强烈、危害严重，是山区主要的工程动力地质作用（唐辉明，2008）。因天然边坡变形破坏给人类和工程建设带来的危害，我们通常称为天然边坡灾害，如图 5.3 所示。

图 5.3 2025 年 2 月 10 日四川筠连沐爱镇金坪村山体滑坡

图片来源：中华人民共和国中央人民政府，https://www.gov.cn/yaowen/liebiao/202502/content_7003220.htm [2025-05-14]

5.1.3　人工边坡灾害

由于土木、水利、交通、矿山等基本工程建设中的地面和地下开挖所造成的人工边坡变形破坏事故和灾害（唐辉明，2008），我们通常称为人工边坡灾害，如图 5.4 所示。

图 5.4　2015 年广东省深圳市光明新区渣土受纳场重大滑坡建筑损毁情况

图片来源：中华人民共和国中央人民政府，http://www.gov.cn/xinwen/2016-07/15/content_5091841.htm [2025-05-14]

5.1.4　边坡类型

边坡的类型根据其不同的外观条件有很多种不同类型的分类方式，其中最常用的有按边坡形成的机理分类、按组成边坡坡体的介质分类、按边坡坡体的高度分类、按边坡的岩体结构分类、按边坡的使用年限分类等。

按边坡形成的机理分类：可以分为人工边坡和天然边坡。

按组成边坡坡体的介质分类：可以分为岩质边坡、土质边坡和岩土混合边坡，如图 5.5 所示。

按边坡坡体的高度分类：判断是否为高边坡。

按边坡的岩体结构分类：可以分为①水平岩层状边坡：主要是由近似水平岩层作为介质所形成的边坡；②顺坡向层状边坡：岩层具有一定的倾斜角度，且岩层倾向与边坡坡面倾向相同；③反坡向层状边坡：岩层具有一定的倾斜角度，且岩层倾向与边坡坡面倾向相反；④块状岩体边坡：主要由厚层块状岩体所组成的边坡；⑤碎裂状岩体边坡：由结构面极为发育，岩体被切割成碎裂状的岩体组成；⑥散体状边坡：边坡主要的介质为岩石的碎块、砂等。

按边坡的使用年限分类：可以分为永久边坡和临时边坡。

(a) 土质边坡　(b) 岩土混合边坡　(c) 岩质边坡

图 5.5　自然界中的三种典型边坡

5.2　边坡变形破坏方式

5.2.1　边坡变形

边坡变形按其产生机制可分为拉裂、蠕滑和弯折倾倒三种形式。

1. 拉裂

在边坡岩土体内局部拉应力集中部位或张力带内，形成的张裂隙变形形式称为拉裂，如图 5.6 所示。拉裂还有因岩体初始应力释放而发生的卸荷回弹所致，这种拉裂通常称为卸荷裂隙（唐辉明，2008）。

拉裂的空间分布特点：上宽下窄，以至尖灭；由坡面向坡里逐渐减少。

2. 蠕滑

边坡岩土体沿局部滑移面向临空方向的缓慢剪切变形称为蠕滑（唐辉明，2008）。蠕

图 5.6　自然界中的边坡拉裂变形破坏

滑常发生于坡体内，不易观察，因此，要加强监测，并采取措施来控制蠕滑，使之不向滑坡方向演化，如图 5.7 所示。

蠕滑的特点：受最大剪应力迹线或软弱结构面所控制。

图 5.7　边坡蠕滑

3. 弯折倾倒

由陡倾板状、片状或柱状岩体组成的边坡，当走向与坡面平行时，在重力作用下所发生的向临空方向同步弯曲的现象，称为弯折倾倒（唐辉明，2008），如图 5.8 所示。

弯折倾倒的特点： 弯折角为 20°~50°；弯折倾倒程度由边坡表面向深处逐渐减小，一般不会低于坡脚高程；下部岩层多被折断，张裂隙发育，但层序不乱，而岩层层面间位移明显；沿岩层面产生反坡向陡坎。

图 5.8　边坡弯折倾倒

5.2.2　滑坡

滑坡是指边坡岩土体在自重作用下失去原有的稳定状态，沿着边坡内某一个滑动面或滑动带做整体向下滑动的现象，是边坡最主要的破坏形式（郑颖人，2010；简文彬和吴振祥，2015），如图 5.9 所示。

图 5.9　自然界中常见的滑坡灾害

1. 滑坡形态要素

滑坡常以其独有的地貌形态与其他类型的坡地地貌形态相区别。滑坡形态既是滑坡特征的一部分，又是滑坡力学性质在地表的反映。不同的滑坡有不同的形态特征，不同发育阶段的滑坡也有各自的形态特征。在滑坡工程地质研究中，人们可以从形态要素来认识滑坡。滑坡的形态要素主要有滑动面（带）、滑床、滑坡后壁、滑坡周界、滑坡前缘（舌）、滑坡台（滑坡台阶）、滑坡洼地（湖）、滑坡裂缝、滑坡轴（主滑线）。

2. 滑坡类型

（1）按滑坡体的物质组成分类。

堆积层滑坡：由于长期的自然营力作用，大量的岩石被风化，经崩积、坡积作用而形成的滑坡，其物质组成主要为碎块石及土。

基岩滑坡：滑坡体的物质成分由岩体组成。产生基岩滑坡主要有两种原因，一种是组成滑坡体的岩体是整体强度较低的软弱岩层；另一种是岩层中有较为发育的结构面。

黄土滑坡：物质成分由黄土组成，常发生于黄土地区高阶地前缘的边坡上，滑动速度快，变形急剧，常以群集出现。

黏土滑坡：主要物质成分为黏土，常发生于第四系与古近系、新近系中未成岩或成岩不良等以黏土层为主的地层中，主要特征是具有不同成因的土层接触面或者是土层与基岩的接触面，滑坡坡度相对较缓。

（2）按滑坡的力学特征分类。

推移式滑坡：滑坡上部岩土体先产生局部破坏，形成局部贯通的滑动面，并滑动挤压下部滑体，最后导致整个滑体滑动。推移式滑坡是滑坡体上部由于某种原因使得荷载增加或地表水沿后缘的拉张裂缝渗入滑坡体等诱发因素而引起的滑坡。

平移式滑坡：同样是由于后缘的荷载增加使得某一相对强度比较低的部位产生局部滑动，然后逐步发展成整个滑坡体的平移滑动。形成此类滑坡的基本条件通常是存在着相对比较平缓且强度较低的结构面。

牵引式滑坡：此类滑坡通常是由于滑体下部先失去平衡发生滑动，并形成一个典型的滑动面；之后，滑坡体也因失去支撑力而形成第二次滑动，由此逐渐向上发展，使上部滑体受到牵引而跟随滑动。

（3）按滑面与岩层面的关系分类。

均质滑坡：发生在相对比较均质、无明显层理的岩土体中，滑坡面一般呈圆弧形。在强风化的花岗岩和土体中最常见。

顺层滑坡：沿岩层面发生，岩层倾向与边坡倾向一致，且其倾角小于坡角时，往往顺着抗剪切强度较小的岩层面滑动而形成滑坡。

切层滑坡：指滑动面切割了不同的岩层面而发生的滑坡，多发生在倾向相对较缓且坡面出露的岩层中；或者在由岩体中发育着一组或两组节理面且形成了贯通滑动面而产生的滑坡。

（4）按滑坡体的时代分类。

古滑坡：在历史上发生过岩土体的失稳现象，或者说曾经发生过滑坡，其中还能依稀发现某些典型的滑坡形态特征。

活滑坡：指目前仍然处在滑动状态的边坡，此时边坡岩土体按其受力条件进行理论分析，其稳定系数小于 1 或者接近于 1。

（5）按滑坡的发生数量和空间分布特征分类。

单体滑坡：强调的是单个的滑坡事件，在空间上它是孤立存在的，与周围其他滑坡没有紧密的联系，其形成主要受局部特定因素影响，如局部的地形起伏、特定岩土体的性质变化、小型的地质构造差异或局部人类活动干扰等。

群发滑坡：侧重于多个滑坡在一定区域内集中出现，这些滑坡之间具有一定的关联性，通常是由区域内共同的地质、气象等因素引发，如区域内普遍存在的易滑地层、特定的地形地貌条件（如大面积的陡坡），以及强降水、地震等能够影响较大范围的触发因素，导致在相对集中的时间和空间内多个滑坡同时或相继发生。例如，2024 年 6 月 16 日，受强降雨影响，福建省龙岩市发生大规模群发滑坡灾害，其中上杭县 6h 降雨量超 300mm，诱发滑坡约 6000 处，导致近 10 万人受灾（图 5.10）。

图 5.10　群发滑坡灾害（拍摄人：郑国明，福建省地质科学研究院，本书封面图片）

2024 年 6 月 16 日，受强降雨影响，福建省龙岩市发生大规模群发滑坡灾害，造成不同程度人员伤亡和财产损失。本图为武平县下坝乡一处航拍影像，滑坡体呈带状密集分布，部分滑坡前缘直接冲毁房屋

5.2.3　崩塌

崩塌通常是指在陡峻或极陡峻的边坡上，某些大块或巨块岩石突然崩落或滑落，顺山

坡猛烈翻滚跳跃，岩块相互撞击破碎（图 5.11），最后堆积于坡脚下的这一现象（唐辉明，2008；沈明荣，2011；简文彬和吴振祥，2015）。一般有以下特征：①崩塌的发生过程是快速的，岩土体的运动是猛烈的翻滚，并相互撞击；②崩塌不一定会产生沿滑动面的运动；③崩塌发生后岩土体由于互相撞击而破坏，形成碎块体；④一般的崩塌体其垂直位移要大于水平位移（门玉明，2011）。

图 5.11　自然界中常见的崩塌灾害

1. 崩塌类型

（1）按崩塌发生的地点分类。

山崩：处在山地的岩土体由种种原因而造成的崩塌。

岸崩：主要是由于水流的冲刷作用，使得坡岸被掏空，加上地形的陡峭而造成的崩塌。这类崩塌，常发生在具有深切割地形的沿河公路或水库岸边；在海边，也会因波浪对海岸的冲击而造成破坏。

（2）按崩塌体的介质特征分类。

岩层崩塌：崩塌体都是由岩体组成。

土体崩塌：崩塌体都是由土体组成。

混合体崩塌：崩塌体是由岩体和土体混合组成。

雪崩：崩塌体都是由雪组成，这是一种特殊的崩塌现象，在一般的工程中很少会遇到雪崩灾害。

（3）按崩塌变形的发展模式分类。

按崩塌变形的发展模式，崩塌可分为倾倒式崩塌、滑移式崩塌、鼓胀式崩塌、拉裂式崩塌和错断式崩塌，具体特征见表 5.1。

表 5.1 按崩塌变形的发展模式划分崩塌类型

类型	岩性	结构面	地貌	崩塌体形状	受力条件	起始运动形式	失稳主要因素
倾倒式崩塌	黄土、石灰岩及其他直立岩层	垂直节理、柱状节理、直立岩层	峡谷、直立岸坡、悬崖等	板状、长柱状	主要受倾覆力矩的作用	倾倒	静水和动水压力、地震作用、重力
滑移式崩塌	多为软硬相间的岩层，如石灰岩夹薄层页岩	顺坡向节理（滑动形式可能是平面、楔形、弧形）	陡坡，坡脚坡度通常大于 55°	板状、长柱状、楔形、圆柱状等各种组合形状	滑移面主要受剪切力作用	滑移	静水和动水压力、重力
鼓胀式崩塌	直立的黄土、黏土或坚硬岩石下有较厚软岩层	上部为垂直节理、柱状节理，下部为水平节理	陡坡	岩体组成的高大块体	下部软弱岩体受垂直挤压作用	鼓胀、滑移、倾斜，伴有下沉	重力和水的软化作用
拉裂式崩塌	多见于软硬相间的岩层	风化节理和重力拉张节理	上部突出的悬崖	由上部岩体组成的块体	受拉张力的作用	拉裂	重力
错断式崩塌	坚硬的岩层或黄土	垂直节理发育，通常无顺坡向节理	大于 45° 的陡坡	多为板状、长柱状	自重产生的剪切力	错断	重力

（4）按软弱面特征、形状及崩塌发生原因分类。

①沿断层或软弱夹层的崩塌；②沿完整节理面（层理面、片理面）的崩塌；③被多组节理切割的崩塌；④覆盖层或风化层沿较完整基岩面的崩塌；⑤沿垂直节理产生的崩塌；⑥探头式崩塌。

2. 崩塌与滑坡的区别

自然界中崩塌与滑坡区别见表 5.2。

表 5.2 自然界中崩塌与滑坡区别表

序号	判别指标	崩塌	滑坡
1	边坡坡度	一般大于 50°	一般小于 50°
2	发生边坡的部位	发生于坡脚以上的坡面上	发生于坡面上，或在坡脚处，甚至在坡前剪出
3	边界面特征	侧面和底面各自独立存在，不能构成统一平面	侧面和底面有时可连成统一曲面（平面或曲面）
4	底面摩阻特征	底面摩阻大，无滑动面	底面摩阻小，有滑动面
5	群体的底面几何特征	各崩塌块体底面往往各自独立存在	各滑动的底面有时为统一的滑动面
6	运动本质	拉裂	剪切
7	运动速度	快速、急剧、短促	蠕滑、慢速、快速
8	运动状态	多为滚动、跳跃，垂直运动为主	相对整体滑动，水平运动为主
9	运动规模	很小到很大，块体一般不超过数千立方米	较小到极大
10	位移特征	垂直位移大于水平位移	水平位移大于垂直位移
11	堆积体结构	松动开裂，局部架空，结构凌乱	滑体整体性较好，保持岩土层原始结构、构造特征，也可出现解体
12	堆积体名称	倒石堆、崩塌体	滑坡体

5.2.4 泥石流

泥石流通常是指在山区一些流域内，在大雨或暴雨降落时所形成的固体物质（主要由石块、砂砾、黏粒等组成）在饱和状态下出现暂时性的山体洪流（沈明荣，2011；简文彬和吴振祥，2015）。泥石流具有发生突然、运动速度快、破坏力强的特征，泥石流冲沟如图 5.12 所示。

图 5.12 泥石流冲沟

1. 泥石流形态特征

根据泥石流形态特征，在山区沟谷中发生的典型泥石流一般由清水汇流区、泥石流形成区、泥石流流通区段和泥石流堆积区（包括泥石流堆积扇）四个区域组成（沈明荣，2011）。

2. 泥石流类型

（1）按沟谷的地貌特征分类。

典型泥石流：具有典型的泥石流特征，清水汇流区、泥石流形成区、泥石流流通区和堆积区等清晰可见。

沟谷型泥石流：流域地形表现为长条形，陡峭地形的形成区并不明显，而两侧的谷坡成为泥石流物质的主要供给区，长条形的地形决定了流通区的长度将会很长，往往替代了形成区。

坡面型泥石流：发育在山坡上的各种类型不良地质作用下产生的小型泥石流，它没有明显的受水区，仅仅是山坡上发育的冲沟和切沟。

（2）按成分特征分类。

水石流：这类泥石流主要发育在风化不严重的火山岩、石灰岩、花岗岩等基岩山区，其主要的物质成分是岩块。

泥流：这类泥石流主要发生在古近系、新近系、第四系形成的岩土体广泛分布的地带，特别是我国西北的广大黄土高原，那里发生的泥石流，由于缺乏粗颗粒的砾石，因此一般都是泥流或高含砂水流。

泥石流：这类泥石流的主要特征是颗粒小到黏土（粒径 <0.005m）、大到漂石（粒径 >100mm），都有可能成为该类泥石流的固体介质。可将该类泥石流划分成两个亚类，即黏性泥石流和稀性泥石流。

（3）按发育阶段分类。

幼年期泥石流：上游侵蚀不太明显，发生过小规模不良地质，沟道和沉积扇不明显，有零星的泥石流沉积物。

壮年期泥石流：该时期为泥石流发育的旺盛时期，泥石流的各形态特征表现活跃，上游侵蚀强烈，各类不良地质过程发生较多，沟道和冲积扇上有明显的泥石流沉积物并有多条流路通过，冲积扇上无灌木丛和树林，仅有稀疏的杂草。

老年期泥石流：上游沟谷已侵蚀到分水岭，并有坚硬的基岩出露，侵蚀沟两侧杂草丛生，沟道内阶地（台阶）发育，形态明显（是泥石流沉积物下切而形成的），冲积扇扇面已无明显的泥石流堆积，并有灌丛和林木生长，有固定的沟道通过冲积扇，沟内有近期泥石流的沉积物。

（4）按发生频率分类。

高频率泥石流：一年发生多次或几年发生一次的泥石流。

中频率泥石流：十几年至几十年发生一次的泥石流。

低频率泥石流：一般为百年以上到几百年发生一次的泥石流。

（5）按规模大小划分，我国常按固体体积的多少来划分，见表 5.3。

表 5.3　泥石流规模等级划分

规模	巨型泥石流	大型泥石流	中型泥石流	小型泥石流
固体体积 / 万 m^3	>50	20~50	1~20	<1

5.3　边坡稳定性影响因素

影响边坡稳定性的因素复杂多样，其中主要包括岩土类型与性质、岩体结构与地质构造、地表水与地下水、地震、人类活动等。

5.3.1　岩土类型与性质

边坡岩土类型和性质是决定边坡抗滑力、稳定性的根本因素：①坚硬完整的岩石，如花岗岩、石灰岩等，能够形成很陡的高边坡而保持稳定；而软弱岩石或土体只能形成低缓的边坡。②一般来说，岩石中泥质成分越高，其边坡抵抗变形破坏的能力越低，如砂泥岩互层、石灰岩与页岩互层、黏土岩、板岩、软弱片岩及凝灰岩等"易滑地层"。土体中的裂隙黏土和黄土类土也属于"易滑地层"。③此外，岩性还制约着边坡变形破坏的形式，如沉积岩中的软弱岩层常构成滑动面（带）而发生滑坡；由坚硬岩类构成的高陡边坡因受结构面控制而常发生崩塌破坏；黄土因垂直节理发育，其边坡破坏形式主要为崩塌（唐辉明，2008）。

5.3.2　岩体结构与地质构造

岩质边坡的变形破坏多数是受岩体中软弱结构面控制（唐辉明，2008）。软弱结构面与边坡临空面的关系对边坡稳定性至关重要，可分为如下几种情况。

平叠坡：主要软弱结构面水平的边坡。这种边坡一般比较稳定。

顺向坡：主要指软弱结构面走向与边坡面走向平行或比较接近，且倾向一致的边坡。当结构面倾角小于边坡倾角时，边坡稳定性最差；反之则较稳定。

逆向坡：主要软弱结构面倾向与坡面倾向相反（即岩层倾向坡内）的边坡。这种边坡是最稳定的，虽有时有崩塌现象，但发生滑动的可能性较小。

斜交坡：主要软弱结构面走向与坡面走向成斜交的边坡。其交角越小，稳定性就越差。

横交坡：主要软弱结构面走向与坡面走向近于正交的边坡。这类边坡稳定性好，很少发生滑坡。

地质构造对边坡的稳定性影响也较大，尤其是在近期强烈活动的断裂带，沿之崩塌、滑坡多呈线性密集分布。

5.3.3　地表水与地下水

每到雨季，崩塌和滑坡频繁发生。很多滑坡都是发生在地下水比较丰富的边坡地带。水库蓄水后，库岸边坡因浸水而多有滑动。这些事实说明地表水、地下水对边坡稳定性的影响十分明显（唐辉明，2008）。水的作用主要表现在如下几个方面：

软化作用：是指水使岩土强度降低的作用。对于岩质边坡，当岩体或其中的软弱夹层亲水性较强、含有易溶性矿物时，浸水后发生崩解、溶解作用，岩石和岩体结构遭受破坏，抗剪强度降低。对于土质边坡，浸水后的软化现象更为明显，尤其是黏性土和黄土边坡。

冲刷作用：水的冲刷作用使河岸变高、变陡。水流冲刷作用使坡脚和滑动面临空，从而为滑坡发生提供条件。水流冲刷也是岸坡坍塌的原因。

静水压力作用：主要分为以下三种情况：①当边坡被水淹没时，作用在坡面上的静水压力；②岩质边坡中的张裂隙充水后，水柱对坡体的静水压力；③作用于滑体底部的静水压力。

动水压力作用：动水压力又称为渗透压力。若边坡岩土体是透水的，当地下水从边坡岩土体中渗流排出时，由于水压力梯度作用，就会对边坡产生动水压力，其方向与渗流方向一致，一般指向边坡临空面，对边坡稳定性是不利的。

浮托力作用：处于水下的透水边坡将承受浮托力的作用，使坡体的有效重量减轻，抗滑力降低，对边坡稳定不利。一些由松散堆积体组成的岸坡在水库蓄水后发生变形破坏，原因之一就是浮托力的作用。

5.3.4 地震

地震是边坡破坏的最重要触发因素之一，许多大型崩塌或滑坡的发生与地震密切相关。

地震对边坡稳定性的影响是因为水平地震力使得潜在滑体对滑面的法向压力削减，同时增强了坡体下滑力，从而对边坡的稳定性十分不利（唐辉明，2008）。此外，强烈地震的震动还易使受震边坡的岩土体结构松动，对边坡稳定性不利。

5.3.5 人类活动

随着科学技术的不断进步，人类对地球改造活动的规模和强度日益增大，因此人类活动对边坡稳定性的影响也越来越大。在交通工程建设中，大量开挖的人工边坡对自然边坡稳定性造成巨大影响；在采矿工程中，由于开挖坡脚引起坡体失稳的实例也举不胜举。

5.4 边坡稳定性评价

边坡稳定性评价可分为定性评价和定量评价两大类（唐辉明，2008；简文彬和吴振祥，2015）。

5.4.1 定性评价

由于地质条件的复杂性和人们认识事物的局限性，定性评价在边坡稳定性评价中仍然占有极其重要的地位。边坡稳定性定性评价方法主要包括成因历史分析法、工程地质类比法和赤平投影图解分析法（唐辉明，2008）。

1. 成因历史分析法

成因历史分析法就是通过研究边坡形成的地质历史和所处的自然地质环境、边坡外形、边坡地质结构、变形破坏形迹、影响边坡稳定性的各种因素的相互关系，从而对它的演变阶段和稳定状况做出宏观评价。

成因历史分析法主要包括三个方面研究内容：①区域地质背景研究；②分析促使边坡演变的主导因素与触发因素；③评价和预测边坡所处的演化阶段、发展趋势以及可能的破坏方式。

2. 工程地质类比法

工程地质类比法就是将所要研究的边坡或拟设计的人工边坡与已经研究过的边坡或人工边坡进行类比，以评价其稳定性及其可能的变形破坏方式，确定其坡角和坡高。

3. 赤平投影图解分析法

赤平投影图解分析法的特点是能从二维平面图形表达物体几何要素的空间方位，并方便地求得它们之间的夹角与组合关系。在边坡稳定性研究中，赤平投影图解分析法能表示出可能滑移面与坡面的空间关系及其稳定性，所以被广泛采用。

5.4.2 定量评价

定量评价是基于力学计算方法进行的。常用的边坡稳定性定量评价方法有刚体极限平衡法、数值分析法和概率分析法等。

1. 刚体极限平衡法

刚体极限平衡法只考虑破坏面（滑面）的极限平衡状态，不考虑滑体岩土体的变形和破坏；破坏面（滑面）的强度由黏聚力和内摩擦角（c、φ 值）控制，其破坏遵循库仑判据；滑体中的应力以正应力和剪应力的方式集中作用于滑面上；将边坡破坏问题简化为平面问题处理。

常用的计算方法有两种，即瑞典条分法和毕肖普条分法。

2. 数值分析法

数值分析法主要包括有限单元法、离散单元法（discrete element method，DEM）、非连续变形分析方法（discontinuous deformation analysis method，DDA）和光滑粒子流体动力学方法（smoothed particle hydrodynamics method，SPH）。

有限单元法：基本原理是通过离散化，将坡体变换成离散的单元组合体。假定各单元为均匀、连续、各向同性的完全弹性体，各单元由节点相互连接，内力、外力由节点来传递，单元所受的力按静力等效原则移到节点，成为节点力。当按位移求解时，取各节点的位移作为基本未知数，按照一定的函数关系求出各节点位移后，即可进一步求得单元的应变和应力，分析边坡的变形、破坏机制，进而对其稳定性做出合理评价。

离散单元法（DEM）：在边坡稳定性研究中，由于离散元法在模拟过程中可以考虑边坡失稳破坏的动态过程，允许岩块之间存在滑动、平移、转动和岩体的断裂等复杂过程，具有宏观上的不连续性，可以真实地、动态地模拟边坡在形成和开挖过程中应力、位移和变形状态的变化及破坏过程。

非连续变形分析方法（DDA）：基本原理是将结构面和开挖临空面看成空间平面，将结构体看成凸体，将各种作用荷载看成是空间向量，进而应用几何方法（包括拓扑学和集合论）详尽研究在已知各空间平面的条件下，岩体内将构成多少种块体及其类型及可动性。通过矢量运算法和作图法求出各种失稳块体的滑动力，为边坡稳定性分析和边坡工程设计提供依据。

光滑粒子流体动力学方法（SPH）：将连续流体用相互作用的质点组来描述，各点上承载各种物理量，如质量和速度等，通过求解质点组的动力学方程和跟踪每个质点的运动轨道，求得整个系统的力学行为。由于质点之间不存在网格关系，因此可避免极度大变形时网格扭曲而造成的精度不足等问题。光滑粒子流体动力学方法此外还是一种拉格朗日方法，能避免欧拉描述中欧拉网格与材料的界面问题，因此特别适合于求解复杂流动问题。

3. 概率分析法

采用刚体极限平衡理论的边坡稳定性分析方法，要引入稳定性系数的概念。稳定性系数就是各种参数的一个函数，即可表达为 $K=f(c, \varphi, \sigma, l, \cdots)$。对于计算参数，通过调查和试验取得确定值时，得出的稳定系数（K）也是一个确定值。但实际情况是，岩土物理力学属性的离散性、差异性，加之测试的各种误差，造成许多参数并不是一个确定值，而是具有某种分布的随机变量，所以，客观上的稳定性系数亦为随机变量。因而采用概率方法来进行稳定性评价显得更合理。

5.5　边坡破坏监测与预报

5.5.1　边坡破坏监测

边坡破坏监测的主要任务是检验设计施工、确保安全，通过监测数据反演分析边坡的内部力学作用，同时积累丰富的资料作为其他边坡设计和施工的参考资料。

边坡破坏监测方法一般包括：地表大地变形监测、地表裂缝错位监测、地面倾斜监测、裂缝多点位移监测、边坡深部位移监测、地下水监测、孔隙水压力监测、边坡地应力监测等。

5.5.2　边坡破坏预报

边坡破坏预报按照研究对象、范围、目的的不同，可分为区域性的中长期预报和场地性的短期预报两种。

由于边坡变形破坏总是有一个发展过程的，所以破坏前的种种征兆为我们较准确地预报提供了可能。就目前的研究水平而言，边坡破坏预报的方法主要有两类：根据宏观征兆预报和根据观测资料预报。在实际工作中，往往是两种方法互相结合、进行综合分析后做出边坡破坏预报。

5.6　边坡灾害危险性评估

边坡灾害危险性是指一定发育程度的边坡体在诱发因素作用下发生灾害的可能性及危害程度。边坡灾害危险性评估是指在查明边坡灾害作用的性质、规模和承载对象社会经济属性的基础上，从边坡体稳定性和边坡体与承载对象遭遇的概率上分析入手，对其潜在的危险性进行客观评价。

5.6.1 边坡灾害危险性评估方法

依照《地质灾害危险性评估规范》（DZ/T 0286—2015），边坡灾害危险性依据边坡灾害发育程度、危害程度可分为大、中等、小三级，如表 5.4、表 5.5 所示。

其中，边坡灾害发育程度分为强发育、中等发育和弱发育三级，如表 5.4 所示，各级边坡灾害发育程度依据参见上述规范规定；边坡灾害危害程度分为危害大、危害中等和危害小三级，如表 5.5 所示。

表 5.4 地质灾害危险性分级表

危害程度	发育程度		
	强	中等	弱
大	危险性大	危险性大	危险性中等
中等	危险性大	危险性中等	危险性中等
小	危险性中等	危险性小	危险性小

表 5.5 地质灾害危害程度分级表

危害程度	灾情		险情	
	死亡人数 / 人	直接经济损失 / 万元	受威胁人数 / 人	可能直接经济损失 / 万元
大	≥ 10	≥ 500	≥ 100	≥ 500
中等	>3~<10	>100~<500	>10~<100	>100~<500
小	≤ 3	≤ 100	≤ 10	≤ 100

注：灾情指已经发生的地质灾害；险情指可能发生的地质灾害。

5.6.2 边坡灾害危险性评估过程

依照上述规范，应通过搜集有关资料和现场踏勘，对评估区地质环境条件和边坡灾害发育情况做出分析，并结合评估区边坡灾害危害程度完成边坡灾害危险性评估。

具体而言，不稳定边坡调查宜包括下列内容：①地层岩性、产状、断裂、节理、裂隙发育特征，软弱夹层岩性、产状，风化残坡积层岩性、厚度；②边坡坡度、坡向，以及地层倾向与边坡坡向的组合关系；③进行评估区气象、水文和人类工程活动的调查和资料搜集，分析其对边坡的影响；④对可能构成崩塌、滑坡结构面的边界条件、坡体异常情况等进行调查分析，以此判断边坡发生崩塌、滑坡、泥石流等地质灾害的危险性及可能的影响范围。

5.7　边坡灾害防治措施

1. 改变边坡的几何形态

主要是削减推动滑坡产生区的物质和增加阻止滑坡产生区的物质，即通常所谓的砍头压脚，或减缓边坡的总坡度，即通称的削方减载（唐辉明，2008）。这种方法在技术上简单易行，且加固效果好，所以得到广泛应用，且应用历史悠久，特别适用于滑面深埋的滑坡。整治效果则主要取决于削减和堆填的位置是否得当。

2. 排水

排水包括将地表水引出滑动区外的地表排水和降低地下水位的地下排水。地表排水以其技术上简单易行且加固效果好、工程造价低，应用极广，几乎所有滑坡整治工程都包括地表排水工程。运用得当，仅用地表排水即可整治滑坡。

排水工程中的地下排水，由于它能大大降低孔隙水压力，增加有效正应力，从而提高抗滑力，故加固效果极佳，工程造价也较低，所以应用也很广泛。尤其是大型滑坡的整治，深部大规模的排水往往是首选的整治措施。但其施工技术比起地表排水来要复杂得多。

3. 支挡结构物

在改变边坡几何形态和排水不能保证边坡稳定的地方，常采用支挡结构物，如挡墙、抗滑桩、沉井、拦石栅，或边坡内部加强措施，如锚杆（索）、土锚钉、加筋土等来防止或控制边坡岩土体的变形破坏运动。经过恰当的设计，这类措施可用于稳定大多数体积不大的滑坡或者没有足够空间而不能用改变边坡几何形态方法来治理的滑坡。

当滑坡规模较大时，常采用抗滑桩进行治理。抗滑桩是用以支挡滑体下滑力的桩柱，一般集中设置在滑坡的前缘附近（唐辉明，2008；郑颖人，2010；简文彬和吴振祥，2015）。它施工简便，可灌注，也可锤击灌入；桩柱的耗料有混凝土、钢筋混凝土、钢等。

另外一类支挡结构物并不阻止灾害发生，而仅阻止其可能造成的危害（被动防护）。例如，设置于边坡上一定部位处的刚性拦石格栅或柔性钢绳网，可以拦截或阻滞顺坡滚落的块石，从而使保护对象免遭破坏（门玉明，2011）。

4. 边坡体加固

在岩体中进行边坡内部加固多采用岩石锚固工程，将张拉的岩石锚杆或锚索的内锚固端固定于潜在滑面以下的稳定岩石之中，施加的张应力增加锚拉方向的正应力，从而增大了破坏面上的阻滑力。

在土体中进行边坡内部加固，有赖于通过剪力传递以动用密集地置于土体内的加强单元的抗张能力，使用金属或高分子聚合物等加强单元进行土体内部加固，即加筋土；或创建加筋土支挡体系或原地系统打入加强单元，即土锚钉加固。

近年来，非金属加筋材料如土工布、玻璃纤维、塑料等新合成材料广泛应用于加筋土。土工布类片状加筋物一般是水平置于加筋层之间，形成复合加筋土，其中土填料可用从粉土直到砾石的颗粒土。护面单元可用土工布在坡面附近将土包起来，并在露出地表的土工布表面喷水泥砂浆、沥青乳胶或覆以土壤和植被，以防紫外线对土工布的破坏。

5. 其他方法

当线路工程（如铁路、公路、油气管道）遇到严重不稳定边坡地段，用上述方法处理很困难或者治理费用超过当时的经济承受能力时，采用防御绕避也是一种明智的选择。

防御绕避的具体工程措施有明硐、御塌棚、内移作隧、外移建桥等。

思　考　题

1. 边坡类型常见的划分方式有哪些？
2. 边坡的形态要素有哪些？分别进行简要介绍。
3. 常见的滑坡发育阶段有哪些？
4. 泥石流的形态特征是什么？请简要介绍。
5. 如何理解各类边坡稳定性影响因素？
6. 常见的边坡灾害防治措施有哪些？请举例说明。

参 考 文 献

简文彬，吴振祥 . 2015. 地质灾害及其防治 . 北京：人民交通出版社 .
门玉明 . 2011. 地质灾害治理工程设计 . 北京：冶金工业出版社 .
沈明荣 . 2011. 边坡工程 . 北京：中国建筑工业出版社 .
石振明，孔宪立 . 2011. 工程地质学 . 北京：中国建筑工业出版社 .
唐辉明 . 2008. 工程地质学基础 . 北京：化学工业出版社 .
郑颖人 . 2010. 边坡与滑坡工程治理 . 北京：人民交通出版社 .

第 6 章　地面变形地质灾害

6.1 地面变形地质灾害概述
6.2 地面沉降地质灾害
6.3 地裂缝地质灾害
6.4 地面塌陷地质灾害

6.1 地面变形地质灾害概述

6.1.1 地面变形基本概念

地面变形地质灾害指在一定的自然条件和人为因素作用下，地下一定范围内的岩土体压缩、位移等活动，引起的地面下沉、塌落、开裂，对工程设施、城乡环境以及人民生命财产造成危害的现象。

在地质灾害研究中，通常把地面沉降、地裂缝和地面塌陷统称为地面变形地质灾害。

6.1.2 世界范围内的典型地面变形地质灾害

地面变形地质灾害虽然发展缓慢，但多出现在人口密集、经济发达的地区，而且是一种顽固的“慢性病”，其影响之深刻、治理难度之大，远不同于一般自然灾害，特别是地面沉降引起的地面标高损失几乎无法恢复。

1891 年，墨西哥城最早记录地面沉降现象，此后，1898 年日本发现沉降，1922 年美国发现沉降。1921 年，我国上海发现地面沉降现象，这是我国最早发现的地面沉降现象。自 1921 年上海市区最早发现地面沉降以来，我国至今已有 90 多个城市或地区发生不同程度的地面沉降，代表地区有上海，天津，浙江的宁波、嘉兴，江苏的苏州、无锡、常州，河北的沧州等。20 世纪 70 年代，长江三角洲主要城市及平原区、天津市平原区、华北平原东部地区相继产生地面沉降；80 年代以来，中小城市和农村地区地下水开采利用量大幅度增加，地面沉降范围也由此从城市向农村扩展，在城市连片发展。同时，地面沉降地区伴生的地裂缝，加剧了地面沉降灾害。

1921 年以来，上海地区发现的地面沉降现象与区域内地下水的开采密切相关。上海开采利用地下水始于 1860 年，大规模开采于 20 世纪 50 年代。由此造成 1957~1961 年地面沉降急剧发展，年均沉降速率为 99.4mm/a，最大年沉降量达 170mm，1966 年后为减缓地面沉降，上海地下水开采量得到严格控制，地面沉降也得到了有效控制。

6.2　地面沉降地质灾害

6.2.1　地面沉降基本概念

地面沉降又称地面下沉或塌陷，是人类经济活动过程中，对地层的固结压缩作用，受地表地壳水平运动的减少进而转向局部垂直沉降的影响作用（或工程地质现象）。

地面沉降作为一种缓变性、持久性的灾害，其影响范围和程度随着时间的推移会越发明显，其具有以下特性：沉降的滞后作用与缓慢性，即地面沉降的发生、发展和停止都是缓慢进行的；地面沉降是一种累进性的缓变地质灾害，其发展过程是不可逆的，一旦形成便难以恢复。

地面沉降对经济建设和社会发展有显著影响。在沿海地区，地面沉降会造成防潮堤抗风暴潮的能力降低，风暴潮频率、强度增加；在工程建筑和城市基础设施方面，由地面沉降造成的建筑物地基下沉等严重影响了建筑物的正常使用，地下管道等基础设施由于地面不均匀沉降也会严重受损（图 6.1）；在城市规划和测绘方面，水准点会由于地面沉降而失稳失效，城市规划、工程建设项目将失去有效依据，重新校核将耗费更多人力、物力；地面沉降严重也会影响河道输水进而造成城市内涝、造成农用土地盐渍化等。

图 6.1　地面沉降导致路基设施破坏

6.2.2 工程性地面沉降

工程性地面沉降是指由人类工程建设活动引发的临时性或永久性地面沉降。目前，在滨海软土地区，长期抽取深层地下水造成的区域性沉降在很多地区由于管理得当已经基本控制，工程性地面沉降则显得极其重要。

研究表明，随着压缩地下水开采量、实行人工回灌以及调整地下水开采层次实施，由大量开采地下水引起的地面沉降获得了很好的控制，而大规模城市建设的开展使得工程建设地面沉降所占比重日益显现，其中以隧道盾构施工和基坑开挖最为典型。

隧道盾构施工不可避免地会对周围土层产生扰动，从而引发地面沉降问题。在施工过程中，由盾构施工引起的地层损失和隧道周围受扰动或受剪切破坏的重塑土再固结，是引发工程性地面沉降的根本原因。

基坑开挖是开挖面卸荷的过程，因卸荷而引起坑底土体产生以向上为主的位移，同时也引起围护墙在两侧压力差的作用下而产生水平向位移和因此而产生的墙外侧土体的位移。因此，基坑开挖引起周围土体移动的主要原因是坑底的土体隆起和围护墙的位移。

建设工程影响范围内的地层土性软弱，工程地质条件较差。基坑工程开挖深度一般在地表下 5~40m；而隧道工程穿越区域基本埋深在 10~20m，在这一深度区间内的土层以黏性土和粉性土为主，黏性土以软黏土为主，具高含水量、高孔隙比、高压缩性和低强度的特点，且易发生流变和固结变形；砂性土则较松散，密实度低，在外力作用下易压密变形。建设工程在施工期间均可引发不同程度的地面沉降问题，若沉降量过大，不仅危及建设工程本身安全，还可能对周围环境产生负面影响，造成周围建（构）筑物等的破坏。

6.2.3 地面沉降产生的原因

地面沉降是自然因素和人为因素综合作用下形成的地面标高损失。自然因素包括构造下沉、地震、火山活动、气候变化、地应力变化及土体自然固结等；人为因素主要包括开发利用地下流体（地下水、石油、天然气等）（图 6.2、图 6.3）、开采固体矿产、岩溶塌陷、软土地区与工程建设有关的固结沉降等。

（1）**开发利用地下流体**：根据有效应力原理，开采地下流体导致土体有效应力增大。例如，我国上海、天津市区地面沉降的主要原因是开采地下水。

（2）**开采固体矿产**：矿山塌陷多分布在矿山的采空区，以采煤塌陷最为突出。中国约有 20 个省（自治区）发生采空塌陷，其中以黑龙江、山西、安徽、山东、河南等最为严重。

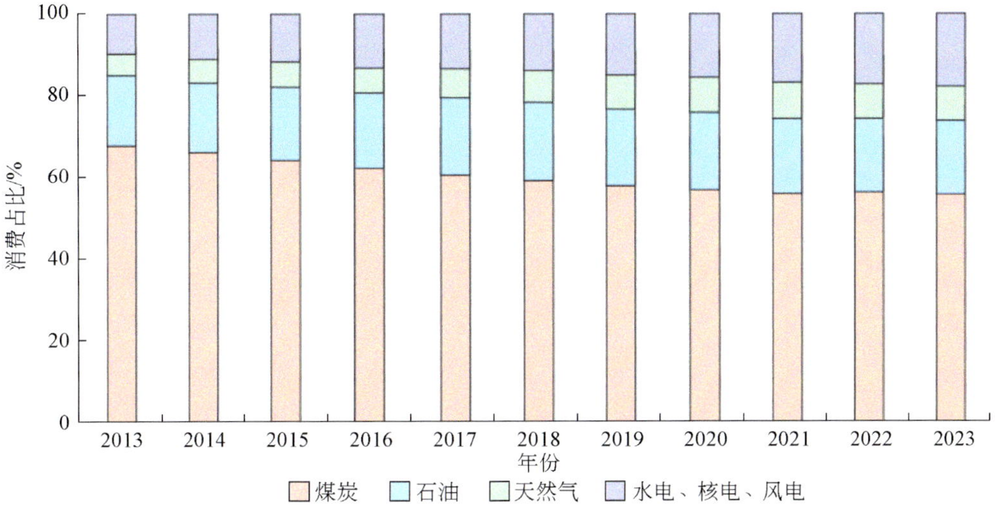

图 6.2 中国一次能源消费结构变化图

资料来源：自然资源部，https://www.mnr.gov.cn/sj/sjfw/kc_19263/zgkczybg/202410/t20241022_2871217.html [2025-05-12]

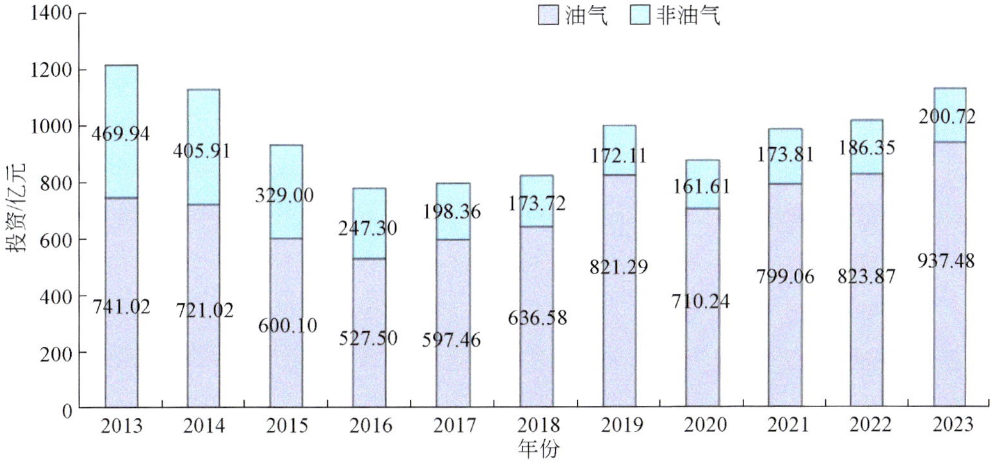

图 6.3 2013~2023 年中国地质勘查投资变化趋势图

资料来源：自然资源部，https://www.mnr.gov.cn/sj/sjfw/kc_19263/zgkczybg/202410/t20241022_2871217.html [2025-05-12]

（3）**密集的工程环境效应：**密集高层建筑群等工程环境效应是近年来形成的新的沉降制约因素，在地区城市化进程中不断显露，在部分地区的大规模城市改造建设中地面沉降效应明显。

（4）**吹填土、堆填土的欠固结特性：**黏土的沉降通常包括三部分，即瞬时沉降、固结沉降与次固结沉降。根据有关监测资料显示，对于上海的软黏土在外荷载作用下的瞬时沉降只占到总沉降量的 10%~30%，沿海软土地区大量工程荷载导致土体进行固结沉降的时间可能长达数年之久。

（5）**构造成因：**长江三角洲和华北平原是在构造上属于沉降地区，是造成地面沉降的另一个原因，其实有些学者也认为西安地裂缝活动的主要原因是构造活动，是基底断裂在区域应力场作用（彭建兵等，2007）。

6.2.4 地面沉降的控制措施

地面沉降的控制措施主要针对已经发生地面沉降的地区和存在发生地面沉降风险的地区，根据工程经验可采取下列相关控制措施（本节所述控制措施主要针对已发生地面沉降的地区）。

（1）禁采地下水：例如，上海是中国最早发现区域性地面沉降的城市，自发现沉降以来至 1965 年，市区地面平均下沉 1.76m，最大沉降量达 2.63m，这主要是不合理开采地下水所致。20 世纪 60 年代中期开始，经采取压缩地下水开采量，调整地下水开采层次及人工回灌等措施，实现了地面沉降的有效控制。

（2）调整地下水开采层次：由于含水层包含潜水及多层承压水，适当的调整地下水的开采层次可以对地面沉降和地裂缝起到一定的控制效果。

（3）地下水人工回灌：由于中心城区地下水的开采得到严格控制，在严格控制地下水开采的情况下，密集高层建筑群等工程环境效应诱发的地面沉降已成为地面沉降的主要影响因素，在此背景下进行人工回灌是控制地面沉降的有效措施。

（4）控制建筑容积率：一般来说，目前工程性地面沉降与密集建筑群相关，建筑容积率越大，其长期作用下造成的地面沉降越大。

6.3 地裂缝地质灾害

6.3.1 地裂缝基本概念

地裂缝是地面变形地质灾害的一种，地裂缝的产生将直接或间接地恶化地质环境、危害人类和生物圈发展。

地裂缝是在内、外力作用下岩石和土层发生变形，当力的作用与积累超过岩土层内部的结合力时，岩土层发生破裂，其连续性遭到破坏，形成裂隙（含节理和断层）。在地下因遭受周围岩土层的限制和上部岩土层的重压作用其闭合比较紧密，而在地表则由于其围压作用力减小且具一定的自由空间，裂隙一般较宽，表现为裂缝（图 6.4）。

图 6.4　强季风引发的地质活动下地面出现裂缝

地裂缝所经之处，使地表建筑物开裂甚至坍塌，桥梁受损开裂和道路变形，错断地下洞室和管道。地裂缝的产生会破坏地面各种设施，造成房屋开裂、建筑物破损、农田毁坏、道路变形，影响人们日常的生产生活。此外，地裂缝的产生还会威胁已建成的天然气管道、污水管、下水道等城市地下管道生命线工程，地铁隧道、地铁车站、地下车库等地下工程也会受到地裂缝的影响而产生安全隐患（图 6.5）。

图 6.5　地裂缝造成的危楼

6.3.2 地裂缝的形成过程

地裂缝的形成原因复杂多样，地壳活动、水的作用和部分人类活动都可以导致裂缝的产生。目前，主要包括构造成因说、地下水成因说和组合成因说。

（1）构造成因说：地质断层或者基岩起伏是地裂缝灾害的主要构造成因。例如，西安地裂缝活动的主要原因是构造活动，在区域应力场作用下，基地长期蠕动变形在地表土层中形成地裂缝，“构造成因说”能较好地解释西安地裂缝的展布方向、活动与破坏历史、应力场与地震活动关系等问题。

（2）地下水成因说：强烈开采地下水引起的地面沉降是地裂缝灾害的另一主要诱发因素。地下水开采导致地裂缝的产生依据是目前监测到的地裂缝大多分布在承压水下降漏斗和地面沉降区域内，如陕西泾阳地区地裂缝。

（3）组合成因说：学者认为许多地裂缝的产生是上述两种因素共同作用的产物，如西安地裂缝的成因是以构造作用为主，叠加了地表和地下水的影响因素。第四纪沉积物是地裂缝发育的物质基础，当基岩表面明显隆起部位，受强烈开采地下水作用，在压缩土层中产生较大的差异变形时，形成的局部集中拉张应力必须通过其上覆土层向地表传递，从而引起地裂缝。

6.3.3 地裂缝防治原则

地裂缝灾害是一种以内力作用为主致灾因素的地质灾害，其防治应符合地质灾害减缓与防御的两条原则。

（1）系统性原则：由于作为地质灾害的地裂缝孕育于内外力地质作用的过程中，受自然和人为因素的制约，灾害种类、成因、性质、特点、环境保护、灾害预测预报及整治，彼此间存在着直接或间接的联系，体现了灾害系统的复杂性，发育的时、空、场特征同样具有系统内容。因此，地裂缝灾害的研究，特别是灾害的减缓与防御对策，应该建立在系统性原则和方法的基础上，从而增强防灾的有效性。

（2）社会性原则：人为因素作为地质营力的组成部分，在一定条件下，对地裂缝灾害的产生具有决定性意义或诱发作用，有时甚至成为导致灾害发生的直接原因；地裂缝灾害属于环境不可分割的一部分，无论在区域或局部范围，都不可避免地与人类社会紧密地联系。所以地裂缝灾害的减缓与防御不可能离开社会孤立地进行，如城市和农田地下水开采缺乏科学管理、过量开采造成补采失调、引起地面沉降等，都具有社会性质。

6.3.4　地裂缝防治措施

鉴于地裂缝对工程建筑带来的严重影响，考虑到地裂缝在我国的影响范围之广，故而在实际建筑工程中的地裂缝防治措施显得尤为重要：

（1）地裂缝灾害合理避让。对于活动量比较大的地裂缝，避让是保证工程安全的普遍性原则，特别是那些永久性建筑，更需严格限制横跨其上，尽量避让。此外，要注意合理安排建筑物的展布方向及规模。一般地，建筑物的展布方向尽可能与地裂缝的走向一致，这样可以减小地裂缝对建筑物的影响，而对于管线、桥梁等重要建筑物的延伸方向与地裂缝走向一致时，宜置于相对稳定的下盘（表 6.1）。

（2）已跨地裂缝建筑物的防治措施。根据具体的工程特点，可采用不同的工程措施以进行地裂缝灾害防治，如小单元法、加强地基的整体性及刚度法。

小单元法：将建筑物分解成小单元，单元之间采用松散连接，使其在某一单元遭受地裂缝作用时，其应力不至于传播给其他单元。

加强地基的整体性及刚度法：当跨越地裂缝建筑物部分较少、变形破坏不明显时，可采取适当加固的方法，如加入抗剪梁以提高楼房的整体抗剪能力，减免地裂缝活动的破坏；加强建筑物上部结构的刚度和强度以抵抗差异沉降而产生的拉裂。

表 6.1　地裂缝场地建筑最小避让距离　　（单位：m）

结构类型		建筑物重要性类别		
		一	二	三
砌体结构	上盘	—	—	6
	下盘	—	—	4
钢筋混凝土结构、钢结构	上盘	40	20	6
	下盘	21	12	4

资料来源：《西安地裂缝场地勘察与工程设计规程》（DBJ 61-6-2006）。

（3）城市生命线工程的防治措施。对于作为连续体的管线等城市生命线工程，不能像建筑物那样采用避让的办法来躲避地裂缝危害，但可在管线通过地裂缝的具体位置对管线材料进行置换，即采用抗变形性能较强的材料，如供排水管道多为陶瓷或水泥管道，在其通过地裂缝处换用铸铁管或钢管，同时采用外廊道隔离、内悬支座工程等措施，这样就可能在一定程度上缓解地裂缝活动危害。

（4）对新建建筑物除了避让外，还可对基础进行特殊处理。

（5）减少人为因素的影响。由于地裂缝周边的地表积水和入渗有可能会造成小范围的陷坑和陷穴，这也会破坏建筑物，因此在地裂缝的防灾减灾中除了严格控制地下水超采外，还应该及时平整地裂缝场地，控制、减少地表积水和入渗。

6.4 地面塌陷地质灾害

6.4.1 地面塌陷的基本概念

地面塌陷是指在自然或人为因素作用下，地表发生的下沉或陷落现象（图 6.6）。本章节主要以岩溶塌陷与土洞为例展开讲述。

图 6.6 地面塌陷事故

6.4.2 岩溶

岩溶，又称喀斯特（karst），它是由于地表水或地下水对可溶性岩石溶蚀的结果而产生的一系列地质现象，包括水对可溶岩（碳酸盐岩、硫酸盐岩、卤化物岩石等）的化学溶蚀作用，还包括水的机械侵蚀作用、沉积作用，以及岩体重力崩塌作用所形成的景观、现象及其作用过程的总称。形成于地表和地下的各种溶蚀、侵蚀和堆积形态，称为岩溶地貌。

岩溶形态是可溶岩被溶蚀过程中的地质表现。可分为地表岩溶形态和地下岩溶形态，地表岩溶形态有溶沟（槽）、石芽、漏斗、溶蚀洼地、坡立谷、溶蚀平原等；地下岩溶形态有落水洞（井）、溶洞、暗河、天生桥等（图 6.7）。

岩溶发育的基本要素包括：①岩石的可溶性：可溶岩的存在是岩溶发育的物质基础；

②岩石的透水性：可溶岩岩石的节理、裂隙为水流在其内的流动提供有利通道，是岩溶作用得以进行的前提条件；③水的溶蚀性：水对可溶岩的侵蚀性主要取决于水中游离 CO_2 的存在，水中游离 CO_2 主要来自土壤和大气中的 CO_2；④水的流动性：为了保持岩溶水的溶蚀能力，水流必须处于运动和交替之中，如图 6.8 所示。

(a) 石林

(b) 溶斗

(c) 溶洞

(d) 天坑

图 6.7　典型的岩溶地貌类型

图 6.8　可溶性石灰岩发育的岩石节理

6.4.3 土洞

土洞是由于地表水和地下水对土层的溶蚀和冲刷而产生空洞，空洞的扩展导致地表陷落的地质现象。根据我国土洞的生长特点和水的作用形式，土洞可分为由地表水下渗发生机械潜蚀作用形成的土洞和岩溶水流潜蚀作用形成的土洞。

土洞的形成主要是潜蚀作用导致的。潜蚀是指地下水流在土体中进行溶蚀和冲刷的作用。如果土体内不含有可溶成分，则地下水流仅将细小颗粒从大颗粒间的孔隙中带走，这种现象称为机械潜蚀。机械潜蚀也属于冲刷作用之一，所不同在于机械潜蚀发生于土体内部，因而又称内部冲刷。

如果土体内含有可溶成分，如黄土，含碳酸盐、硫酸盐或氯化物的砂质土和黏质土等，地下水流先将土中可溶成分溶解，而后将细小颗粒从大颗粒间的孔隙中带走，这种具有溶滤作用的潜蚀称为溶滤潜蚀。溶滤潜蚀主要是因溶解土中可溶物而使土中颗粒间的联结性减弱和破坏，从而使颗粒分离和散开，为机械潜蚀创造条件。

机械潜蚀的发生，除了土体中的结构和级配成分能容许细小颗粒在其中搬运移动条件外，地下水的流速是搬运细小颗粒的动力条件。能起动颗粒的流速称为临界流速（v_{cr}），不同直径（d）大小的颗粒具有一定的临界流速，其关系列于表 6.2 中。当地下水流速（v）大于 v_{cr} 时，就要注意发生潜蚀的可能性。

表 6.2　机械潜蚀起动颗粒的临界流速

被挟出的颗粒直径（d）/mm	水流的临界速度（v_{cr}）/(cm/s)
1	10
0.5	7
0.1	3
0.05	2
0.01	0.2
0.005	0.12
0.001	0.02

6.4.4 岩溶与土洞的工程地质问题

1）岩溶与土洞对地基稳定性的影响

在地基主要持力层范围内有溶洞、土洞等洞穴，当施加附加荷载或振动荷载后，洞顶坍塌，使地基突然下沉。

地表岩溶有溶槽、石芽、漏斗等，造成基岩面起伏较大，并且在凹面处往往有软土层分布，因而使地基不均匀。若基础埋置在基岩上，其附近有溶沟、竖向岩溶裂隙、落水洞等，有可能使基础下岩层沿倾向临空面的软弱结构面产生滑动。

凡是岩溶地区有第四纪土层分布地段，都要注意土洞发育的可能性。应查明建筑场地内土洞成因、形成条件，土洞的位置、埋深、大小，以及与土洞发育有关的溶洞、溶沟（槽）的分布，进而研究地表土层的塌陷规律（图 6.9）。

图 6.9　岩溶区基础工程破坏

2）岩溶与土洞对建（构）筑物稳定性的影响

溶蚀岩石的强度大为降低。岩溶水在可溶岩体中溶蚀，可使岩体发生孔洞，最常见的是岩体中有溶孔或小洞。岩石遭受溶蚀可使岩石有孔洞、结构松散，从而降低岩石强度和增大透水性能。

造成基岩面不均匀起伏。因石芽、溶沟溶槽的存在，使地表基岩参差不齐、起伏不均匀，造成地基不均匀性以及交通不畅（图 6.10）。

(a) 破坏房屋　　(b) 破坏公路

图 6.10　岩溶和土洞对房屋和公路的危害

漏斗是包气带中与地表接近部位所发生的岩溶和潜蚀作用的现象。当地表水的一部分沿岩土缝隙往下流动时，水便对孔隙和裂隙壁进行溶蚀和机械冲刷，使其逐渐扩大成漏斗状的垂直洞穴，称为漏斗。这种漏斗在表面近似圆形，深可达几十米，表面口径由几米到几十米。

另一种漏斗是由于土洞或溶洞顶的塌落作用而形成。崩落的岩块堆于洞穴底部形成漏斗状洼地。这类漏斗因其塌落的突然性，使地表建（构）筑物面临遭到破坏的威胁。

6.4.5 岩溶与土洞的防治

在进行建（构）筑物布置时，应先将岩溶和土洞的位置勘察清楚，然后针对实际情况做出相应的防治措施。当建（构）筑物的位置可以移位时，为了减少工程量和确保建（构）筑物的安全，应首先设法避开有威胁的岩溶和土洞区，实在不能避开时，再考虑以下处理方案。

（1）**挖填**：挖除溶洞或土洞中的软弱充填物，回填以碎石、块石或混凝土等，并分层夯实，以达到改良地基的效果，如图 6.11 所示。对于土洞回填的碎石上应设置反滤层，以防止潜蚀发生。

图 6.11 挖填处理

（2）**跨盖**：当洞埋藏较深或洞顶板不稳定时，可采用跨盖方案，如采用长梁式基础、桁架式基础或刚性大平板等方案跨越。但梁板的支承点必须放置在较完整的岩石上或可靠的持力层上，并注意其承载能力和稳定性。

（3）灌注：对于溶洞或土洞，因埋藏较深，不可能采用挖填和跨盖方法处理时，溶洞可采用水泥或水泥黏土混合灌浆于岩溶裂隙中；对于土洞，可在洞体范围内的顶板打孔灌砂或砂砾，应注意灌满和密实，如图 6.12 所示。

图 6.12　注浆处理

（4）排导：洞中水的活动可使洞壁和洞顶溶蚀、冲刷或潜蚀，造成裂隙和洞体扩大，或洞顶坍塌。因而对自然降雨和生产用水应防止下渗，采用截排水措施，将水引导至他处排泄。

（5）打桩：对于土洞埋深较大时，可用桩基处理，如采用混凝土桩、木桩、砂桩或爆破桩等，如图 6.13 所示。其目的除提高支承能力外，并有靠桩来挤压挤紧土层和改变地下水渗流条件。

图 6.13　桩基工程施工处理

思 考 题

1 常见的地面变形地质灾害有哪些？请举例说明。

2. 地面沉降是如何产生的？如何防治？

3. 地裂缝的危害体现在哪些方面？说明其成因。

4. 岩溶形成的条件有哪些？如何防治？

5. 土洞形成的条件有哪些？如何防治？

参 考 文 献

白云，肖晓春，胡向东. 2012. 国内外重大地下工程事故与修复技术. 北京：中国建筑工业出版社.

程素珍，张长敏，顾杰，等. 2021. 普安店岩溶土洞塌陷形成机理及防控建议. 环境生态学，3(9): 45-48.

德里克·福特，保罗·威廉姆斯. 2015. 岩溶水文地质与地貌学. 王团乐，薛果夫，陈又华，柳景华译. 武汉：中国地质大学出版社.

冯春蕾. 2020. 复杂地层条件下地铁车站深基坑工程安全性及其控制研究. 北京：北京交通大学.

黄强兵，梁奥，门玉明，等. 2015. 地裂缝活动对地下输水管道影响的足尺模型试验. 岩石力学与工程学报，35(S1): 2968-2977.

李勇，李文莉，陶福平. 2019. 地面沉降. 武汉：中国地质大学出版社.

彭建兵，范文，李喜安，等. 2007. 汾渭盆地地裂缝成因研究中的若干关键问题. 工程地质学报，15(4): 433-440.

彭建兵，卢全中，黄强兵. 2017. 汾渭盆地地裂缝灾害. 北京：科学出版社.

石振明，孔宪立. 2011. 工程地质学. 北京：中国建筑工业出版社.

徐继山. 2012. 华北陆缘盆地地裂缝成因机理研究. 西安：长安大学.

薛禹群，张云. 2016. 长江三角洲南部地面沉降与地裂缝. 华东地质，37(1): 1-9.

易顺民，卢薇，周心经. 2021. 广州夏茅村岩溶塌陷灾害特征及防治对策. 热带地理，41(4): 801-811.

于霖. 2021. 地铁隧道施工灾变机理及灾变链式效应研究. 北京：北京交通大学.

Kagiso S M, Christian W. 2019. An analogue Toma Hill formation model for the Tyrolian Fernpass rockslide. Landslides, 16(10): 1855-1870.

Shen S L, Wu H N, Cui Y J, et al. 2014. Long-term settlement behaviour of metro tunnels in the soft deposits of Shanghai. Tunnelling & Underground Space Technology, 40(12): 309-323.

Sneed M, Ikehara M E, Stork S V, et al. 2003. Detection and measurement of land subsidence using interferometric synthetic aperture radar and global positioning system, San Bernardino County, Mojave Desert, California. US Geological Survey, Water Resources.

第 7 章　海岸带地质灾害

7.1 海平面上升

7.2 海岸侵蚀

7.3 海水入侵

7.4 海啸

7.5 风暴潮

海岸带是海岸线向陆海两侧扩展一定宽度的带状区域，包括陆域与近岸海域。联合国2001年6月“千年生态系统评估项目”将海岸带定义为“海洋与陆地的界面，向海洋延伸至大陆架的中间，在大陆方向包括所有受海洋因素影响的区域”。包括三个基本单元，①海岸：平均高潮线以上的沿岸陆地部分；②潮间带：平均高潮线与平均低潮线之间；③水下岸坡：平均低潮线以下的浅水部分。

我国约299.7万 km^2 的海洋国土面积（包括内水、领海及专属经济区和大陆架）和约1.8万km长的海岸线。《联合国海洋公约》及《中华人民共和国专属经济区和大陆架法》规定：“中华人民共和国的专属经济区，为中华人民共和国领海以外并邻接领海的区域，从测算领海宽度的基线量起延至二百海里”。沿海地区物产丰富，工农业发达，全国70%以上的大中城市和5%以上的国民经济总产值都集中在沿海地区。1978年改革开放以来，沿海地区的开发和建设高速发展，随着海洋开发与利用的蓬勃发展和各类海洋工程的兴起，近岸和浅海的地质灾害也越来越被各行各业所重视。

我国海岸带地处西太平洋活动大陆边缘（欧亚板块、太平洋板块），南北跨越三个气候带，内、外动力作用都比较强烈，地质灾害频繁，经济损失严重。根据自然资源部海洋预警监测司发布的《2020年中国海洋灾害公报》的数据统计，近十年来，我国海洋灾害直接经济损失达年均88亿元。本章将着重介绍海平面上升、海岸侵蚀、海水入侵、海啸、风暴潮几种常见的海岸带地质灾害。

7.1 海平面上升

海平面上升灾害是由海平面高度与陆地表面高度的相对变化所造成的。全球性海平面（绝对海平面）上升和地区性地面沉降可能引起海岸线向陆地推进，使海滨地带大片土地丧失，沿海建筑遭破坏，盐水淡水界面向陆地推进，使沿海地区丧失宝贵的淡水资源。海平面上升灾害是一种“无形的水灾”，更是过去没有被人们认识和引起足够重视的新型“水灾”。它具有明显的累进性，成灾效应持续时间长、防治难度高。海平面上升灾害的发展往往以潮灾、洪灾等表现出来，因而疏于防范（杨达源和闾国年，1993）。我国海域呈现显著的海平面上升趋势（图 7.1）。

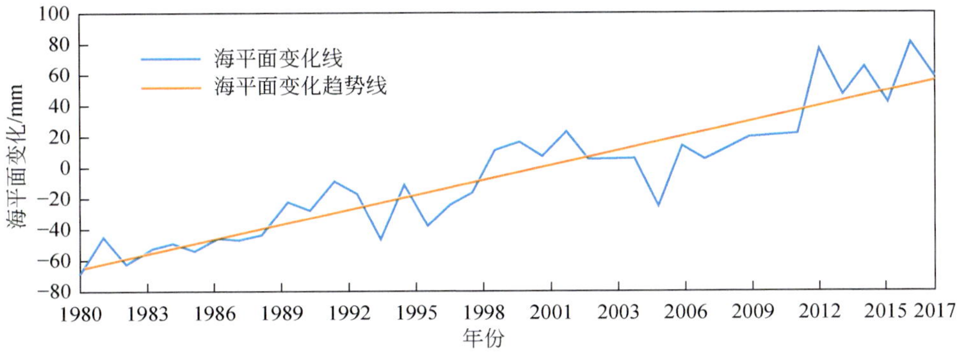

图 7.1　1980~2017 年中国沿海海平面变化（据《2017 年中国海洋灾害公报》）

海平面上升作为地质灾害因素涉及面非常广，与许多灾害因素结合形成灾害链。最严重的受灾区域是易损低地和海岸湿地。易损低地是指沿海平原和三角洲的低洼地区，在海平面上升时容易被海水淹没，或者受到海水入侵、风暴潮等的威胁。海岸湿地具有易损性，对海平面上升非常敏感，往往导致生态类型由高级向低级转化，生物生产量大幅降低和生态类型趋于单一，生态环境恶化。

7.1.1　海平面上升的形成条件和影响因素

海平面变化可以分为绝对变化和相对变化两大类。海平面的相对变化是指海平面与陆地表面之间相对高度的变化；海平面的绝对变化是指海平面与地心之间距离的变化，是在地心坐标系中加以度量的。本节将从海平面绝对变化、温室效应及地面沉降三个方面展开介绍。

1. 海平面绝对变化

海平面的绝对变化是海洋自身的运动，它受制于海水量、海洋盆地容积及大地水准面的变化。

（1）海水量的变化。海平面变化主要取决于贮存水分的大陆冰流体积的改变。第四纪冰期中，世界冰川体积约为 $71.36\times10^6\mathrm{km}^3$，相当于海洋失去了 $47.30\times10^6\mathrm{km}^3$ 的水量和 132m 的海洋水层厚度。冰后期，冰流融化，原海洋中失去的水又同归海洋，减去海底的均衡下降之后，间冰期海平面实际要上升 92m 左右。目前，我们正处在第四纪的一个温暖时期，但南极和格陵兰冰流仍然存在，如果南极冰流全部融化，全球海平面将升高

60~70m，如果将格陵兰冰流合计在内，则海平面上升量达65~85m，除去水均衡作用，现存冰量全部融化可使全球海平面上升40~50m。此外，海水温度的变化可引起海水的收缩与膨胀，海水温度变化也会影响海平面的升降运动。

（2）海洋盆地容积的变化。海底扩张通过改变大洋盆地容积来影响全球海平面变化。当海底扩张活跃时，洋中脊体积增加，引起海平面上升，导致全球陆缘海侵；当海底扩张活动减弱时，洋中脊收缩，体积减小，引起海平面下降。

（3）大地水准面的变化。卫星观测资料表明，大地水准面崎岖不平，既有隆丘，也有凹陷。在经度距离50°~60°的范围内，起伏高差竟达180m，而且这种起伏还有水平和垂直方向的移动。正因为如此，近年来提出把大地水准面–海平面变化、冰川–海平面变化及构造–海平面变化并列为全球海平面变化的重要原因。

2. 温室效应

由于人类大量使用化石燃料及大规模砍伐森林，大气中CO_2及其他温室气体的含量在迅速增加。1860年至20世纪90年代，大气中CO_2的含量已从290ppm（$1ppm=10^{-6}$）增加到335ppm，据估计到21世纪80年代，大气中CO_2及其他温室气体的含量将达到工业革命前的2倍。据观测资料，1880~1980年全球平均气温大约上升了0.4℃，全球大部分地区相对海平面上升速率为1.0~1.5mm/a，并有加速的趋势。1983年，英国环保局（Environmental Protection Agency，EPA）发表国际上第一份系统研究21世纪海平面变化趋势的报告，认为CO_2增加1倍，全球海平面上升幅度在27~265cm，至20世纪末，海平面上升幅度在50~345cm（最可能的幅度为144~217cm）。

3. 地面沉降

松散沉积层的压实是地面沉降的主要原因。地球表层松散沉积物的压实变薄所造成的地面标高损失主要受两个方面因素的影响：

（1）由于开采地下水、石油、天然气等地下流体使松散沉积物孔隙水压力降低，发生脱水固结作用，使沉积物压实沉降。

（2）松散沉积物在自身重力作用下，发生脱水固结，沉积层压实沉降。沉积地层组成物质各异，其变形程度及压密进度也有较大的差别（杨达源和闾国年，1993）。

7.1.2　海平面上升带来的影响

1）大片土地将受到海侵影响

以我国为例，中国沿海地区地面高程小于或等于5m的重点脆弱区面积为14.39

万 km^2，约占沿海 11 个省（自治区、直辖市）面积的 11.3%，占全国陆地国土面积的 1.5%。而珠江三角洲地区，长江三角洲和苏北沿岸地区，黄河三角洲及渤海湾、莱州湾地区是中国沿海三个主要脆弱区。至 2050 年，上述三个地区相对海平面将上升 500~900mm，在现有防潮和防汛设施情况下，三个主要脆弱区大片土地将被淹没，国民经济将严重受挫。

2）风暴潮危害日趋严重

据预测，当温度升高 1.5℃时，西北太平洋台风频率增大 2 倍，登陆我国的台风频率增大 1.76 倍。相对海平面上升，风暴潮概率增大。20 世纪 50~60 年代，风暴潮每年对我国沿海地区造成的经济损失平均约 1 亿元，70 年代为 2 亿 ~4 亿元，80 年代约 10 亿元，90 年代已接近百亿元。上海外滩防洪工程现在按千年一遇标准修建，但相对海平面上升 0.5m，则堤防标准将降为百年一遇。珠江三角洲海平面上升同样将导致海堤设计标准相应地降低，使得风暴潮灾害加剧。天津地区如果按上升 40cm 计算，则百年一遇的最高潮位（4.93m）将为十年一遇。所以，海平面上升会增大风暴潮灾害的频率和强度。

3）洪涝灾害加剧

相对海平面上升使感潮河道水位上涨，城市排污和泄洪能力大大降低，暴雨时城区大范围积水，污水倒灌，河道淤积，航道、海港运行受阻，农业减产，地面沉降加重。

4）水资源短缺加重

相对海平面上升，潮流预托作用增强，河口海水倒灌咸潮入侵，致使地表、地下淡水水源被咸化，加大了海水入侵规模和速率，加重沿海地区水资源短缺。

5）海岸侵蚀加快

相对海平面上升使水深和潮差加大，海浪和潮流作用增强；海平面上升和气候变暖还会造成海岸湿地损失，引起海岸侵蚀加剧。

6）防潮工程功能降低

相对海平面上升直接造成沿海海岸、海堤、挡潮闸等防护工程抗灾功能大大降低，从而使风暴潮灾害发生频率增加，破坏力大大增强。加高、加固防潮防汛工程，提高工程建筑物设计标准，改建城市排污系统，对低洼地进行城市改造，致使城市建设费用逐年上升。相对海平面上升还可引起海水倒灌、咸潮入侵，沿海地区地下水位整体升高，造成沿海建筑物地基承载力下降、场地砂土地震液化加剧，影响沿海城市建筑物安全（刘锡清，2005）。

7.1.3　海平面上升的防治

海平面上升灾害不同于一般的自然灾害，除受自然因素的约束外，在很大程度上受人为因素的控制，全球范围内海平面上升与 CO_2 的排放量有关，区域性的地面沉降是人口的增加、经济的发展造成水源短缺，对地下水掠夺性开采的结果。因此对海平面相对上升灾害的防治对策不仅要考虑灾害发生的基础条件，而且要重视人类活动的影响。海平面上升灾害是人为因素控制下的累进性灾害，它可以通过调整人为活动来预防和治理，这种调整一是限制那些导致生态环境恶化的因素进一步发展，二是创造各种条件促使恶化环境的逆转。因此，对海平面上升灾害防治应重点注意以下几个方面：

（1）控制 CO_2 及其他温室气体的排放，扼制温室效应的作用；

（2）监测极地冰流的变化；

（3）建立全球海平面变化监测网；

（4）建立海平面变化影响的多种模型，研究海平面上升的成灾机理和成灾过程，为防灾规划提供科学依据；

（5）降低地下水开采量，并通过拦蓄地表水以增加地下水的补给，达到控制地下水位下降趋势，进而控制地面沉降和盐水入侵的目的；

（6）采取海岸防护措施（杨达源和闾国年，1993）。

7.2 海岸侵蚀

海岸侵蚀是指在自然力（包括风、浪、流、潮）的作用下，海洋泥沙支出大于输入。沉积物净损失的过程，即海水动力的冲击造成海岸线的后退和海滩的下蚀。由于海平面上升和不合理开发海岸带，海岸侵蚀正在变成一个国家和世界性的严重问题。与其他自然灾害（如地层、热带风暴或洪灾）相比，海岸侵蚀一般是一个更具有持续性的、可预测的过程。如果持续过度开发海岸带、发展休闲度假娱乐，那么海岸侵蚀必将会越演越烈。

海岸侵蚀现象普遍存在，我国 70% 左右的砂质海岸线以及几乎所有开阔的淤泥质岸线均存在海岸侵蚀现象。

7.2.1 海岸侵蚀原因分析

沿岸泥沙亏损和海岸动力的强化是导致海岸侵蚀发生的直接原因，而引起泥沙亏损和动力增强的根本原因是人为影响和自然变化。我国大规模海岸侵蚀发生的时间不长，可发展却异常迅速．这是缓慢的自然变化所不能及的。另外，海岸侵蚀首先发生在开发海岸较早的发达国家，也反映出大规模的海岸侵蚀与人为因素影响更为密切。对我国沿岸多年的观察也证明当代海岸侵蚀发生的主要是人类活动的结果。当然，海平面上升引起的海岸后退对未来几十年、上百年来说，绝不可被忽视，但说到底现代海面上升，是人类大量排放温室气体，引起大气、海水增温造成的。

1. 自然因素

（1）海平面上升：过去 100 年中，全球海平面上升了 10~20cm，我国海平面变化与世界总趋势基本一致，百年来海平面上升约 14cm。有研究表明，如果海平面上升 15cm，风暴潮发生概率将增加 1 倍左右。未来海平面上升引起的海岸线变迁，将对沿岸尤其是平原海岸造成灾难性后果。

（2）风暴潮侵蚀：近代气候变异和海平面上升将引起风暴潮灾害频度的增加和强度的加大，风暴潮对海岸的侵蚀作用具有突发性和局部性，其危害程度极为严重。

（3）地形引起的海岸冲蚀：由于地形的变化，一些特殊的海岸地貌格局引起浪、潮、流在该地区相对增强，致使岸滩侵蚀后退。

2. 人为因素

人为因素主要包括沿岸挖沙和建设水利（海岸）工程，特别是不合理的工程。由于海岸沙分选性好，是一种优良的建筑材料，因此不合理的挖沙情况普遍存在，降低了海滩滩面，使海岸遭受更强的波浪袭击，从而进一步加强了海岸侵蚀。

（1）沿岸挖沙：自全新世海平面基本稳定以来，多数海岸已经相对稳定。动力与岸滩趋于平衡，仅河口地区因泥沙供给充盈而有所淤进。如果人们从海滩取沙，海洋动力势必重新塑造自己的岸滩平衡剖面，造成海岸侵蚀。

（2）河流输沙减少：河流输沙是海滩沙的主要来源，它维持了海岸的稳定，或使之向海淤进。水利或海岸工程拦截了上游输给三角洲海岸或潮滩的泥沙，减少了三角洲泥沙的供应。我国河流入海泥沙近几年来已大量减少，也引起海岸后退。

（3）海岸工程：沿岸漂沙遇突堤式海岸工程会在其上游一侧形成填角淤积，而在下游一侧形成侵蚀。

7.2.2　海岸侵蚀带来的影响

海岸侵蚀最直接的危害是加大海侵，尤其是海滩的破坏后退，淹没河口或沿岸低洼地、增大海岸洪涝概率和河口盐度促进土壤盐渍化最终使海岸生态系统遭到干扰（图7.2）。

(a)

(b)

图 7.2　海南省三亚市亚龙湾海岸侵蚀造成道路损毁 [(a)，据《2017 年中国海洋灾害公报》] 和广东省汕头市潮阳区龙湖湾海岸侵蚀情况 [(b)，据《2016 年中国海洋灾害公报》]

1. 吞蚀海滩，岸线后退

海滩具有与海平面维持特定平衡剖面的属性。据布龙法则若海岸侵蚀或海平面上升，从海滩上部侵蚀的物质便堆积于近滨底部与波浪临界深度之间的地带，随着物质向海搬运，海滩上部便向陆地方向移动。据资料报道，在进流和退流交换中，1min 内海滩物质可产生 10cm 的水平移位。美国新泽西州布莱特海滩的观测证实，海平面上升 1m，海滩后退 75m，旧金山海滩后退 300m。

2. 海水倒灌

目前，我国沿海平原及其他局部地区海水倒灌灾害甚为突出，其与过度开采地下水直接相关，且与海进浸渍而成的地下咸水量增加也是不无关系的。以大连为例，1969 年海水倒灌面积仅为 4.2km^2，至 1986 年增大至 208km^2。

3. 淹没沿海低洼地，加剧土壤次生盐渍化程度

对多数自然海岸而言，首当其冲的是海水吞没高出现今海平面的广大沿海低地。以辽宁为例，鸭绿江、大洋河、辽河、双台河等河口区，海水进侵将会淹没河口区两岸低洼地，降低河流排水能力，从而增大洪水泛滥概率（李光天和符文侠，1992）。

7.2.3 国内外海岸侵蚀概况

1. 国外海岸侵蚀概况

早在 20 世纪 40 年代美国就制定了《海岸防护手册》，美国陆军工程部队汇编的《全国海岸线研究报告》揭示，截至 1971 年，在美国 135000km 岸线上有 33000km 属于严重侵蚀类型。迈阿密海滩从 1844~1944 年的 100 年间，岸线后退 150m。

澳大利亚昆士兰州黄金海岸因长期自然侵蚀，已构成海滩前滨地带的主要灾害，20 世纪后半叶热带气旋引起的洪水泛滥及风暴潮加重侵蚀进程，对黄金海岸的危害则更为突出。1972 年，澳大利亚政府开始采取了以人为回填砂砾石为重点的人工养滩工程措施，该工程在 6km 长的岸线上补充 4700m^3 的砂量，施工后经过 10 年才初见成效。截至 20 世纪末有近 70% 的黄金海岸被有效保护起来了。

在日本 3999km 的海岸线中有 65.8% 的年变化速率超过 1m 以上，其中日向滩、纪伊水道、骏河湾和石狩湾等沿岸都是有代表性的侵蚀岸段。著名的日高、内浦湾、陆奥湾和八户海岸等 24 处是典型的海岸侵蚀地带，其中，侵蚀速率超过 3m/a 的就有 13 处，厚贺渔港西岸可高达 3~5m/a。

2. 国内海岸侵蚀概况

我国海岸普遍发生侵蚀始于 20 世纪 50 年代末，与我国大规模开展经济建设时间相一致，20 世纪 80 年代以来海岸侵蚀日益加重。我国海岸侵蚀以地域的广泛性、海岸类型的多样性以及危害程度的日趋严重性为显著特征。我国 32000km 的海岸线，包括基岩海岸、淤泥质海岸、砂质海岸、河口海岸、珊瑚礁海岸等，几乎都受到海岸侵蚀的威胁，开阔海岸的海滩和废河口三角洲尤为严重。

长江口以北海岸侵蚀严重，以南较轻。海岸侵蚀现象分布十分广泛，但侵蚀程度各地有所差别。概言之，长江口以北比长江口以南更为严重。根据调查和各方面报道来看，长江口以北遭受海岸侵蚀的岸段十分普遍，而且侵蚀速率也较大。

江苏、山东、河北三省和辽西大部分岸段遭受侵蚀，只有辽东半岛海岸遭受侵蚀程度稍轻。江苏省除受辐射沙脊群掩护的岸段和临洪河口附近有所淤涨外，多数海岸遭受侵蚀，废黄河口附近，以及吕四、琼港和赣榆北部侵蚀比较强烈。山东省有 70% 的沙岸受侵，沙岸的侵蚀速率约 2m/a，即使是总体处于淤进状态的现代黄河三角洲，除行水河口外，其他部位亦多在蚀退。河北省不管是南部泥岸、北部沙岸还是滦河三角洲，均以蚀退、冲滩为海岸变化的主要态势。辽西海岸也在强烈蚀退，辽东半岛海岸遭受侵蚀的程度较轻，这可能与那里雨量相对充沛水库拦蓄泥沙较少有关。长江口以南，上海、浙江沿岸、闽北沿岸除受强潮影响的杭州湾北岸以外，海岸侵蚀现象较少发生，但因台风暴潮而形成的短时间海水入侵则危害十分严重。福建中部、南部是长江口以南海岸侵蚀较严重的岸段，广东东部、海南岛东部、广西西部有局部的海岸蚀退现象，整体上长江口以南侵蚀较轻（夏东兴，2009）。

7.3 海水入侵

海水入侵被定义为海水向陆地流入沿海淡水含水层的现象，通过提高盐度导致污染和地下水质量下降。海水入侵是海水和淡水之间的水动力过程，在自然条件下，沿海含水层的淡水－咸水界面保持相对平衡的状态。由于海水和淡水之间的密度变化，盐水向陆地流入含水层，导致海水入侵。同时，由于淡水的正常水平远高于海水，淡水从陆地侧向海洋的输入将限制海水入侵的过程。海水侵入沿海含水层是一种常见的自然过程，可在世界各地的所有沿海含水层中发现（Huang and Jin，2017）。

海水入侵区主要分布于基岩海岸的山前地带、海口冲洪积平原及泥砂质海岸平原地带。

根据含水层岩性特征，海水入侵可分为孔隙水含水层海水入侵、岩溶水含水层海水入侵和裂隙水含水层海水入侵。三种类型海水入侵的发生概率依次减少。

按入侵方式可分为①直接入侵，指地下水与海水之间的补排关系发生逆转，海水或深部咸水体向陆地方向运移扩侵；②潮流入侵，指潮汐沿河口上溯，海水从河岸下渗补给地下水，使地下水咸化；③减压顶托入侵，指滨海地区地下淡水水位下降后，倾伏在下部的咸水向上发生顶托或越流入侵。

在同一地区有时多种入侵型交织在一起，构成复杂多变状况。例如，在莱州湾，受地质条件的影响，海水入侵方式有第四系沉积物分布区的“面状”入侵、沿古河道的“指状”入侵、沿构造断裂带的“脉状”入侵和沿岩溶系统的“树枝状”入侵等。

7.3.1 海水入侵的机制

在正常状态下，一方面由于咸淡水密度差，引起咸水向陆地的渗流，使海水向陆地入侵；另一方面由于陆地淡水位高于海水位，可以阻止海水向陆地的入侵，二者维持相对平衡。

事实上海水在深部向内陆入侵，在浅部回流入海。咸淡水之间存在一个或宽或窄的咸淡水混合过渡带或临界面，当过渡带厚度远小于含水层厚度时，可视为一个突变界面。通常这个界面向内陆倾斜，并保持相对稳定，可以阻止海水入侵，但随着海潮的涨落和海岸带地下水位的升降，这个咸淡水分界面也在不断地起伏。当这种平衡状态一旦被破坏，咸淡水临界面就要移动，以建立新的平衡。如果大量开采地下水或由于气候干旱等原因使补给量减少，就会使淡水压力降低，临界面就要向陆地方向移动，于是就发生了海水入侵。河口径流量减少和海平面上升等因素也会引起海水入侵。

在影响海水入侵的因素中，干旱少雨，水资源不足，潮汐、海流特性是背景条件，含水层水文地质特征是基础条件，不合理的人类活动（过量、不合理开采布局）是诱发条件，三者共同作用的结果可能导致沿海地区出现大范围的海水入侵。

7.3.2 海水入侵带来的影响

1. 恶化水质，灌溉用水源地减少

海水入侵使地下淡水资源更加缺乏，沿海地区居民和牲畜饮用水受到影响。海水入侵首先使地下水氯离子含量增加、矿化度升高，使之逐渐丧失了使用价值。一方面继续超采地下水使地下水位再度下降；另一方面不得不移地开采地下水，导致海水入侵范围的不断扩大。

2. 土壤生态系统失衡，耕地资源退化

滨海地区土壤生态系统因受气候及地下水含量变化的影响，土壤中的水分及营养元素很不稳定。海水入侵后使地下咸水沿土壤毛细管上升进入耕作层，导致土壤发生盐渍化。农业长期利用高矿化度水进行灌溉，盐分不断在土壤表层聚积，导致其物理性状变差、微生物活动减弱、有机质下降，最终导致土壤肥力下降。

3. 影响工农业生产

海水入侵区水质恶化和土壤盐渍化导致水田面积减少、旱田面积增加、有效灌溉面积减少、耕地面积减少、荒地面积增加，农业生产受到严重影响，海水入侵区的工业企业也会受到影响。由于水质恶化，水质要求较高的企业不得不开辟新的水源地或实行远距离异地供水，这不仅增加了产品的生产成本，同时也可能使新辟水源地遭受污染，扩大海水入侵范围。没有充足资金开辟新水源地的企业只能使用被海水污染的水源，结果使生产设备严重锈蚀、使用寿命缩短、更新周期加快，同时还造成产品质量下降，有的企业则被迫搬

迁或停产。

4. 对人口素质及社会稳定的影响

海水入侵使人口健康水平降低。由于淡水缺乏，海水入侵区的大量人口时常或常年饮用咸水，导致地方病流行，许多人患甲状腺肿大、氟斑牙、氟骨病、布氏菌病、肝吸虫病等。据有关资料，山东莱州湾地区八县市氟病患者人数达61万人，加上其他地方病，患者总数达68万人。日本和美国的学者通过研究还发现，中风、几种慢性心血管疾病及癌症与饮用盐分超标的地下水关系较为密切。

5. 自然生态环境恶化

沿海地带生态环境脆弱，其生态系统在自我调节和抗干扰的缓冲性方面都比较弱。海水入侵的结果使土壤含盐量增加，盐生植物群落（如碱蓬、黄须菜等）日益增多，在大范围内其覆盖度可达90%以上，从而使植物群落由陆生栽培作物为主的生态环境转化为耐盐碱的野生植被环境。

7.3.3 海水入侵的防治

1. 合理开采地下淡水资源，开源节流

解决淡水问题是减轻海水入侵的主要途径。从沿海地区水资源供求情况来看，缺乏淡水已成定局。从长远看，引调客水是控制沿海地区海水入侵的重要战略措施；但从近期来看，通过工程措施和调度手段使水资源供需状态趋于好转更加切合实际。要合理布置开采井，放弃咸、淡水界面附近的抽水井，分散开采、定期停采或轮采地下水，缩短水位恢复时间，以防止形成降落漏斗。

2. 开展人工回灌，引淡压咸

开展人工回灌，补充地下淡水，提高滨海地区地下淡水的水位和流速，以淡水压咸水，迫使海水后退，有效防止海水入侵。回灌水源主要有当地雨季的地表水、外地引水、处理后的废污水等。

3. 阻隔水流

阻隔水流的措施具体有设置隔水墙、农田暗管排水、深沟排水、竖井排水等。通过设置隔水墙可使淡水和咸水分开，具体方法是灌注某种呈悬浮状态的物质，如高塑性黏土浆，

使悬浮物充填土壤孔隙，形成不透水屏障。农田暗管排水在排碱、除涝、防渍、降低地下水位等方面效果十分显著，在工程截渗方面也行之有效。深沟排水在天津洼涝盐碱地治理和改碱过程中已被广泛采用，并取得一定成效。竖井排水是工程排水和农田排水中行之有效的排水措施，通过截渗和农田排水，可改善地下水水质，补充承压含水层水量，改善软地层压缩条件。

4. 改善生态环境

通过兴修水利工程、调整种植业结构、植树造林、发展畜牧等措施，在海水入侵区建立结构合理、功能稳定、经济效益高的农业生态经济体系，提高抗灾能力，缓解海水入侵灾害带来的不利影响。

5. 建立沿海地区地下水监测系统

建立沿海地区地下水动态监测网，进行水位、水化学监测，必要时辅以海水水文动态监测。根据海水入侵的形成机制和入侵规律，预测海水入侵速率、规模和危害范围，从而为有效防止海水入侵提供科学依据。

7.3.4　我国海水入侵现状概述

目前全世界范围内已有几十个国家和地区的几百个地段发现了海水入侵，主要分布于社会经济发达的滨海平原、河口三角洲平原及海岛地区，如荷兰、德国、意大利、比利时、法国、希腊、西班牙、葡萄牙、英国、澳大利亚、美国、墨西哥、以色列、印度、菲律宾、印度尼西亚、巴基斯坦、日本、中国、埃及等。

20 世纪 80 年代以来，我国渤海、黄海沿岸不同程度地出现了海水入侵加剧现象，其中以山东省莱州湾沿岸最为突出，此外人口密度高的城市（如上海、天津、青岛和大连）都经历过地下水过度开采造成的海水入侵。据中华人民共和国自然资源部发布的 2015~2017 年中国海洋灾害公报，2016 年渤海沿岸平原地区发生最严重的海水入侵，主要分布于辽宁盘锦，河北秦皇岛、唐山和沧州，以及山东滨州、潍坊等滨海地区，海岸线入侵距离为 12~25km。

辽宁省从 20 世纪 70 年代末开始，庄河－丹东、大连、营口、下辽河三角洲、辽西沿岸等地区沿海岸线均不同程度的受海水入侵干扰，其中大连沿海海水入侵区包括四段：金州—大魏家—大莲泡段、金州—南关岭—大连市段、营城子段以及旅顺三涧堡段。

河北省沿海的海水入侵主要发生在秦皇岛市沿岸的赤土河地区、耀华玻璃厂一带和枣园水源地。

在山东海岸，海水入侵地区有莱州—招远—龙口一线的沿海平原地带，以及烟台、威海、青岛和日照等地的河口地段。以莱州湾为例，至 2002 年，沿莱州湾南岸平原中部横贯东西形成一条宽度为 1.5~12.0km 的连续入侵带，总面积达 696.8km^2，陆侧地下水位低于海平面的漏斗面积达 2561km^2，并造成 40 多万人吃水困难，8000 余眼农田机井变咸报废，400 多平方千米耕地丧失灌溉能力，粮食每年减产 3 亿 kg 以上，从而引起区域环境的破坏和生态系统的失衡。

7.4 海　啸

海啸泛指由海底地震、火山喷发、滑坡、塌陷等活动激发的波长可达数百千米的海洋巨浪。它在滨海的表现形式是海水骤涨，瞬间形成巨大的“水墙”，以排山倒海之势摧毁堤防，涌入陆地，吞没城镇、村庄、耕地，然后海水骤然退出；而后可能再次涌入陆地，有时反复多次，在滨海地区造成巨大的生命财产损失。海啸可分为遥地海啸和本地海啸（又称局地海啸）两类，其中本地海啸为多（李树刚，2008）。

海啸传播的速度极快，可达 222m/s。它的波长达 100km 以上，但波高则不超过一般的海浪。因此，在大洋中海啸不易被人们察觉。而当海啸传播到浅水区域时，其波长显著缩短、波高迅速增加。当它冲击海岸时，波高可达 11~21m，最高达 64m，形成巨大的波涛，能够颠覆船只、摧毁港口设施，给沿海地带造成严重破坏。

通常海啸按其产生源地的远近分为越洋海啸和局地海啸。越洋海啸是从大洋远处传播而来的，由于大洋水较深，海啸波可在大洋中传播数千千米而能量衰减极小，一旦传到近岸，波高突涨，淹没岸边，数千千米外的沿海地区也会遭遇海啸灾害。因此越洋海啸不仅直接给地震发生所在地区和邻国带来灾害，同时也影响到遥远的彼岸。局地海啸由于它的生成源地与其造成的危害同处一地，所以海啸发生后到达岸边的时间很短，有时仅几分钟或几十分钟，通常无法预警，造成的危害严重。

7.4.1　海啸的形成条件和影响因素

海啸的发生需要满足三个条件，缺一不可，即深海、大地震和开阔逐渐变浅的海岸条件。

1. 深海

地震释放的能量要变为巨大水体的波动能量，地震必须发生在深海，只有在深海海底上面才有巨大的水体，浅海地震产生不了海啸。

2. 大地震

海啸的浪高是海啸的最重要的特征。我们经常用观测到的海啸浪高的对数作为海啸大小的度量，称为海啸等级（magnitude）。如果用 H（单位为 m）代表海啸的浪高，则海啸的等级 $M=\log_2 H$。研究发现，只有 7 级以上的大地震才能产生海啸灾害，小地震产生的海啸形不成灾害。值得指出的是海洋中经常发生大地震，但并不是所有的深海大地震都会产生海啸，只有那些海底发生激烈的上下方向的位移的地震才产生海啸。

3. 开阔逐渐变浅的海岸条件

尽管海啸是由海底的地震和火山喷发引起的，但海啸的大小并不完全由地震和火山的大小决定。海啸的大小是由多个因素决定的，如产生海啸的地震和火山的大小、传播的距离、海岸线的形状和岸边的海底地形等。海啸要在陆地海岸带造成灾害，该海岸必须开阔，具备逐渐变浅的条件（图 7.3）。

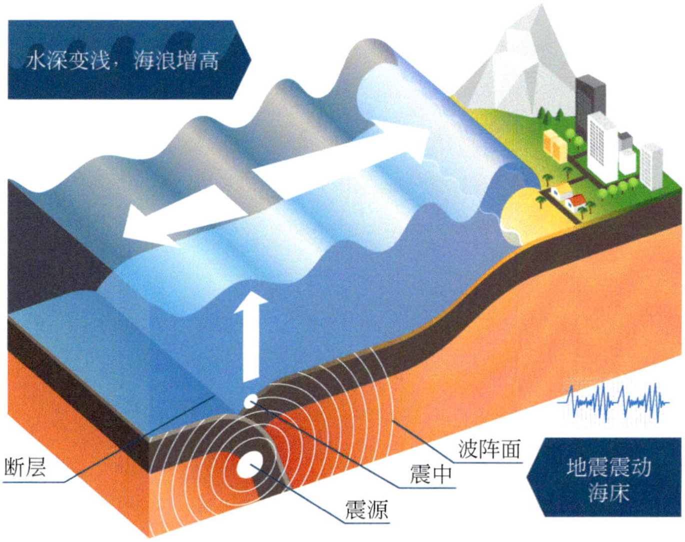

图 7.3　海啸发生原理示意图

7.4.2 海啸的应急及预警

1. 海啸发生前后的应急措施

（1）海啸发生前：接到海啸警报，应立即切断电源，关闭燃气；停在港湾的船舶和航行的海上船只立即驶向深海区，不要停留在港口、回港或靠岸。

（2）海啸发生时：尽量抓住木板等漂浮物，避免与其他硬物碰撞；不要举手，不要乱挣扎，尽量不要游泳，能浮在水面即可；海水温度较低时，不要脱衣服；不要喝海水；尽可能向其他落水者靠拢，积极互助、相互鼓励，尽力使自己易于被救援者发现。

（3）海啸过后：对抢救的落水者进温水里恢复体温，按摩；给落水者适当喝些糖水，但不要让落水者饮酒；如果受伤，立即采取止血、包扎、固定等急救措施；重伤员要及时送往医院；及时清除溺水者鼻腔、口腔和腹内的吸入物：将溺水者的肚子放在施救者的大腿上，从其后背按压，将海水等吸入物倒出；如果溺水者心跳、呼吸停止，须立即交替进行口对口人工呼吸和心脏按压。

2. 海啸的监测及预警

（1）海啸的监测：通常以地震台网和沿岸验潮站网来监测地震和海啸。海底地震发生后，依据地震台网的记录可迅速确定震中位置和强度。一旦最靠近震中的验潮站发现海啸波，就证明这次地震产生了海啸。

（2）海啸的预警：目前的科学技术水平人类还不能预测和预报海啸的发生，并不是所有海底强地震都能产生海啸（只有 1/4 左右的海底强地震会产生海啸），因此预报海啸在当前更是不可能。目前，海啸的预警只能是海底地震发生后，根据全球地震台网实时观测资料确定海底地震的参数，迅速发出海啸信息，根据岸边岛屿潮位来确定是否有海啸发生，并发出相应的海啸警报或海啸解除警报。

7.4.3 海啸引起灾害的案例

海啸的发生会对人民的生命财产安全造成极大威胁，地震海啸灾害是世界上一种极其严重的地震次生灾害。

有史以来，世界上已经发生了近 5000 次程度不同的破坏性海啸，造成了巨大的生命和财产的损失（柯长青，2004）。例如，1755 年，发生于葡萄牙首都里斯本附近的地震所引起的海啸在 6min 造成 6 万多人死亡，当它传到加勒比海的时候，浪高还在 5m 以上（李斌和杨维汉，2005）；1896 年日本三陆海啸在地震发生后的 20~30min，激起 20 多米高的巨浪，卷倒房屋 14000 多幢，损失船舶 3 万余艘，死亡 27000 余人（闫明等，2005）；1908 年 12 月 28 日凌晨 5 时，意大利墨西拿 7.5 级地震引发的海啸在近海掀起高达 12m 的巨大海啸，死难 8.2 万人，这是欧洲 20 世纪死亡人数最多的一次地震海啸（张乔生，2005）；1917 年 6 月 26 日，萨摩亚群岛海域发生海啸，浪高 26m（沈四林等，2006）；1933 年 3 月 2 日，日本三陆近海 8.9 级地震引发浪高 29m 的海啸，死亡 3000 人（沈四林等，2006）；1946 年 4 月 1 日，阿留申群岛海域发生海啸，浪高 35m（沈四林等，2006）；1964 年 3 月 28 日，阿拉斯加湾海域发生海啸，浪高 70m（沈四林等，2006）；1976 年 8 月，菲律宾莫罗湾海啸造成 8000 多人死亡（晓因，2005）；2004 年 12 月 26 日，印度尼西亚苏门答腊岛西北海域发生的 9.0 级强烈地震在印度洋上引发了巨大的海啸，影响范围绵延 1600km，袭击了印度洋沿岸的印度尼西亚、斯里兰卡、泰国、印度、缅甸、马来西亚等 12 个国家，近 30 万人罹难，是 20 世纪以来造成人员伤亡最惨重的一次自然灾害（张永红等，2005；邱中炎等，2009）。

于 2004 年 12 月 26 日发生在印度尼西亚苏门答腊岛至印度安达曼群岛西侧海沟的大地震是人类用仪器记录地震波以来少数几个震级达到 9 级的超级大地震之一。这次地震引发的海啸在没有预警与预防的情况下，袭击了印度洋沿岸十余个国家，它所造成的人员伤亡与社会经济破坏之严重，在世界海啸灾难史上是空前的。苏门答腊 – 安达曼群岛 9 级大地震发生在印度洋板块与缅甸微板块的边界。它是由于印度洋板块沿着巽他海沟向缅甸微板块底下俯冲过程中积累的应变能突然释放和同时伴生的海底快速下陷所造成的。

7.5 风 暴 潮

风暴潮又称风暴增水、风暴海啸、气象海啸等，是指由强烈大气扰动（如热带气旋、温带气旋等）引起的海面异常升降，由此危害人类生命财产安全的现象。国内外常采用实测潮位与正常潮位预报值的代数差来计算风暴潮的增水值。但也有时由于离岸大风长时间吹刮，致使岸边水位剧降，有人称这种海面异常下降现象为“负风暴潮”或“风暴减水”。风暴潮不仅可使海上船只沉没，破坏海上设施，而且严重侵袭沿岸地区，造成人员伤亡，破坏房屋与工程设施，淹没城镇、村庄、耕地，造成严重损失。

形成严重风暴潮的条件有三个：一是强烈而持久的向岸大风；二是有利的岸带地形，

如喇叭口状港湾和平缓的海滩；三是天文大潮配合。根据不同的条件，风暴潮的空间范围一般由几十千米至上千千米不等。

根据造成风暴潮的不同类型天气系统，风暴潮一般分为由热带气旋引起的台风风暴潮和由温带气旋引起的温带风暴潮两大类。不同类型的大气扰动所引起的风暴潮特点不一样：由于热带气旋（习惯称为台风）强度强、移动迅速，所产生的风暴潮增水大，其危害也大，相对而言温带气旋、强冷空气等天气系统大气扰动强度较弱、影响时间较长，所引起的风暴潮的增水相对地不急剧，但持续时间比较长。

（1）**台风风暴潮**：台风是全球常见的季节性风暴潮，在世界各地名称不同，如在东亚地区称为台风（typhoon），在北美地区称为飓风（hurricane），在印度洋地区称为热带气旋（tropical cyclone）。每年夏秋是台风多发季节，登陆我国东南沿海地区的台风频繁，平均每年有 7~8 个。常见的台风直径有 1000km 左右，当台风来临之时，依距离台风中心的远近，沿海验潮站记录的水位变化表现出不同的特征。全过程可划分为三个阶段：初振、激振和余振阶段。

（2）**温带风暴潮**：由西风带天气系统引起，这类天气系统包括温带气旋和冷锋等，我国长江口以北的黄、渤海沿岸是温带风暴潮的多发区，其中莱州湾和渤海湾沿岸是重灾区。

7.5.1 风暴潮的预报与警报

1. 风暴潮的预报

为了防御风暴潮灾害，需要准确地预测预报风暴潮的可能最高潮位。目前，风暴潮预测的方法可以归纳为经验统计法、数值预报法两大类。

1）经验统计法

经验统计法包括预报员的主观经验和经验统计预报方法。经验统计预报方法以历史上大量实测资料为基础，建立气象扰动（如风、气压等）和特定地点风暴潮位之间的经验关系。这种方法简单实用，但是必须依赖预报站长期的验潮资料、增水资料和相应的气象资料，否则就不能建立稳定可靠的经验关系，这种方法对罕见的特大风暴潮预报比较困难，预报的精度较低。

选取物理意义清楚的气象因子是经验统计预报方法的关键，温带风暴潮的经验预报方法与台风风暴潮经验预报方法类似，但考虑的预报因子有所不同，温带风暴潮的预报因子主要考虑大陆与沿海的海平面气压差、地面气温差和温带气旋中心气压等。

2）数值预报法

数值预报法实质是“数值天气预报”和“风暴潮数值计算”相结合的一种预报方法。数值天气预报给出风暴潮计算所需要的海上风场和气压场；风暴潮数值计算就是在给定的海上风场和气压场的初始条件下，进行数值求解风暴潮的潮位。风暴潮数值计算是 20 世纪 50 年代开始发展起来的，其计算的对象是流体动力学基本方程组。

风暴潮的发生一方面受复杂的海洋环流、海底地形等因素影响，对此，现有的风暴潮预报方法还很难准确地给予表达；另一方面，风暴潮是由强烈大气扰动引起的，要报准风暴潮，需首先报准未来的气象条件。而气象预报也受很多复杂因素的影响，尤其是台风、强冷空气等灾害性天气更难报准，风暴潮模式结果的精度，在很大程度上依赖于气压场和风场模式的质量，目前国内外气象预报的精度还不能完全达到精确的风暴潮预报要求。除此之外，目前天文潮的预报也有某些误差，而灾害性高潮位通常是风暴潮与天文潮叠加，甚至是相互作用的结果，这就更加重了风暴潮灾害的预报和警报的难度。因此，风暴潮预报就不可能十分准确。虽然风暴潮预报技术上的难点还有待今后科学技术的发展来解决，但已有的风暴潮预报方法，仍能在多数情况下提供有用的预报和警报，从而减轻风暴潮灾害的人员伤亡和经济损失。

2. 风暴潮的警报

由国家海洋局组织编制、国家海洋环境预报中心负责起草的《海洋预报和警报发布 第一部分：风暴潮预报和警报发布》国家标准，于 2005 年 11 月 1 日起正式实施。该标准的实施对规范风暴潮预报、警报行为，提高预报警报服务质量，适应海洋开发、海洋管理、海洋防灾减灾和国防安全的需求，最大限度地预防和减轻风暴潮造成的损失，更好地服务于沿海经济建设和社会发展，具有重要指导作用。风暴潮预警级别分为Ⅰ、Ⅱ、Ⅲ、Ⅳ四级警报，分别表示特别严重、严重、较重、一般，颜色依次为红色、橙色、黄色和蓝色。

（1）**风暴潮Ⅰ级紧急警报（红色）：**受热带气旋（包括台风、强热带风暴、热带风暴、热带低压）影响，或受温带天气系统影响（下同），预计未来沿岸受影响区域内有一个或一个以上有代表性的验潮站将出现超过当地警戒潮位 80cm 以上的高潮位时，至少提前 6h 发布风暴潮紧急警报。

（2）**风暴潮Ⅱ级紧急警报（橙色）：**预计未来沿岸受影响区城内有一个或一个以上有代表性的验潮站将出现超过当地警戒潮位 30cm 以上 80cm 以下的高潮位时，至少提前 6h 发布风暴潮Ⅱ级紧急警报。

（3）**风暴潮Ⅲ级警报（黄色）：**预计未来沿岸受影响区城内有一个或一个以上有代表性的验潮站将出现达到或超过当地警戒潮位 30cm 以内的高潮位时，前者至少提前 12h

发布风暴潮警报，后者至少提前6h发布风暴潮警报。

（4）风暴潮Ⅳ级预报（蓝色）：预计在预报时效内，沿岸受影响区城内有一个或一个以上有代表性的验潮站将出现低于当地警戒潮位30cm的高潮位时，发布风暴潮预报。

7.5.2 全球及我国风暴潮灾害概况

全球来看，美国、日本、印度、孟加拉国、中国、菲律宾、英国等是风暴潮灾害多发的国家，中外历史上严重的风暴潮灾害事例不胜枚举。风暴潮往往伴随着狂风巨浪，导致水位暴涨、堤岸决口、农田淹没、房舍倒塌、人畜伤亡，酿成巨大灾害。全球受热带气旋影响比较严重的地区是孟加拉湾沿岸、西北太平洋沿岸、北美洲东海岸，因此那里的风暴潮灾害也比较严重。

1. 全球风暴潮灾害概况

1970年11月12~13日孟加拉湾特大风暴潮，曾使20余万人丧命、100万人无家可归。1991年4月29日孟加拉湾再次遭受特大风暴潮袭击，近100万栋房屋倒塌，死亡人数超过12.5万人。1900年9月8日，美国墨西哥湾沿岸加尔维斯顿遭受一次强风暴潮袭击，6000余人被淹死。2005年8月，登陆美国新奥尔良地区的“卡特里娜”飓风，导致1417人遇难，直接经济损失超过千亿美元，而间接损失更是无法估量。2008年5月，超强风暴“纳尔吉斯”造成缅甸至少8.4万人死亡、5.4万人受灾。

2. 我国风暴潮灾害概况

在全球八个台风生成区中，西北太平洋生成区频率最高，占全球总数的36%，同时，西北太平洋的台风强度也是全球热带气旋中最强的。

在西北太平洋沿岸国家中，我国受台风登陆袭击次数最多，占各区域内登陆总数的34%，主要集中在夏、秋季节。冬春季节影响我国的冷空气和温带气旋活动频繁，常形成大风天气，加之近海大陆架水域较浅，岸带上众多的河湾、宽阔的滩涂有利于风暴潮的发展。因而，我国风暴潮灾一年四季均有发生，受灾区域几乎遍及整个中国沿海，所受灾害居西太平洋沿岸国家之首。

我国每年平均发生增水1m以上的台风风暴潮约6次，其中形成灾害的平均为2.4次。每年平均发生增水1m以上的温带风暴潮达11次，虽次数远大于台风风暴潮，但成灾的平均为1.4次，明显低于台风风暴潮灾。每次风暴潮造成的经济损失少则几亿元，多则达几百亿元。因此风暴潮作为我国主要的海洋气象灾害，已成为国家防灾减灾的重点之一。根据自然资源部《中国海洋灾害公报》公布的数据，2015年我国沿海共发生风暴潮过程

10 次，造成直接经济损失 72.62 亿元；2016 年我国沿海共发生风暴潮过程 18 次，造成直接经济损失 45.84 亿元；2017 年我国沿海共发生风暴潮过程 16 次，造成直接经济损失 55.77 亿元，其中，福建省、广东省是风暴潮灾害最严重的省份。

思 考 题

1. 海平面上升会给人类的生产生活带来哪些影响？
2. 海平面上升如何防治？
3. 海水入侵是怎么形成的？如何科学防治？
4. 请结合所学，谈一谈风暴潮的预报预警方法。
5. 海啸的形成受哪些因素影响？
6. 海岸带侵蚀会给人类的生产生活带来什么影响？

参 考 文 献

陈余道 . 2011. 环境地质学 . 北京 : 冶金工业出版社 .
陈颙 . 2005. 海啸的成因与预警系统 . 自然杂志 , 27(1): 4-7.
黄强兵 , 彭建兵 , 樊红卫 , 等 . 2009. 西安地裂缝对地铁隧道的危害及防治措施研究 . 岩土工程学报 , 31(5): 781-788.
蒋小珍 . 2003. 基于 GIS 技术的全国地面塌陷灾害危险性评价 . 地球学报 , 24(5): 469-473.
柯长青 . 2006. 印度洋地震海啸 (2004-12-26) 及其对中国的警示 . 中国地质灾害与防治学报 , (4): 91-96.
李斌 , 杨维汉 . 2005-01-06. 海啸现象拾零 . 光明日报 .
李光天 , 符文侠 . 1992. 我国海岸侵蚀及其危害 . 海洋环境科学 , (1): 55-60.
李树刚 . 2008. 灾害学 . 北京 : 煤炭工业出版社 .
李智毅 , 杨裕云 . 1994. 工程地质学概论 . 北京 : 中国地质大学出版社 .
刘杜娟 . 2004. 中国沿海地区海水入侵现状与分析 . 地质灾害与环境保护 , 15(1): 31-36.
刘锡清 . 2005. 我国海岸带主要灾害地质因素及其影响 . 海洋地质前沿 , 21(5): 23-42.
马宗晋 , 叶洪 . 2005. 2004 年 12 月 26 日苏门答腊 – 安达曼大地震构造特征及地震海啸灾害 . 地学前缘 , 12(1): 281-287.
宁社教 . 2008. 西安地裂缝灾害风险评价系统研究 . 西安 : 长安大学 .
彭建兵 , 范文 , 李喜安 , 等 . 2007. 汾渭盆地地裂缝成因研究中的若干关键问题 . 工程地质学报 , 15(4): 433-440.
邱中炎 , 韩喜球 , 王叶剑 , 等 . 2009. 海啸预警与第四纪古海啸沉积记录研究进展 . 海洋学研究 , 27(3): 67-73.
沈四林 , 陆丹 , 刘亚蕊 . 2006. 印度洋地震海啸产生原因及交通运输业的影响 . 中国水运 (学术版), (8): 6-8.
石振明 , 黄雨 . 2018. 工程地质学 . 北京 : 中国建筑工业出版社 .
石振明 , 孔宪立 . 2011. 工程地质学 . 北京 : 中国建筑工业出版社 .
夏东兴 . 2009. 海岸带地貌环境及其演化 . 北京 : 海洋出版社 .
晓因 . 2005. 世纪灾难——印度洋海啸大爆发 . 今日科苑 , (3):11-14.
许小峰 , 顾建峰 , 李永平 . 2009. 海洋气象灾害 . 北京 : 气象出版社 .

薛禹群，张云．2016. 长江三角洲南部地面沉降与地裂缝．华东地质，37(1): 1-9.
闫明，张国友，佟凯，等．2005. 浅谈海啸．海洋预报，(2): 47-52.
杨达源，闾国年．1993. 自然灾害学．北京：测绘出版社．
叶琳，于福江，吴玮．2005. 我国海啸灾害及预警现状与建议．海洋预报，22(z1): 147-157.
殷跃平，张作辰，张开军．2005. 我国地面沉降现状及防治对策研究．中国地质灾害与防治学报，16(2): 1-8.
张成平，张顶立，王梦恕，等．2010. 城市隧道施工诱发的地面塌陷灾变机制及其控制．岩土力学，31(S1): 303-309.
张乔生．2005-01-20. 让地震海啸知识家喻户晓．中国矿业报，T00.
张咸恭．2005. 工程地质学概论．北京：地震出版社．
张永红，赵继成，龙艳，等．2005. 基于 DMC 卫星影像对海啸灾情土地覆盖类型变化的分析．遥感学报，(4): 498-502.
赵玉麒．2016. 山东德州开采地下水导致地面沉降的研究．长春：吉林大学．
中华人民共和国住房和城乡建设部．2009. 岩土工程勘察规范（2009 版），GB 50021—2001. 北京：中国建筑工业出版社．
Huang Y, Jin P. 2017. Impact of human interventions on coastal and marine geological hazards: a review. Bulletin of Engineering Geology & the Environment, (1): 1-10.
Keller E A. 2012. Introduction to Environmental Geology, 5th Edition. Upper Saddle River, NJ: Pearson Prentice Hall.
Shen S L, Wu H N, Cui Y J, et al. 2014. Long-term settlement behaviour of metro tunnels in the soft deposits of Shanghai. Tunnelling & Underground Space Technology, 40(12): 309-323.
Tang Y Q, Cui Z D, Zhang X, et al. 2008. Dynamic response and pore pressure model of the saturated soft clay around the tunnel under vibration loading of Shanghai subway. Engineering Geology, 98(3-4): 126-132.

第 8 章　特殊土地质灾害

8.1 特殊土地质灾害概述

8.2 软土地质灾害

8.3 膨胀土地质灾害

8.4 湿陷性黄土地质灾害

8.5 冻土地质灾害

8.1　特殊土地质灾害概述

在工程建设过程中，有时会遇到一些性质特殊的土体。这些土体的力学特性往往较差，在工程中需要进行特殊处理。在工程中，将这些特殊土体按照其特殊性质划分为以下几类：软土、红黏土、膨胀土、湿陷性黄土、冻土等（图 8.1）。这些土体的沉积环境特殊，形成条件较苛刻，因此，其分布往往有着较为显著的区域性特征。

(a) 软土　(b) 红黏土　(c) 膨胀土　(d) 湿陷性黄土　(e) 冻土

图 8.1　特殊土

8.2　软土地质灾害

8.2.1　软土概述

软土泛指天然含水量大、压缩性高、透水性差、抗剪强度低、灵敏度高、承载力小的呈软塑到流塑状态的饱和黏土，是近代沉积的软弱土层，包括淤泥、淤泥质土、有机沉积物（泥炭土和沼泽土）以及其他高压缩性的饱和软土、粉土等。在天然地层剖面上，它往往与泥炭或粉砂交错沉积。

8.2.2　常见地质成因及分布

常见沉积环境见图 8.2，软土按照沉积环境可分为下列几种类型。

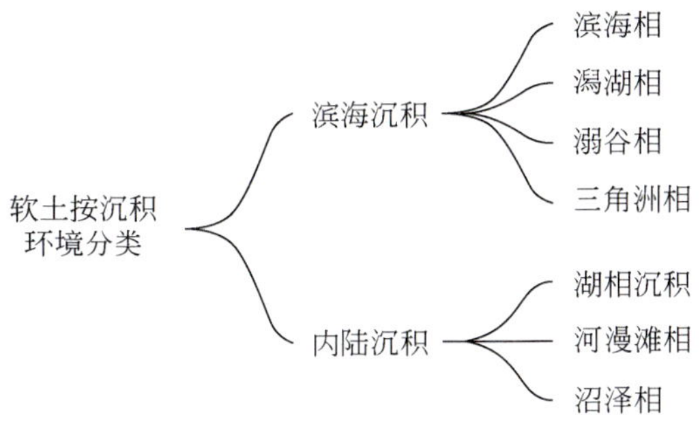

图 8.2　常见沉积环境

1. 滨海沉积

滨海沉积在表层广泛分布一层由近代各种营力作用生成的厚 0~3.0m、黄褐色黏性土的硬壳。下部淤泥多呈深灰色或灰绿色，间夹薄层粉砂。常含有贝壳及海生物残骸。根据其生成环境，又可细分为以下类：

（1）**滨海相**：常与海浪暗流及潮汐的水动力作用形成的较粗颗粒（粗、中、细砂）相掺杂，使其不均匀和极疏松，增强了淤泥的透水性能，易于压缩固结。

（2）潟湖相：沉积物颗粒微细、孔隙比大、强度低、分布范围较宽阔，常形成海滨平原（图 8.3）。在潟湖边缘，表层常有厚 0.3~2.0m 的泥炭堆积。

图 8.3 潟湖

（3）溺谷相：孔隙比大、结构疏松、含水量高，有时甚于潟湖相。分布范围略窄，在其边缘表层也常有泥炭沉积。

（4）三角洲相：由于河流及海潮的复杂交替作用，而使淤泥与薄层砂交错沉积，受海流与波浪的破坏，分选程度差，结构不稳定，多交错成不规则的尖灭层或透镜体夹层，结构疏松、颗粒细小（图 8.4）。

2. 内陆沉积

（1）湖相沉积：是近代淡水盆地和咸水盆地的沉积。湖相软土的沉积环境较为稳定，形成的土层往往较为均匀。其组成和构造特点是颗粒细微、均匀，富含有机质，淤泥成层或较厚，不夹或很少夹砂，且往往具有厚度和大小不等的泥炭质土与泥炭夹层或透镜体。

（2）河漫滩相：沉积物一般具有明显的二元结构，上层为粉质黏土、砂质粉土，一般具有细微层理，厚度一般不大；下层为粉砂、细砂（图 8.5）。由于河流的水动力条件复杂，因此常夹有各种透镜体。局部淤泥透镜体的存在会对工程产生较大的影响。

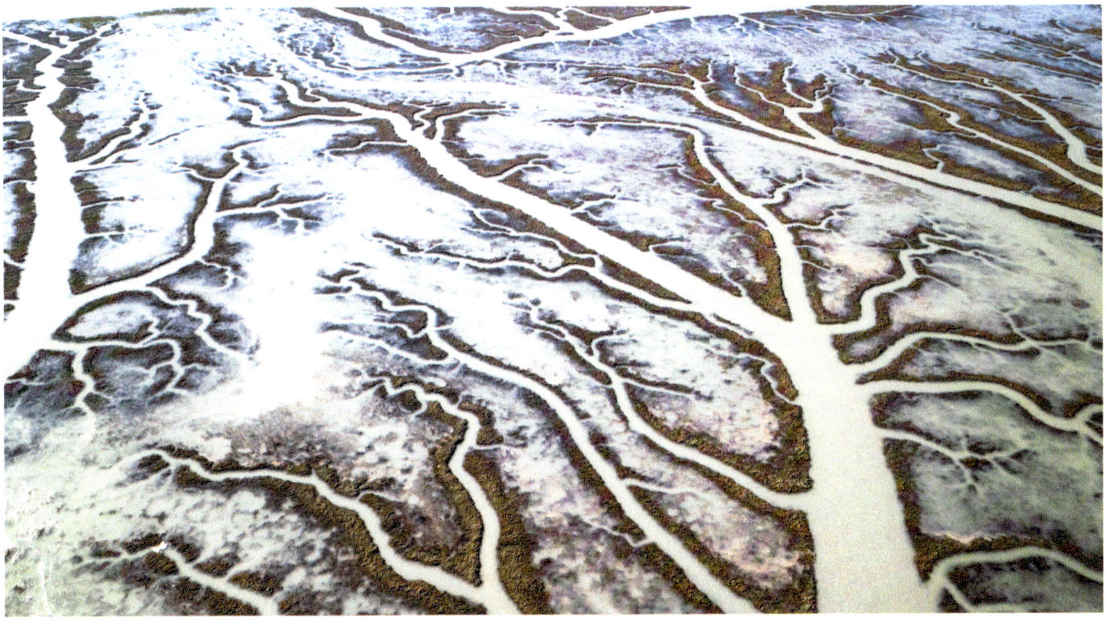

图 8.4　三角洲

图 8.5　河漫滩

（3）沼泽相：沼泽是湖盆地、海滩，在地下水、地表水排泄不畅的低洼地带，因蒸发量不足以干化淹水地面的情况下，喜水植物滋生，经年淤积，逐渐衰退形成的一种沉积物，多以泥炭为主，且常出露于地表；下部分布有淤泥层，或底部与泥炭互层。

8.2.3　工程特性及勘探

软土的主要特性体现为高天然含水量、大孔隙比、低强度、低渗透性等。反应在工程中，常见的特殊性质如下。

（1）触变性：软土具有触变特性，当原状土受到振动以后，破坏了结构连接，降低了土的强度或很快使土变成稀释状态。触变性的大小，常用灵敏度来表示。软土的灵敏度一般在 3~4，个别可达 8~10。因此当软土地基受到振动荷载后，易产生侧向滑动、沉降及基底面两侧挤出现象。若经受大的地震力作用，容易产生较大的震陷。

（2）流变性：软土除排水固结引起变形外，在剪应力作用下，土体还会发生缓慢而长期的剪切变形。这对建筑物地基的沉降有较大的影响，对斜坡、堤岸、码头及地基稳定性不利。

（3）高压缩性：软土是属于高压缩性的土，压缩系数大，这类土的大部分压缩变形发生在垂直压力为 100kPa 左右。反映在建筑物的沉降方面为沉降量大。

（4）低强度：由于软土具有上述特性，地基强度很低。其不排水抗剪强度一般均在 25kPa 以下。

（5）低透水性：软土透水性能弱，对地基排水固结不利，建筑物沉降延续时间长。同时在加荷初期，地基中常出现较高的孔隙水压力，影响地基强度。

（6）不均匀性：由于沉积环境的变化，软土层中具有良好的层理，层中常局部夹有厚薄不等的少数较密实的颗粒较粗的粉土或砂层，使水平和垂直向分布有所差异，作为建筑物地基则易产生差异沉降。

在针对软土地区开展工程地质勘查时，要点如下：

（1）查明土的成因类型和古地理环境；

（2）查明软土的分布规律、层理特征；

（3）查明下伏硬土层或基岩的埋深和起伏；

（4）查明地表硬壳层的分布与厚度，查明硬壳层垂直方向的性能变化规律；

（5）查明微地貌形态和暗埋的塘、浜、沟、坑等分布、埋深及其填埋情况；

（6）查明是否存在砂土或粉土夹层、透镜体。

8.2.4　影响工程力学特性的主要因素

影响软土地基承载力的主要因素如下。

（1）上部结构与基础的整体刚度：上部结构与基础的整体刚度越大，建筑物的差异沉降越小，则在取地基土承载力时，可以取较大值。

（2）加荷大小、速率等：若加荷速率控制得当，软土中排水固结占据主导地位，地基土承载力会有一定的提升；而若加荷过快，地基土来不及排水，很容易出现失稳。

（3）土的结构扰动：天然土具有一定的结构性，且一般灵敏度较高。当天然土体遭受扰动，天然结构被破坏，则承载力会大幅下降。

（4）软土层上覆硬壳层的分布：上覆硬壳层的力学性质远好于下层软黏土。在工程建设中，应重点考虑对硬壳层的利用。

8.3　膨胀土地质灾害

8.3.1　膨胀土概述

膨胀土（expansive soil）又称“胀缩性土”，是一种浸水后体积剧烈膨胀，失水后体积显著收缩的黏性土。由于土中含有较多的蒙脱石、伊利石等黏土矿物，故亲水性很强。当天然含水率较高时，浸水后的膨胀量与膨胀力均较小，而失水后的收缩量与收缩力则很大；天然孔隙比越大时，膨胀量与膨胀力越小，收缩量与收缩力越大。

我国是膨胀土分布最广、面积最大的国家之一，先后有 20 多个省（自治区）发现有膨胀土。这类土壤在干燥时往往具有较好的力学特性，变形较小，因此常被误认为是较好的地基持力层。

8.3.2　工程特性

膨胀土最常见的工程特性如下。

（1）黏粒含量高：含有高达35%~85%的黏粒，其中粒径小于0.002mm的胶粒含量一般也在30%~40%范围内；液限一般为40%~50%，塑性指数多在22~35。因此膨胀土一般都属于高塑性黏土。

（2）天然含水量一般接近或略小于塑限：含水量在不同季节的变化幅度为3%~5%。因此在天然状态下，膨胀土一般呈硬塑或坚硬状态。

（3）天然孔隙比小：变化范围在0.50~0.80。特殊性表现为膨胀土的天然孔隙比会随着土体湿度的变化而变化。

（4）强烈的膨胀性：自由膨胀率（定义为烘干的松散土样在水中膨胀稳定后，其体积增加值与原体积之比的百分率）一般大于40%，更有超过100%。这是膨胀土最为特殊，最为典型的性质。

（5）胀缩可逆性：即膨胀土在含水量增加时膨胀，在失水时收缩的现象能够反复出现，双向可逆。

（6）强度和压缩性：膨胀土在天然条件下一般处于硬塑或坚硬状态，强度较高、压缩性较低。但膨胀土层由于干缩，裂隙发育，呈现不规则网状与条带状结构特征，这些裂隙的存在破坏了土体的整体性，可使土体稳定性降低。对于膨胀土地基，不能仅依据小块试样来评定其工程性能。

8.3.3 影响工程力学特性的主要因素

膨胀土的胀缩特性往往会对建筑物地基、地下建筑等造成很大的破坏。对其胀缩特性的有较大影响的因素主要可以分为内因和外因来进行讨论。

1. 内因

（1）矿物成分：膨胀土具有显著胀缩特性的内在原因是其含有大量的晶格活动性强、亲水性强的黏土矿物，主要包括蒙脱石、伊利石和水云母等。

（2）黏粒含量：各类黏土矿物粒径小，小于0.005mm，这些黏土颗粒分散性大、比表面积大，则表面能大，遇水后对水分子的吸附能力很强。

（3）密实度：膨胀土的体积变化与土颗粒间的空隙变化具有相关性。

（4）土的结构：能够拟制膨胀土的膨胀和收缩变形。

（5）初始含水量：初始含水量低的土具有很大的膨胀潜势（当土中水分增加时，黏粒的双电层的吸附层增大，结合水膜增厚，使粒间距离拉大，宏观效果上表现为土的体积增大，即膨胀）。

2. 外因

水分变化是膨胀土胀缩变形的外在直接因素，因此引起土中含水量变化的因素和条件都会间接影响膨胀土的胀缩变形。这些因素包括地形地势条件、气候变化、地表植被、地表径流条件、朝向与日照条件、室内外温差与湿度变化等。

8.4 湿陷性黄土地质灾害

8.4.1 湿陷性黄土概述

湿陷性黄土是指在上覆土层自重应力作用下，或者在自重应力和附加应力共同作用下，因浸水后土的结构破坏而发生显著附加变形的土。

黄土在我国分布很广，面积约占我国陆地总面积的 6.58%，主要分布在黄河流域，从西而东在黑龙江、吉林、辽宁、内蒙古、山东、河北、河南、山西、陕西、甘肃、宁夏、青海和新疆均有分布，但其中以黄河中游（山西西部、陕西、甘肃大部分）的黄土发育最好，地层最全、厚度大、分布连续，是我国黄土的主要分布区。需要注意的是，不是所有的黄土都具有湿陷性，其沉积环境不同，水理性质也有着较大的差异。普通的黄土对于工程建设是没有太大危害性的，只有具有强烈湿陷的土壤会对工程造成不利影响。

8.4.2 工程特性

湿陷性黄土常见的工程特性如下。

（1）**力学特性**：在较为干燥的天然状态，由于土粒间胶结物的存在，黄土的力学条件较好、压缩性较低、抗剪强度较高。但随着土体中含水率的上升，土粒间胶结物被溶解，土体结构被破坏。此时，黄土的压缩性快速提升，抗剪强度大幅度减小，发生湿陷。可以认为，湿陷性黄土的力学特性均与其含水量呈直接相关。

（2）**渗透性**：湿陷性黄土由于具有垂直节理，其渗透性具显著的各向异性，垂直向渗透系数要比水平向大得多。

（3）**湿陷程度**：湿陷性黄土的湿陷性与物理性指标的关系极为密切。干密度越小，湿陷性越强；孔隙比越大，湿陷性越强；初始含水量越低，湿陷性越强；液限越小，湿陷性越强。

8.4.3 常用的工程处理技术

对一个确定的区域来说，影响当地湿陷性黄土物理力学性质的最主要因素是水。因此，在对地基进行处理时，一种思路就是隔绝地下水、地表径流、降雨等；另一种思路是破坏黄土的大孔结构，从而减小其压缩性。常用的地基处理方法如下。

（1）**强夯法**（图 8.6）：又称动力固结法。其思路是通过重锤强力夯击土体，破坏其孔隙结构，从而降低土体孔隙率、减小压缩性。但其处理深度一般不大，并且后续还需做好防水措施。

图 8.6　强夯法示意图

（2）**预浸水法**：利用黄土浸水后产生自重湿陷的特性，在施工前进行大面积浸水使土体预先产生自重湿陷，从而避免自重湿陷对于建筑物的损害。但只适用于处理土层厚度大于 10m、自重湿陷量计算值不大于 500mm 的黄土地基，且后续依旧可能出现较大的加荷湿陷，故需要与浅层防水措施配合使用。

（3）**深层搅拌桩法**（图 8.7）：是一种新型的复合地基处理方法，其思路是在土体中掺 AS 度的结晶体，从而改善黄土的力学特性。常用的固化材料有水泥、石灰等。

（4）**垫层法**：是先将基础下的湿陷性黄土一部分或全部挖除，然后用素土或灰土分层夯实，以便消除地基的部分或全部湿陷量，并可减小地基的压缩变形，提高地基承载力的方法，可将其分为局部垫层和整片垫层。

（5）**挤密桩法：** 适用于处理地下水位以上的湿陷性黄土地基，先按设计方案在基础平面位置布置桩孔并成孔，然后将备好的素土（粉质黏土或粉土）或灰土在最优含水量下分层填入桩孔内，并分层夯（捣）实至设计标高止。通过成孔或桩体夯实过程中的横向挤压作用，使桩间土得以挤密，从而形成复合地基。

图 8.7　深层搅拌桩法示意图

8.5　冻土地质灾害

8.5.1　冻土概述

冻土是指 0℃以下并含有冰的各种岩石和土壤。冻结状态连续保持三年或三年以上者，当温度条件改变时，其物理力学性质随之改变，并产生冻胀、融陷、热融滑塌等现象的土层称为多年冻土。地表冬季冻结夏季全部融化，每年冻融交替一次的土层称为季节性冻土。

我国的冻土主要分布于高海拔、高纬度地区。多年冻土主要分布于东北大小兴安岭北部、青藏高原、天山以及阿尔泰山等地区，总面积约为 215 万 km^2。中国季节性冻土的分布面积远大于多年冻土，遍布长江流域以北 10 多个省（自治区），冻结深度大于 0.5m 的季节性冻土区占全国总面积的 68.6%，其南界（以地表 1 月最低温度 –0.1℃等值线为准）西起云南章风，向东经昆明、贵阳、川北到长沙、安庆、扬州一带。

8.5.2 工程特性

冻土的物理力学特性显著的受温度控制。冰胶结物黏聚力在土冻结的情况下产生并依赖于温度，温度越低，冰胶结物黏聚力越大；温度越高，冰胶结物黏聚力越小，并在冻土融化时，这种黏聚力消失。所以冻土温度的高低决定着冻土强度的大小。并且，冻土的变形具有明显的流变性特点，长期位移很大。

冻胀性： 水冻结后体积膨胀 8% 左右，但土的冻结不是这么简单。当土体处于负温环境中时，孔隙中部分水分冻结成冰将导致土体原有的热学平衡被打破，在温度梯度影响下未冻结区内水分向冻结锋面迁移并遇冷成冰。随着冻结锋面推进以及水分进一步迁移和集聚，土体体积逐渐增大，发生冻胀现象。土体冻结后增加的体积往往会大于原地水分冻结造成的体胀。

融沉性： 当土层温度上升时，冻结面的土体产生融化，伴随着土体中冰侵入体的消融，出现沉陷；在外荷载和自重作用下，土体内同时发生土体骨架快速压缩和排水固结过程，使土体处于饱和或过饱和状态而引起地基承载力的降低，称为土的融沉现象。这种现象会对季节性冻土地区的建筑物造成极大的损伤。

8.5.3 常用的工程处理技术

对冻土地区土体物理力学性质影响较大的因素主要有温度、土体含水量、土体级配、土体成分等。因此，对于冻土区的防治措施也围绕着三点展开。常用的措施如下。

1. 保温措施

多用于多年冻土区域。由于人类活动很容易造成地表升温，引起冻土发生融沉现象，因此，在工程建设中需要进行保温处理，防止地基土温度受人类活动影响。常用的方法是铺设黏土层、炉渣、泥炭等。铺设苔藓、草皮等植物也有一定的保温效果。

2. 排水措施

土体水分条件对冻胀强度也有着十分重要的影响。在建筑物附近，应设置排水系统，拦截地表水进入地基。同时也应适当地对地下水系统进行拦截，严格控制地基土壤的含水量。

3. 土性改良措施

土壤化学成分对其冻胀特性也有一定的影响。生活中常常采用往冰面上撒盐的方式，来加速冰雪融化。同理，在对冻胀土进行处理时，也可以向土体中拌入可溶盐类，改变水的冻结温度，从而消除冻土影响。

4. 换填土措施

对于一些季节性冻土地区，原有土性条件很差，且基础埋深设计在地下水位以上时，可以采用换填法，直接将冻土挖去，填入粗粒土。这种方法可以有效地提升局部地基承载力。在铁路路基下常采用这类方法。但需要做好隔水措施，避免地表水渗入对地基造成影响。

思　考　题

1. 请列举几种软土常见的地质成因。
2. 软土主要工程特性及工程处理措施有哪些？
3. 膨胀土常见的工程特性有哪些？有哪些危害？
4. 请简述黄土湿陷性产生机理。
5. 请简述冻土定义及主要力学特性。

参 考 文 献

侯兆霞，刘中欣，武春龙 . 2007. 特殊土地基 . 北京：中国建材工业出版社 .
刘起霞，张明 . 2014. 特殊土地基处理 . 北京：北京大学出版社 .

第 9 章　地下空间地质灾害

9.1 地下空间地质灾害概述
9.2 围岩与地层失稳灾害
9.3 地下水诱发灾害
9.4 地震诱发灾害
9.5 案例分析与预警技术

9.1　地下空间地质灾害概述

《中国大百科全书》中，对地下空间的定义为“在地球表面以下一定深度的土层或岩层中，天然或人工开发形成的空间及空间储备”。随着城市化进程的加速和地下空间利用的多样化，地下空间地质灾害正成为城市地质安全的重要风险源，其复杂性和隐蔽性对基础设施运行和公众安全构成严重挑战。地下空间地质灾害具有成因复杂、突发性强、演化过程不易观测等特点。

现阶段，我国地下空间开发已进入“深层次、多功能、高强度”利用阶段，广泛应用于地铁、地下综合管廊、城市隧道及人防工程等领域。截至“十四五”期间，全国重点城市地下空间开发利用率已超过 30%，部分一线城市核心区开发深度已达 50m 以上。地下空间开发规模的快速发展趋势在缓解城市土地紧张、提升空间效率的同时，地下工程建设也加剧了对复杂地质环境的扰动，带来突水、塌陷、地裂缝等多种地质灾害风险。特别是在软土覆盖区、断裂活动区及岩溶发育区，灾害成因多样、预警难度高、应对周期短，已成为城市生命线系统的主要安全隐患。因此，提升地下空间灾害风险识别、监测预警与动态防控能力，已成为我国地质灾害防治领域的迫切任务。

9.1.1　地下空间地质灾害的基本属性

三种地质灾害在地下空间开发中表现出高度的工程相关性和地质适应性，其基本属性可从成因机制、灾害表现、发展特征与控制难度四个方面加以归纳。首先，围岩与地层失稳类灾害通常由地层结构薄弱、围岩节理裂隙发育或开挖扰动引发，典型表现为隧道坍塌、围岩剥落、地表沉降与地裂缝发育，其成灾过程具有突发性与级联演化特征，常涉及支护系统失效与地层动力响应。其次，地下水相关灾害具有极强的隐蔽性与复杂性，在富水地层或破碎带区域，易因水压突变引发突水、突泥或管涌，往往伴随地层松动与上覆结构破坏，形成“结构－水－岩”系统失稳的协同灾害链，其防控依赖于精准的水文地质预判与动态排水（止水）工程。最后，地震诱发灾害主要表现为地震动传播下地下结构的放大响应与构造失稳，尤其在浅埋或断裂带附近区域，易产生震动放大、剪切变形、结构错动及次生坍塌等破坏形式，其抗震设计与区域选址需高度重视地质条件的耦合效应。总体而言，这三类灾害共同体现了地下空间地质灾害的耦合性、非线性与高风险性特征，对灾害识别精度、工程适应性与多源信息集成能力提出更高要求。

9.1.2 地下空间地质灾害的分级与分类

1. 分类

1）根据灾害成因机制分类

（1）**结构性灾害：**主要由岩体结构失稳或地层力学失衡引发，包括围岩坍塌、拱顶掉块、地层剥落、地表沉降与地裂缝等。通常与围岩性质、支护失效或开挖扰动直接相关。

（2）**水动力灾害：**由地下水扰动、突涌或渗流破坏所致，包括突水、突泥、管涌等灾害类型。多见于富水地层或断层带穿越区域，与水压、水源通道、水文地质条件密切相关。

（3）**耦联灾害：**在地震动或构造活动影响下产生，包括地震诱发坍塌、错动、结构震害等。其特点是响应迅速、能量释放剧烈，往往伴随次生灾害链条发生。

2）根据地下空间所处自然地质环境分类

（1）**软土覆盖区灾害：**多发生于平原或滨海城市，地层承载力低，易诱发沉降、裂缝、突水等。

（2）**断裂活动区灾害：**地质构造复杂，地下工程穿越断层、破碎带时，结构稳定性与水文安全风险高。

（3）**岩溶发育区灾害：**喀斯特地貌中地下溶洞、暗河广布，易突发塌陷、突水、空洞穿透等问题。

3）根据灾害活动时间特征分类

（1）**突发性灾害：**如围岩坍塌、突水突泥、地震震害等，成灾迅速、预警难度大。

（2）**缓发性灾害：**如地表沉降、地裂缝发展、渗透变形等，具有阶段性积累和可监测性。

2. 分级

参考《城市轨道交通给水排水系统技术标准》（GB/T 51293—2018）、《地质灾害危险性评估规范》（DZ/T 0286—2015）等标准进行定量化分级，通常从灾害影响程度、发生概率与应急响应难度三个方面制定等级体系，具体可划分为四级：

Ⅰ级（特大）：灾害影响范围广、造成重大人员和财产损失、处置难度极高；

Ⅱ级（重大）：中等以上强度、可引发局部坍塌或地下结构失效；

Ⅲ级（中等）： 通常为有限范围的局部破坏，可控、可预警；

Ⅳ级（轻微）： 主要表现为可观测但不造成结构性破坏的初期灾变，如小规模涌水、微量沉降等。

实际应用中，需结合工程场地地质条件、地下空间规模、使用功能与地下结构类型，开展“灾害类型 – 等级 – 响应”一体化管理策略。

9.2　围岩与地层失稳灾害

在地下空间开发过程中，围岩与地层失稳灾害是最常见且破坏性强的工程地质问题之一。它直接关系到地下结构的安全稳定以及施工人员的生命安全，严重时可导致隧道整体坍塌、地表沉陷、地表建筑物破坏等连锁反应。这类灾害具有隐蔽性强、突发性高、空间不确定性大等特点，往往在短时间内演化为严重灾变，成为制约地下空间工程顺利实施的关键因素。因此，深入理解其成因机制、演化特征与防控技术，是地下空间灾害治理体系建设的基础。围岩与地层失稳灾害的机制本质上是地下工程扰动下岩土体原始应力场与结构体系被破坏，导致力学平衡失稳，具体成因可归纳为以下几类。

9.2.1　地应力扰动

地下空间开挖扰动打破了原岩体的应力平衡，尤其在深埋条件下，地应力原本处于高值状态，一旦围岩被切割或爆破（图 9.1），原有三维应力体系便发生重新分布，形成集

图 9.1　钻爆法施工

中应力区。局部区域若承载能力不足，容易先发生塑性屈服，进而发展为剪切破坏、拱顶塌落或侧墙鼓胀等灾害模式（Guo et al.，2022）。在构造活动带、断裂发育区等应力非均匀地段，应力集中更为显著，是深层隧道和大型地下洞室中最常见的失稳诱因之一。

9.2.2 复杂裂隙节理发育

围岩岩性与结构直接决定其稳定性。若围岩为节理裂隙密集发育的硬岩，或存在软弱夹层、断层破碎带，其整体抗剪强度显著下降。在地下工程扰动作用下，这些弱面易产生张拉、错动或剪切破裂，从而形成块体滑落、岩片剥离、结构坍塌等失稳现象。层状结构岩体尤其容易沿层面或交错面解体，形成多种复合型破坏模式。对该类围岩，应采用分级开挖、超前支护等控制手段保障稳定。

9.2.3 施工扰动与支护滞后

施工过程中的不合理操作是诱发围岩失稳的直接诱因，如过大爆破、超挖、不按设计留设台阶、不及时支护等，均会削弱围岩稳定性，触发灾变过程。尤其是在软弱围岩或浅埋地段，若初期支护不能及时跟进，围岩在短时间内快速变形、裂隙扩展，极易形成不可控坍塌链条。此外，不匹配的支护刚度、锚杆布置不合理等技术问题，也会削弱结构的整体承载能力，造成支护系统 – 围岩协同失效。

综上所述，围岩与地层失稳灾害并非由单一因素主导，而是由多种内外力耦合、互相作用的复杂系统引发，其形成过程融合了地质条件的不确定性、原位应力扰动的非均质性、地下水的时空变异性以及施工行为的动态扰动性，呈现出高度的非线性与演化复杂性。这种灾害具有典型的“多因素触发—渐进积累—临界失稳—灾变扩展”特征链，若不加以识别与干预，极易形成灾害链式放大效应。因此，围岩与地层失稳灾害的治理必须从工程全生命周期角度出发，构建集“灾前风险识别 – 灾中实时监测 – 灾害演化评估 – 动态支护调整 – 灾后评估反馈”为一体的多维技术体系。在实践中，应以高精度地质调查为基础，结合岩土力学反演、数值模拟等手段精准识别高风险围岩段；在施工过程中，需构建包括激光断面扫描、分布式光纤感知、微震监测等在内的智能监测系统，实现对关键部位的变形、应力、水压等参数的动态掌控；同时根据监测数据反馈，及时调整支护参数与施工节奏，确保围岩 – 支护系统的协同稳定。通过全过程信息化管理与响应机制的建立，不仅可有效控制围岩变形与失稳风险，还可提升工程的适应性和本质安全水平，实现地下空间开发与灾害韧性建设的有机统一。

9.3　地下水诱发灾害

地下水诱发的地质灾害，特别是突水、突泥与管涌，是地下空间工程中最令人“措手不及”的风险类型之一。这类灾害往往悄无声息地潜伏于地层裂隙、岩溶空腔或断裂带中，直到施工扰动“触发按钮”，瞬间暴发，泥水喷涌、围岩崩解、地面塌陷等一系列连锁反应便接踵而至（Kong et al.，2023）。与其他灾害相比，地下水灾害的可预测性差、演化速度快、应急时间短，常被喻为“地下工程的黑天鹅事件”。近年来，随着我国隧道和地铁向深埋区、富水带快速推进，这类灾害的发生频率与危害程度呈显著上升趋势。例如，2021 年发生于广东珠海石景山隧道的突水事故造成 14 人死亡，事故调查指出，地下水系统与地表水体存在隐伏通道，加之暴雨影响，水压急剧升高并突破围岩造成大规模涌水事故（图 9.2）。

图 9.2　“7・15”珠海隧道透水事故

图片来源：新华网，https://www.xinhuanet.com/2021-07/17/1127664380_16264830361431n.jpg [2025-08-06]

地下水诱发灾害的形成机制高度依赖三大要素：其一，含水地层特征，如岩溶洞穴、裂隙富水砂层，提供了巨大潜在水源；其二，地质结构控制，如导水断层、破碎带构成“暗渠”，控制水体流向与富集；其三，工程扰动诱发，包括不当爆破、过度超挖或支护延迟，突破水阻层形成通道，引发灾变。这种灾害的突发性与耦合性特征还与地震、雨洪等自然事件相互交织，最终突破隔水层诱发泥水共涌的灾害事件。

9.3.1 含水地层特征

地下水灾害首先需要“水从哪里来”这个问题的回答。含水地层就是这类灾害的“水源库”。在地下空间工程中，常见的高风险含水地层包括：① 岩溶区的溶洞与暗河系统，水体储量大、水压高、流速快，一旦与开挖面贯通，即可能引发突水突泥；② 裂隙发育的破碎岩体，尤其是断层带中的“碎裂水”易渗易漏；③ 饱和砂层、粉土层等颗粒细、水稳性差的地层，极易在扰动中产生流砂、流泥现象。含水层的分布、厚度、水头压力及与地下工程的相对位置，是判断是否存在突水风险的关键参数，往往需通过钻探、物探与地下水动力学模拟等多手段进行综合分析。

9.3.2 地质结构控制

即使地下有水，是否能流向隧道，还取决于地质结构是否提供了“通道”。导水性地质结构，如断层破碎带、岩层不整合面、溶蚀裂隙，是地下水汇流、穿透的主要控制条件。在许多突水突泥案例中，破碎带如同“地下输水管道”，只要施工扰动打破其水力隔离功能，就会形成快速集中涌水。特别是在岩层褶皱或断裂交会处，多种结构面耦合将大大增强导水性，甚至在干旱季节也可能存在“突如其来”的突水风险。准确识别和精细刻画这些“水的暗渠”，是突水灾害预测的技术核心。

9.3.3 工程扰动诱发

许多突水灾害的暴发，往往不是“水本身想流出”，而是人为打破了原有的水文地质平衡。这些“导火索”包括超挖、不当爆破、支护滞后、提前贯通等施工行为。一旦工程切割了水阻层并形成渗流通道，地下水就会像打开的水龙头一样涌出，轻则湿润围岩，重则带出泥沙，引发围岩破坏、突泥管涌甚至塌方。有研究表明，越是在地下水压较高、围岩较软或较破碎的地区，施工扰动的影响越剧烈。合理制定施工顺序、选择合适的支护方式与同步超前探测，是工程扰动下控制地下水灾害的“三板斧”。

综上所述，地下水诱发灾害是地下空间开发中最复杂、最隐蔽也最具突发性的地质灾害之一，其形成不仅依赖于“有水”这一必要条件，更关键在于“有路可走”和“有机可乘”。含水地层提供了灾害的“储能源”，地质结构构成了“输能通道”，而施工扰动则往往成为那根“点燃导火索的手”。三者之间一旦发生耦合，就可能在极短时间内引发从渗流到突水、从软化到突泥、从微涌到坍塌的一系列灾变过程。因此，面对这类“潜水型风险”，工程设计与施工必须前置风险思维，通过精准探测、科学分区与实时监控相结合，构建“预测 – 探查 – 隔离 – 泄压 – 应急”五位一体的灾害防控体系。未来，随着人工智能、地质大数据与智能感知技术的发展，地下水诱发灾害的“不可知性”将逐步被“可识别、可预测、可干预”的风险管理体系所替代。

9.4 地震诱发灾害

地震诱发的地质灾害在地下空间中具有特殊而复杂的表现形式。与地表建筑相比，地下结构受地震波直接影响较小，但其天然的“屏蔽”优势并不总是可靠。事实上，地震动在地下空间与周围岩土体之间的相互作用，会引发一系列非线性响应现象，如变形放大、错动剪切、震动耦合以及构造活动触发的次生灾害（如突水、坍塌等），构成了地下空间工程在地震区的关键风险源。以 2022 年青海门源地震为例，兰新铁路多条隧道在震后出现裂缝、错动及结构变形（Huang et al.，2024），分析显示隧道所处岩体等级越低，震动放大效应越强，最大影响范围可达断层两侧各 25km。此外，研究还发现，位于断裂带上盘（即倾斜断层中位于断层面上部的岩体）一侧的隧道受影响更严重，表现出“非对称响应”特征。历史地震案例，如 1995 年日本神户地震（Hashash et al.，2001；Huo et al.，2005）、2008 年汶川地震（李天斌，2008）中，地铁和城市隧道均出现不同程度的结构损坏，包括衬砌开裂、接缝错位、基础沉降等震害现象。

9.4.1 结构震动响应型灾害

这一类型的地震灾害主要源于地震波在岩土体中传播时激起的动力响应，其直接作用于地下结构，产生振动、变形和内力集中。当地下结构所处地段埋深较浅、围岩较软或存在地层界面时，波的放大效应更为显著，易引发衬砌裂缝、接口错位、接头开裂甚至衬砌破坏。尤其是 S 波和面波的横向传播，更容易引起结构的横向剪切和弯曲破坏。地下结构的响应不仅与地震波的幅值与频率有关，而且与结构形状、埋深、刚度分布以及结构与地基的动力相互作用密切相关。例如，在 1995 年神户地震中，日本新神户隧道因横波作用导致衬砌弯裂；而在 2008 年汶川地震中，多个隧道受损严重，其中龙溪隧道全断面坍塌、仰拱隆起，损毁长度达 4500 余米，说明地下结构虽“藏身”地表之下，却并不天然抗震。

9.4.2 断层永久位错型灾害

断层错动是地震灾害中最具破坏力的一种机制，特别是当地下工程穿越或邻近活动断层时，地震释放的构造运动将直接引起断层位移，产生剪切错断或挤压变形。与纯地震动作用不同，断层错动带来的结构破坏更具“永久形变”特征，常表现为隧道错台、弯曲、破碎甚至贯通性断裂。由于断层带围岩松散、水敏性强，震后也易引发突水、软化、二次坍塌等灾害链条。在2022年青海门源地震中，断裂带上盘侧的隧道震损更为严重，而在软弱Ⅴ级围岩中，震动影响范围可扩展至断层两侧各25km之远。因此，在断裂带附近建设隧道及地下空间结构应优先采用柔性衬砌、活动接头和避让设计等策略，增强结构对错动位移的适应能力。

9.4.3 地下结构群耦合型灾害

地震作用下，地下结构不再是孤立响应个体，而是与周围地基、周边地下空间、地面建筑等构成复杂非线性动力耦合系统。随着现代城市空间向地下深度与地面高度同步扩展，地铁、地下商业街、地下综合管廊往往紧邻密集的高层建筑、桥梁基础与深基坑，地下空间的地震响应已演化为一个典型的“城市系统地震响应”问题。这种耦合关系表现为两个方面：一是“上部结构对下部结构的加载反馈”，即高层建筑地基将地震激发的惯性力向下传递，加剧地下结构变形或错位；二是“地下结构对地震波传播的波场扰动”，即地下结构的存在改变了地震波在地基中的传播路径与能量集中区域，可能对周边结构形成“屏蔽”或“聚能”效应。

以上海、北京、东京等城市为例，地铁车站常建于多栋高层建筑之下。车站的结构刚度差异、基础沉降差异与上部荷载变化形成复杂内力组合。地震发生时极易在柱脚、拱肩等关键部位产生应力集中。三维有限元模拟结果显示：城市高楼林立区域的地下结构，其响应峰值加速度比空旷区高出15%~40%，尤其在结构连接不连续或存在刚度突变的位置最易发生破坏。此外，“结构群效应”还会引发“共振”现象，即多栋高层建筑与地下结构的自振频率相近时，可能形成震动同步增强，诱发局部震害叠加问题。

因此，应对这类灾害不能再按照传统的“单体结构抗震设计”理念，而需从“城市系统抗震”角度出发，综合考虑建筑群布置、地下空间布设与地质背景的动态协同设计。具体策略包括在地铁站台与建筑物基础间设置抗震缝或减震垫层、引入弹塑性连接构造减少震动能量传递、优化地下结构布置方式（如环形结构、分区支护等），同时加强城市级震害模拟，提前识别可能的共振放大区和震害热点，从整体上提升城市地下空间的抗震韧性。

9.5　案例分析与预警技术

随着地下空间开发向深层次、复杂环境和高密度区域持续推进，突水、塌方、地震诱发破坏等地质灾害频发，严重威胁城市安全与工程稳定。为了实现灾害的“可识别、可预警、可干预”，需要将典型案例中积累的教训与经验转化为系统性的预警技术体系。本节通过典型灾害案例回顾，结合当前主流的监测预警技术手段，探索如何提升地下空间工程的风险识别能力与应急响应水平。

9.5.1　软土盾构施工的典型风险与智能预警启示

2003 年 7 月 1 日凌晨，上海轨道交通 4 号线浦东南路站（工程名，现塘桥站）至南浦大桥站区间隧道连接上、下行线的安全联络通道建设时因大量的水和流沙涌入（图 9.3），引起隧道受损及周边地区地面沉降，造成直接经济损失 1.5 亿元。

事故隧道为上海轨道交通 4 号线浦东南路站至南浦大桥站区间隧道，最大埋深为 37.7m，地层为第七层，该土层砂性重，易液化。隧道联络通道采用冻结法进行施工。在使用冻结法进行上、下行隧道的联络通道施工时，突然出现渗水，隧道内的施工人员不得不紧急撤离，随后大量流沙涌入隧道，内外压力失衡导致隧道部分塌陷，地面也随之出现漏斗型沉降（李凤伟等，2014）。

图 9.3　2003 年轨道交通 4 号线涌水事故

图片来源：中国新闻网，https://www.chinanews.com.cn/n/2003-07-03/26/_1057221230_1.jpg [2025-08-06]

经调查，2003 年上海地铁 4 号线董家渡段塌陷事故是一起由多重工程管理与技术失误共同导致的重大施工责任事故。事故调查报告指出，其主要成因集中于施工顺序不当、施工期间参数异常处理不及时以及应急响应处置不到位等三方面问题，反映出当时地下工程在动态风险控制与系统预警机制上的明显短板。结合现阶段工程信息化与智能感知技术的发展，对事故成因进行分析并提出对应的预警对策如下。

1. 施工顺序不当与技术方案失误

事故发生前，施工单位在开挖盾构隧道旁通道与连接竖井时，擅自更改施工顺序，违背了原有设计规范，导致上覆软弱土层受扰动加剧、局部稳定性丧失。此外，变更后的施工方案未经充分技术论证，缺乏对地层稳定性变化的量化分析。针对上述问题，应在每次施工方案调整前引入三维仿真模拟工具，动态评估地层响应；施工过程管理应依托数字化施工监测平台（图 9.4），确保关键路径变更需经过专家审核与审批确认，杜绝“经验式”决策。

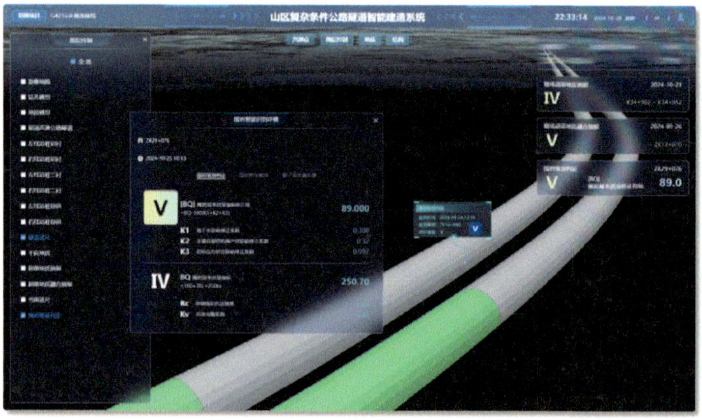

图 9.4　数字化施工监测平台

2. 冷却系统故障未触发停工机制

事故发生前，施工冷却设备因断电发生故障，导致地层温度持续回升，从而加剧了流沙层内水压力和土应力。然而当技术人员上报异常时，施工负责人仍指示继续推进，未结合现场参数变化做出风险判断。针对上述问题，应在盾构施工中部署多参数实时传感器，尤其是温度、水压力、土应力等关键指标；一旦参数超过预警阈值，应通过智能联动系统自动发出停工指令，同时配备 AI 判断模块，辅助管理层进行科学决策。

3. 应急响应迟缓与处置措施不当

事故前一晚，现场已出现流沙征兆，但应急响应措施仅限于临时使用干冰制冷，效果有限且缺乏系统性。事发时，现场缺乏有效止沙、排水与封闭手段，反映出应急准备薄弱。针对此类问题，应构建标准化应急预案库，涵盖流沙、突水、坍塌等多类型灾害场景，并实现现场传感系统与应急响应模块的联动；通过定期开展防灾演练，提高现场班组的险情识别与快速处置能力。

总的来说，董家渡地铁事故反映出传统施工管理中存在的多环节漏洞，亟需建立以“预知 – 预警 – 预控”为核心的智慧防灾技术体系。通过融合施工仿真、智能感知与应急联动等手段，可实现地下空间灾害从事后救援向全过程主动防控的根本转变。

9.5.2 地震诱发地下空间地质灾害的典型风险与防控路径

随着城市地下空间工程规模的迅速扩大，地震对其结构安全性的威胁日益突出。不同于地表建筑，地下结构在地震中受到的破坏往往具有隐蔽性强、识别困难、影响范围大的特点。地震引发的地下空间灾害常以错动破坏、接口开裂、涌水突泥或连带地表沉降的形式出现，易诱发“不可恢复性破坏”，严重影响生命线工程的运营与城市整体功能的稳定。因此，深入理解地震作用下地下空间的灾害模式、风险因子与响应机制，构建系统性抗震防控技术体系是当前地下工程安全领域的重要课题。

1. 震害机制与典型破坏模式分析

地下结构并非绝对安全，其在地震作用下可能遭遇多种形式的复合型破坏。与地表建筑相比，地下工程受地震影响的主要特征包括：地震波在土体中的传播与放大效应、围岩结构之间的相互耦合响应，以及结构接缝与材料延性的局部弱化。常见的破坏模式包括：地铁站结构中央柱在水平震动下发生剪切破坏、隧道衬砌沿接缝发生错动、盾构隧道在软弱地层中出现纵向开裂，以及地表因沉降失稳而形成陷落坑等。其中，1995 年日本阪神大地震造成的大开地铁站坍塌事故尤为典型（图 9.5），该结构在震动中因中央柱屈服而整体坍塌，成为地下空间抗震设计史上的重要警示。此类破坏往往具有“局部失效引发系统崩溃”的链式特征，亟需从构造设计和动力响应机制上加以深入研究。

2. 影响因素与震感响应特征识别

地震诱发的地下空间灾害具有多因素耦合特点，地质构造、地层性质、埋深条件与结构类型均会显著影响震感响应。首先，若地下结构穿越活动断裂带或震源邻近区，其所受震动强度远高于常规区域，需特别加强柔性设计与避震布置。其次，若结构位于软弱饱和地层（如饱和粉砂或液化砂层）中，地震波传播将发生显著放大，地基将失去承载能力，极易发生结构漂移、浮起或陷落。再者，不同结构形态（如盾构法、明挖法）对地震动的

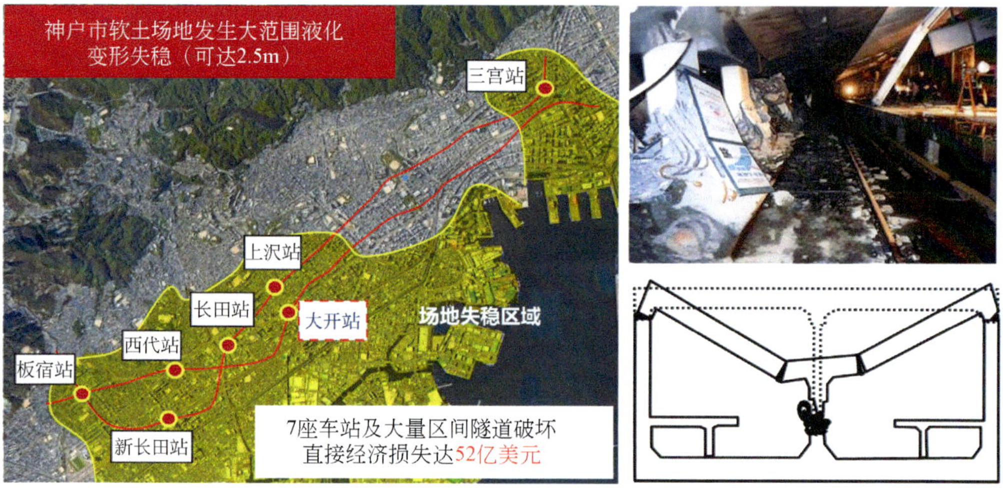

图 9.5　1995 年阪神地震地铁大开站完全破坏

响应亦存在明显差异。研究发现，盾构隧道在地震中由于其连续性较好、接缝少，整体响应较优，而多节段拼装结构（如地下综合管廊）易在接口处发生不均变形。深入理解这些差异，是实现精准抗震设计与差异化防控的前提。

3. 防控技术路径与系统性策略构建

为了有效控制地震诱发的地下空间灾害，必须构建从结构层到系统层的多层级防控体系。在结构设计层面，应加强关键构件如中央柱、边墙与接缝区的延性设计，引入钢管混凝土等新型高韧性材料，并采用弹性衬砌或柔性连接以吸收地震能量。在区域规划层面，需开展地下空间抗震分区与震害模拟，结合地震动参数反演、地质模型叠加、场地效应分析等技术，识别高敏感区并制定差异化设计方案。同时，应建立以多参数实时监测为基础、AI 驱动的动态预警机制。例如，通过布设微震监测阵列、结构应变计与裂缝识别系统，结合历史震例数据训练神经网络模型，实现地震过程中对结构健康状态的自适应感知与快速响应，最终形成“设计优化—施工控制—震前监测—震中感知—震后评估”的闭环式安全体系，全面提升地下空间工程的抗震韧性。

地震作用下地下空间的结构响应具有显著的非线性、耦合性和区域差异性，其灾害表现远不止于“结构破坏”本身，而往往呈现“构造—地质—结构—运营”链式影响模式。通过典型案例分析与震害机制解析，我们认识到单一的刚性抗震设计已难以满足现代地下工程的安全需求。未来的防控思路应转向以延性构造、智能感知与多源预警为核心的综合体系，推动抗震设计从静态抵抗向动态适应演化，从结构安全向系统韧性转型。唯有如此，才能真正提升地下空间在地震灾害中的安全冗余与自恢复能力，为城市安全构筑更坚实的“地下防线”。

9.5.3　智能监测预警系统的集成应用与发展趋势

在面对地下空间日益复杂的地质环境与灾害风险时，传统“单点监测—事后响应”的防灾模式已难以满足高密度城市建设的安全需求。通过前述案例分析可以发现，无论是盾构突水事故还是地震诱发结构破坏，灾害演化过程往往具有突发性强、传播速度快、识别难度高的特征。构建一套具备多源感知、智能判断与联动响应能力的一体化监测预警系统，已成为提升地下空间工程本质安全的关键路径。

1. 系统结构与功能集成

现代地下空间智能监测预警系统通常由四个核心层级构成：感知层布设包括应力计、位移计、孔压计、微震传感器与分布式光纤等传感元件，实现对围岩变形、水压变化、结构裂缝、微震活动的动态采集；传输层通过工业物联网技术将现场数据实时汇总至云平台；数据处理与诊断层基于人工智能模型、时序分析与风险阈值算法，实现数据清洗、特征提取与灾变趋势判断；联动响应层对接工程管理系统，可自动触发限速、停工、排水、人员疏散等响应动作，形成真正的“感知—诊断—响应”闭环。

2. 关键技术路径与典型实践

当前地下空间智能预警系统的核心技术路径，正在从单一监测手段走向多维感知、算法驱动与平台集成的深度融合阶段。

分布式光纤传感技术作为主流手段之一，其能够实现对结构应变和温度在时空上的连续监测，在隧道衬砌和基坑支护中表现出优异的精度和稳定性，适应性强且便于长期部署。与此同时，微震监测技术正被广泛用于识别地下空间中早期围岩破裂、突水突泥等灾变前兆，通过布设地震检波阵列捕捉微弱振动信号，结合高速采样与实时定位算法，实现对潜在灾变的秒级响应识别。

在数据解释环节，基于深度学习的图像识别技术也展现出强大潜力，通过神经网络对隧道衬砌表面图像中的裂缝、剥蚀等病害特征进行自动识别与分级诊断，显著提高了病害识别效率与客观性。此外，用于超前地质预报的地质雷达和电阻率成像技术，能够在施工前识别溶洞、断层、水体等异常地质体，为施工风险提供提前研判依据。

在这些感知与分析技术的基础上，构建集建筑信息模型（building information modeling，BIM）、结构力学分析、AI 判断与应急响应机制为一体的集成化预警平台，正成为行业发展的主流趋势。该类系统以物理－信息融合为核心，打通了从感知采集、风险识别到决策联动的全链条流程，使地下空间灾害预警从“多点数据收集”升级为“系统级智慧响应”，极大提升了工程的主动防控能力与韧性水平（图 9.6）。

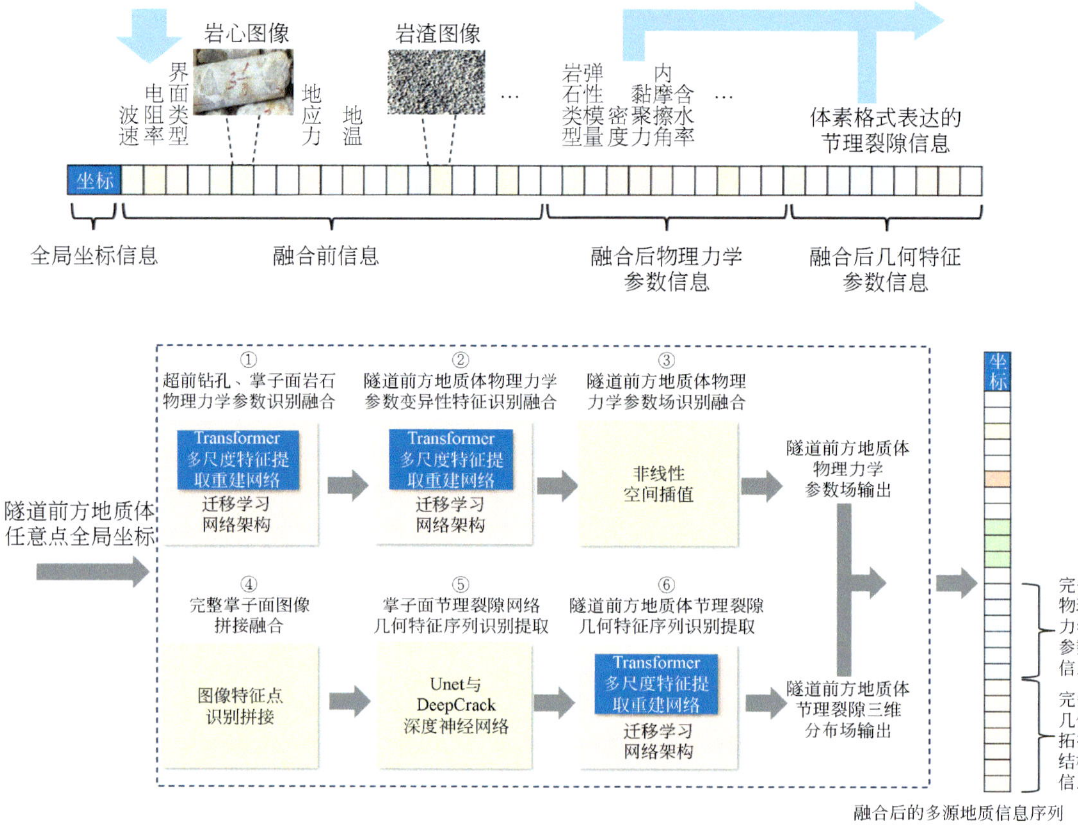

图 9.6 掘进机（tunnel boring machine，TBM）施工期信息集成融合框架

3. 发展挑战与未来方向

尽管智能监测预警技术已在地下空间工程中展现出广阔前景，但其实际应用仍面临多重技术与系统挑战，制约着其从试点走向大规模工程化部署的步伐。当前系统普遍存在多源数据异构性强、互通性差的问题，不同传感器所采集的物理量类型、精度标准和时空分辨率差异较大，导致数据融合处理复杂且一致性难以保障。

同时，智能算法在状态识别与风险判断中虽展现出较高准确性，但其“黑箱特性”在工程实践中引发管理方对其解释性、安全性的顾虑，难以完全替代人工经验判断。此外，系统部署仍面临成本高昂、设备环境适应性差、数据稳定性易受干扰等问题，在复杂地质环境、深埋空间及长距离工程中推广受限。为突破这些瓶颈，未来发展趋势将聚焦于三个核心方向：

（1）多灾种一体化监测与耦合预警，即通过统一平台集成地震、突水、沉降、地裂缝等多种灾害数据，实现跨灾种风险动态识别与分级响应；

（2）以物理机制驱动为基础，嵌入力学模型与土体响应理论，提高数据驱动模型的准确性与合理性，降低“经验算法”对边界条件的敏感性；

（3）引入可解释 AI 模型，使智能判断过程具有逻辑可溯性、结果可量化，提升工程信任度。

在技术路径上，数字孪生地下空间平台的建设将成为关键支撑，它可实现地质条件、结构状态、施工工况与风险等级的实时映射和可视化联动；边缘计算结合低延时通信技术将增强现场数据处理与决策推送能力，形成“源端感知—边端识别—云端协同”的新型技术体系。这一系列技术融合将推动地下空间安全体系从静态监测走向动态认知，从“弱人工响应”迈向“强智能决策”的全新阶段。

思　考　题

1. 什么是围岩失稳？它通常是怎么发生的？
2. 地下水为什么会引发隧道突水或突泥？
3. 地下结构在地震中会受损吗？请举例说明地震对地下空间的影响。
4. 人工智能应用于地下灾害的预警系统，与传统监测方式相比存在哪些优势与不足？
5. 地下空间灾害预警系统应如何与城市其他系统协同运行？

参考文献

李凤伟，杜修力，张明聚．2014. 地铁工程建设施工事故统计分析．地下空间与工程学报，10(2): 474–479.

李天斌．2008. 汶川特大地震中山岭隧道变形破坏特征及影响因素分析．工程地质学报，16(6): 742–750.

中国大百科全书（第三版）总编辑委员会．2023. 中国大百科全书，第三版网络版．北京：中国大百科全书出版社．

中华人民共和国国土资源部．2015. 地质灾害危险性评估规范 (DZ/T 0286—2015). 北京：中国地质出版社．

中华人民共和国住房和城乡建设部，国家市场监督管理总局．2018. 城市轨道交通给水排水系统技术标准，GB/T 51293—2018. 北京：中国计划出版社．

Guo P, Fan J Q, Shi X Y, et al. 2022. Physical simulation experiment on the failure evolution process and failure mode of soft surrounding rock in a deep roadway. Journal of Testing and Evaluation, 50(5): 2652-2675.

Hashash Y M, Hook J J, Schmidt B, et al. 2001. Seismic design and analysis of underground structures. Tunnelling and Underground Space Technology, 16(4): 247-293.

Huang S, Xin C, Song D, et al. 2024. Resilience assessment of the seismic damage mechanism of the Daliang high-speed railway tunnel in the 2022 Menyuan earthquake (M_W 6.7) in China. Transportation Geotechnics, 49: 101417.

Huo H, Zhou H, Ou Y, et al. 2005. Load transfer mechanisms between underground structure and surrounding ground: evaluation of the failure of the Daikai station. Journal of Geotechnical and Geoenvironmental Engineering, 131(12): 1522-1533.

Kong F, Xue Y, Gong H, et al. 2023. The formation mechanism of dynamic water and mud inrush geohazard triggered by deep-buried tunnel crossing active fault: insights from the geomechanical model test. Tunnelling and Underground Space Technology, 142: 105437.

第10章　冰冻圈地质灾害

10.1 雪崩
10.2 冰岩崩
10.3 冰湖溃决
10.4 冰川泥石流

冰冻圈通常指地球表面水呈固态部分的负温圈层，包括海冰、湖泊或河流上的冰、雪、冰川、冰盖、冻土等。冰冻圈和水圈有重叠，是全球气候系统的一个组成部分。冰冻圈通过对水分通量，云、水循环，大气、海洋环流等的影响，在气候系统和全球气候变化中发挥重要作用。除了地球，冰冻圈在其他行星的气候系统中也存在，包括太阳系行星和太阳系外行星。

冰冻圈地质灾害主要包括雪崩、冰岩崩、冰湖溃决、冰川泥石流等，在我国主要分布在青藏高原、新疆、云南等地区。面向我国雅鲁藏布江资源开发、川藏线维护和修缮、“一带一路”沿线国家基础设施建设等重大需求，加上全球气候变化的背景，冰冻圈地质灾害研究愈发重要。此外，冰冻圈地质灾害可通过级联效应形成灾害链（图 10.1），包括冰（雪）崩—碎屑流、冰崩—冰湖溃决、冰岩崩—冰川泥石流等。通过链式效应，灾害的体积、速度、致灾范围和致灾强度可能会显著增加。本章主要介绍地球冰冻圈中的典型单种地质灾害。

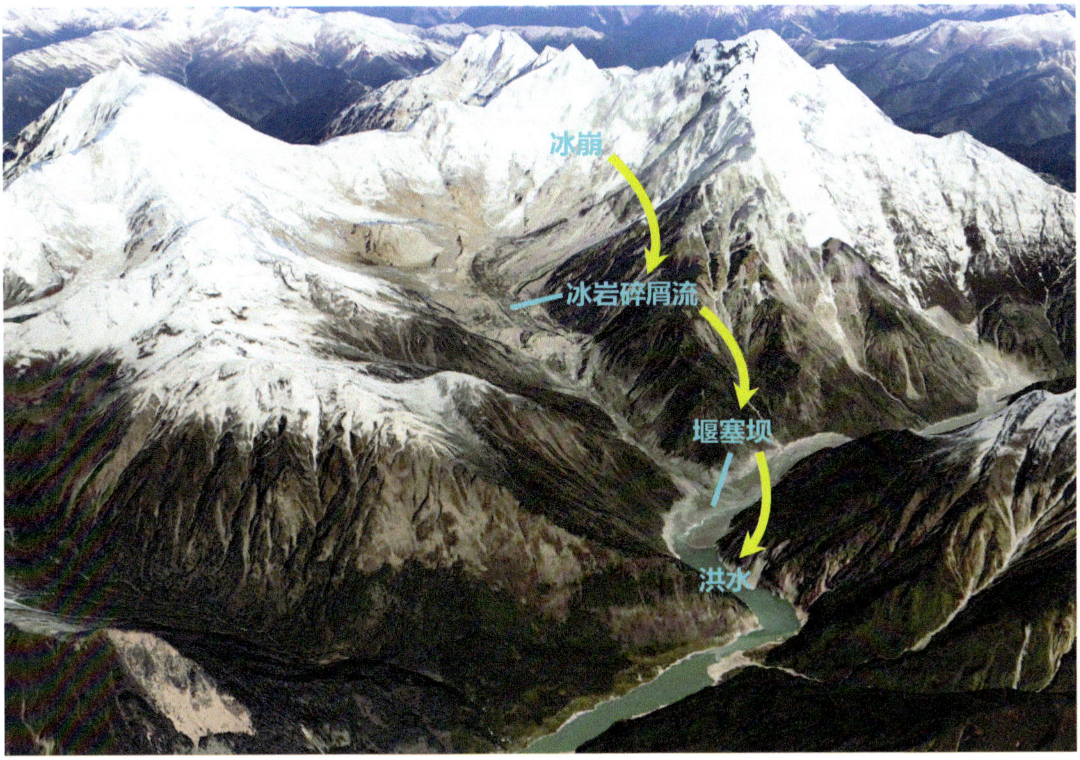

图 10.1　西藏雅鲁藏布江左侧色东普沟发生的冰崩—冰岩碎屑流—堰塞坝—洪水灾害链

10.1 雪　　崩

雪崩是高寒山区最常见、最频繁的地质灾害之一，是指斜坡上的积雪向下游快速运动的现象（图 10.2）。雪崩具有突发性强、速度快的特点，能够摧毁大片森林，埋没房屋、交通道路等建筑和基础设施，造成人员窒息、伤残甚至死亡，对生态自然环境、社会经济发展和人类生命安全造成严重的威胁。

我国新疆、西藏、四川西部及云南北部等高山区是雪崩的高发地。例如，2023 年 1 月 17 日（春节当周），在西藏自治区林芝市米林县派镇至墨脱公路多雄拉隧道出口处发生了雪崩，造成车辆和人员被困，导致 28 人死亡。在国际上，欧洲、北美、加拿大等地的雪崩灾害问题也十分突出。即使是在开展了大量雪崩研究的欧洲，每年仍有大约 100 人在雪崩灾害中丧生。在人类工程活动和全球气候变化加剧背景下，雪崩灾害的发生频率和致灾范围有增大的趋势。

图 10.2　冰冻圈高山区倾泻而下的雪崩

图片来源：Rocky Mountain NPS，https://www.geographyrealm.com/forecasting-and-mitigating-avalanches-using-gis/ [2025-08-26]

10.1.1　雪崩的形成条件和影响因素

雪崩发生的主要原因是山坡积雪的稳定性遭到破坏。积雪在重力作用下有向下滑动的趋势，而其内部的黏聚力和内摩擦力阻碍雪体向下的运动，当雪体所受的下滑力大于其抗滑力时，就会失稳进而形成雪崩。

雪崩形成的两个基本条件是积雪和斜坡。积雪是雪崩形成的物质基础，斜坡是雪体失稳后在重力作用下向下运动的必要地形条件，积雪情况和斜坡特征会显著影响雪崩发生的可能性及其运动行为。此外，雪崩触发需要外部因素的扰动，主要包括降雪、降雨、气温升高、人类活动等。一场雪崩的发生往往是多种因素综合作用的结果，主要影响因素可概括为自然因素（包括地形、气候以及积雪本身的物理力学性质）和人为因素（人类活动）。

1. 地形

1）坡度

坡度很大程度上决定了雪崩是否发生以及发生的频率。目前对于雪崩发生的坡度范围有许多统计研究，绝大多数研究认为雪崩发生的坡度在 25°~50°（Ancey，2001）。在坡度较缓（如小于 25°）的情况下，积雪的稳定性较高，不容易失稳，所以很难发生雪崩；在坡度较陡（如大于 50°）的情况下，积雪容易失稳滑落，很难堆积大量积雪作为雪崩的物源，所以也很少发生雪崩。

2）地表粗糙度

由于岩性差异和植被分布等原因，山坡表面有着不同的粗糙度，这对于雪崩的发生和规模大小有着重要影响。当雪层较薄时，下垫面的粗糙面可以显著影响雪层沿厚度方向上的性质变化，在有基岩出露或有岩层覆盖的地表，可促进较薄雪层中形成较大的温度梯度，促使脆弱层形成，导致积雪稳定性降低。植被的存在也对雪崩有很大的影响，植被可以起到稳定积雪的作用，还能够对运动中的雪崩起到阻拦的作用。

3）坡的形态

坡的形态对于雪崩的形成和触发有明显的影响。目前虽还未掌握坡面形态对雪崩的影响规律，但山坡纵坡曲率的变化必然导致其上积雪应力状态的变化。凸坡（坡度上缓下陡）拐点下方的积雪会比拐点上方积雪蠕变和滑动的速度更快，更有利于积雪断裂和雪板雪崩的形成；凹坡（坡度上陡下缓）处的情况则相反。

4）坡向

坡向关系到降水、积雪分布、积雪热力情况、积雪变质作用等，因此坡向对雪崩发生的频率、类型有一定的影响。如阴坡和背风坡积雪厚度大，更易产生雪崩；阳坡受太阳辐射多，积雪容易消融，更多发生湿雪崩，阴坡则更容易发生干雪崩（仇家琪，2005）。

2. 气候

（1）气温：气温对雪崩的形成具有决定性作用，气温的变化可以通过不同的方式影响积雪的稳定性。雪的力学性质与温度紧密相关，总体来说，雪的强度会随着温度的升高而降低，快速升温是导致积雪不稳定的主要原因之一。

（2）降水：降雨和新降雪在大多数时候是引发雪崩的原因，强降雨会导致雪层中液态水含量显著增加，从而导致雪层重力增大而抗剪强度减小，这种情况容易形成湿雪崩。降雪对于雪崩的形成也有很大的影响，如果在整个积雪期降雪的次数多，但每次降雪的量很小且分配均匀，虽然整个积雪层可能达到很大深度，但由于雪的强度较大，发生雪崩的可能性很小（谢自楚等，1996）。

（3）风：风是影响积雪稳定性的一个重要因素。风影响着雪层的沉积速率，风速的变化会使得风吹雪形成的雪层在密度、硬度以及应力分布上呈现不均匀的特征（汶林科等，2016），除此之外风还可能加速雪的变质过程，从而增加雪的不稳定性。

3. 积雪物理力学性质

积雪本身的物理力学性质是影响雪崩特征的重要因素，包括了积雪的密度、湿度、硬度，以及雪粒径、雪层抗剪强度等，这些因素共同影响着雪崩发生的可能性、雪崩类型及其破坏性。自然形成的积雪往往呈现明显的层状（图 10.3），每一层雪层的物理力学性质都会有不同的特点，这可能导致两个雪层之间没有很好地黏结，或导致某一层的强度比其上下层的强度都要弱，形成软弱层。

图 10.3　积雪的层状结构

4. 人类活动

人类活动在欧洲、北美和加拿大等是雪崩造成人员伤亡的主要因素，包括滑雪、爬山等。此外，其他人类活动，如军事、挖矿等的爆炸活动中的产生的气浪、声波和强震，也可以触发雪崩。避免和减轻雪崩灾害的手段之一是通过爆炸等人类活动使雪崩在特定位置、特定时间发生，移除坡体上的积雪，达到防灾减灾的效果。

10.1.2 雪崩类型

根据不同的判断标准，雪崩有多种分类，常见的分类依据包括含水量、雪崩释放类型、雪崩运动形态、滑动面位置、路径形态等。

1. 根据含水量

1）干雪崩

常发生于冬季的新雪中，雪层干燥，不含或含极少量液态水。因雪颗粒之间的黏结力很小，干雪崩容易在运动过程中离散，并在空气中形成悬浮的颗粒云，产生气浪。

2）湿雪崩

常发生于春季融水初期，造成雪崩的雪层中含有液态水。湿雪崩的密度较大，多成团块状（图 10.4），一般规模大、破坏性强。

图 10.4 湿雪崩堆积物

图片来源：美国地质调查局（USGS），https://www.usgs.gov/media/images/wet-slab-avalanche-debris-deposit-glacier-national-park-montana [2025-05-12]

2. 根据释放特征

1）松雪雪崩

松雪雪崩是一种点状释放的黏聚力较小的雪崩。当山坡积雪达到极限平衡状态时，微小的振动使得某点处的雪失稳运动，失稳的雪体以倒“V”字形向下运动。大多数松雪雪崩的体积相对较小，一般不会造成人员伤亡，但在坡度陡、雪量大的情况下，松雪雪崩可以形成很大的规模，运动速度大，常伴随气浪的产生。

2）雪板雪崩

雪板雪崩是积雪中脆弱层坍塌破坏引发上层积雪失稳而向下游运动所造成的雪崩。脆弱层的坍塌可能由雪的变质、外力作用等造成，当脆弱层局部发生失稳，产生的裂缝会在脆弱层中迅速扩展，造成脆弱层上方的积雪失稳，引发雪崩。裂缝扩展的程度取决于脆弱层以及上覆雪板的性质。雪板雪崩发生后，释放区上游会有一条明显的断裂线（图10.5），释放的雪崩体形状近似于长方体。这种雪崩由于雪密实且坚硬，具有很强的破坏性。

图 10.5　雪崩的断裂线

3. 根据运动形态

雪崩还可根据其运动形态进行分类，判据有雪崩的运动特点、温度、密度等，目前最常用的分类方式是根据雪流的密度，将其分为密流雪崩和粉状雪崩。

1）密流雪崩

密流雪崩是指底部有较高密度雪体的雪崩，这种类型的雪崩紧贴地面运动，平均密度一般为 150~500kg/m^3。

2）粉状雪崩

粉状雪崩是由流动的雪颗粒和空气混合而成的，这种雪崩密度较小，通常在 3~50kg/m^3，流动高度较大，部分雪会以悬浮在空中的形式运动，形成粉云。粉状雪崩的速度可达 300km/h，造成巨大破坏。

4. 按滑动面位置

1）表层雪崩

表层雪崩的滑动面位于积雪内部，如两个雪层中间的软弱层或分界面，滑动面下方仍有积雪。

2）全层雪崩

全层雪崩以积雪和地面的分界面为滑动面，地面以上的所有积雪都发生运动。这种雪崩往往规模比较大，往往与融雪相关。

5. 按运动区地貌特征

1）坡面雪崩

雪崩体的释放区和运动区均位于较为平整的坡面，向下游运动时具有“一坡到底”的特征，没有明显的聚集行为。

2）沟槽雪崩

雪崩体沿着山体中的沟谷运动，上游分散的雪颗粒可在沟谷中集聚，运动速度较快，因此破坏力大。

10.1.3　雪崩灾害影响

雪崩对于高寒山区的自然环境以及人类活动影响非常广泛，主要体现在以下几个方面：

（1）雪崩对人类的生命安全威胁严重。雪崩速度快、冲击力大，一旦人类被卷入雪崩中，可能因冲击、低温、窒息等原因失去生命。除雪崩雪本身外，雪崩产生的气浪类似于爆炸时产生的冲击波，具有巨大的冲击力，也可对高寒山区人民的生命和财产安全造成威胁。

（2）山区的公路、铁路，输电线、油气管道等线性工程往往需要穿越雪崩危险区，极易受到雪崩的影响。交通线路被雪崩掩埋或冲毁会造成交通干线瘫痪、季节性关闭，油气管道和输电线的破坏会导致能源断供，这些潜在危害会严重制约西部地区的发展。

（3）雪崩堆积体可能堵塞河流，形成临时水库，而雪坝的垮塌则可能引起洪水灾害；此外，雪崩运动时可侵蚀夹带大量碎屑物，沉积后的碎屑物可为泥石流、滑坡的形成提供物源条件，引起一系列次生灾害。

10.1.4 雪崩灾害防治

雪崩防治措施能够有效降低雪崩的发生频率和危害程度。目前，普遍采用工程措施对雪崩进行防治，已发展了多种雪崩防治工程，可按作用有效期、作用方式、作用区域和作用手段进行分类（刘大翔等，2013）。

1. 按作用有效期

雪崩防治工程可按作用有效期分为长期措施和短期措施。长期措施包括建设防护工程结构、绘制灾害地图、发展具有防护作用的森林等；短期措施包括人工激发积雪、建设临时防护结构、道路临时管制等。

2. 按作用方式

按作用方式，雪崩防治措施可分为主动防护与被动防护。主动防护是指事先采取爆破、震动等人工措施，让接近临界状态的积雪受扰动而提前崩滑；被动防护是指采取挡雪栅栏、挡雪墙等措施阻止积雪滑动或降低雪崩的运动速度、改变雪崩运动路径以减小雪崩造成的损失。

3. 按作用区域

根据雪崩发生的形成区、运动区和堆积区，雪崩防治工程可相应地分为稳雪工程（撑雪工程）、阻雪和导雪工程。

1）稳雪工程

稳雪工程又称撑雪工程，是针对雪崩形成区的防治措施，其主要目的是提高积雪的稳定性和阻止上游失稳雪体触发下游雪崩，具体包括撑雪栅栏、雪耙、雪网、雪墙等。

2）阻雪工程和导雪工程

针对运动区和堆积区的防治工程有阻雪工程和导雪工程。阻雪工程主要修建在雪崩运动区的下部和堆积区的上部，其目的是降低雪崩运动速度或阻止雪崩的运动，以避免其对防护区的危害。常见的阻雪工程有柔性防护网、阻雪堆、阻雪楔、拦挡坝等。导雪工程的作用是将雪崩体导流至被保护对象所在区域之外，常见的导雪工程有导雪堤、导雪坝、导雪坡、分流楔（劈裂楔）、隧道和棚洞等。

4. 按作用手段

按作用手段可将雪崩防治工程分为结构工程、人工激发工程和生物工程。结构工程即前文所提到的稳雪、阻雪和导雪工程。人工激发工程是指在积雪发生自然雪崩之前采用人工手段提前激发雪崩。生物工程主要指在雪崩区采用植树造林的方法进行防护，植被的存在可以降低积雪的沉积速率，还可以减少积雪与外部的能量交换，使积雪温度保持在相对稳定的水平，有利于雪层的稳定。

10.2　冰　岩　崩

冰崩（包括冰－岩崩塌）是在重力作用下冰川冰（或冰－岩体）从冰川陡峻处或冰架边缘处脱离母体而迅速倾倒、滑塌或崩落的现象（图 10.6）。冰崩可直接致灾，或因解体物质引起冰川碎屑流等间接形式致灾（胡文涛等，2018）。

图 10.6　美国亚当斯山东侧的冰岩崩

图片来源：美国地质调查局（USGS），https://www.usgs.gov/media/images/rock-and-ice-debris-oct-20-1997-east-side-mount-adams [2025-05-12]

近年来，受气候变化和人类活动等因素的影响，冰崩灾害发生的频率逐年上升，据统计，自 20 世纪以来仅青藏高原地区已记录的冰崩灾害至少有 25 次，极大威胁到高寒山区居民的生命和财产安全。例如，2016 年 7 月 17 日在西藏阿里地区东汝乡发生的一次冰崩灾害，短短几分钟内大面积冰川崩塌向下游移动了 6km，并冲入阿鲁错湖引起巨大的涌浪。这次冰崩灾害造成 9 人死亡，数百头牦牛失踪，大量的草场被破坏。同年 9 月 21 日，附近的冰川又发生了罕见的大面积崩塌。随着全球气温的普遍升高，冰川消融速度加快，冰崩灾害日益加剧。

10.2.1 冰（岩）崩形成条件和影响因素

冰崩的本质是能量的释放，其形成需要一定的物质基础和动力条件，受多种因素控制，主要为地形因素、构造运动和气候作用。

1. 地形因素

1）坡度

坡度是诱发冰崩的关键因素。冰川所受剪应力与其坡度呈正相关关系，坡度越大，冰川的运动速度越快，冰裂缝越容易发展，冰崩的规模和发生概率也越大。据研究，温带冰川约在坡度达 30° 时开始失稳，寒带冰川失稳的临界坡度则较大，约在 45° 时开始失稳（Röthlisberger，1977）。

2）坡向

坡向决定了冰川接受太阳辐射的方式。例如，在北半球，南坡接受的日照和辐射比北坡多，因此温度高于北坡，温度升高和不均匀分布均会加速冰的融化，促进冰川裂隙的发育，从而增加冰崩的风险。

3）基岩

冰川底部基岩地形会直接影响冰崩的触发、运动方式和运动速度。在冰川失稳阶段，复杂的地形容易在冰川前缘或底部产生应力集中，导致冰体发生裂解或崩塌。在冰川运动阶段，陡峭的基岩通常加速冰崩的运动，平缓的基岩通常减缓冰崩的运动，复杂的地形容易使冰崩的路径发生偏转，形成更加分散的运动方式。

2. 构造运动

诱发冰崩的构造运动主要是指地壳内部的动力作用，这些作用通过改变冰川区域的地质条件、应力分布等，直接或间接地引发冰崩。常见的诱发冰崩的构造运动有火山、地震等。

（1）火山喷发产生的热量迅速融化冰川是诱发冰崩的主要原因，火山形成的热源靠近冰川会使冰崩的风险显著增加；此外，火山活动还可能导致地形的突然变化，如火山口的塌陷或火山侧翼的滑坡，这些变化可能使得冰川失稳，从而引发冰崩（Kotlyakov et al.，2004）。

（2）地震产生的地震波会导致冰川内的应力突然变化，造成冰川内部的裂隙扩展或形成新的裂隙，破坏冰川的结构完整性；此外，地震活动伴随地壳的拉伸或挤压，使得冰体失稳，进而发生冰崩，尤其是在地震震中附近，冰崩的发生概率显著增加。

3. 气候作用

全球气候变暖是诱发冰崩的重要原因。气候作用通过改变冰川区温度、降水模式和融水量，直接影响冰川的稳定性和冰崩的发生频率。

温度升高会加速冰川消融。消融水或降雨沿着冰裂缝下渗并进一步扩展裂缝，减弱了上部冰体与冰床之间的摩擦阻力，在这种情况下一旦出现大规模的降雨，大量液态水的注入不仅可以加速冰川的消融，也为滑动提供了外部驱动力，冰川表面上覆盖的冰碛物也因吸水导致重力增加，从而增加冰崩灾害发生的可能性。

10.2.2 冰（岩）崩类型

根据冰崩所处地形条件（阶地和斜坡）及潜在启动失稳方式（图 10.7），可将冰崩分为崩落式冰崩和滑移式冰崩（Pralong and Funk，2006）。

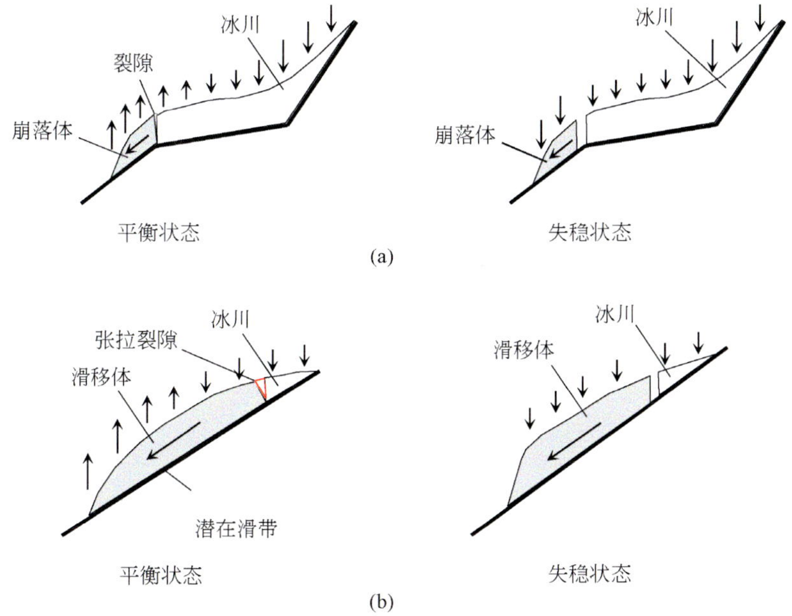

图 10.7 冰崩失稳模式分类

（a）崩落式冰崩及失稳模式；（b）滑移式冰崩及失稳模式

（1）崩落式冰崩的特征是冰川边缘的坡度显著增加。冰体前缘悬挂于岩壁上，悬空的冰体在重力作用下沿裂隙剪断坠落，相对于冰川的大小，崩解的体积很小，由于断裂带所在位置会不断由上游冰川补给形成新的冰体，因此崩落式冰崩具有高频复发的特点。

（2）滑移式冰崩的特征是冰崩体位于一个坡度基本不变的陡峭斜坡上。滑移体沿冰体内部软弱界面或冰 – 基覆界面发生滑移，相对于冰川的大小，崩解的体积较大，不稳定部分主要由积雪补给，在冰崩后，需要很长的时间（通常是一至几十年）才能达到另一个临界状态（Pralong and Funk，2006）。

10.2.3　冰（岩）崩灾害影响

1）冰崩对人类生命财产安全的影响

冰崩多发育在高海拔地区，下游不易察觉，隐蔽性强。而人类生产活动集中在低海拔河谷地带，冰崩灾害发生时，人们往往疏于防范，造成危害更严重。其次，冰崩发生的地区通常地形复杂，交通不便，灾后救援难度大，极大威胁到当地居民的生命和财产安全。

2）冰崩对基础设施的破坏

冰崩移动速度快，影响范围广，破坏力强。冰崩的平均移动速度通常可以达到 70km/h 以上（胡文涛等，2018），高流动性导致冰崩能够顺坡道和沟壑等地形向远处扩展，扩大破坏范围，对下游交通、建筑及电力等基础设施造成损毁和掩埋。

3）冰崩对生态环境的影响

冰崩的侵蚀冲刷作用会对周围的山体、植被及地质环境造成直接破坏。冰崩在下滑过程中会携带大量的冰雪、岩石和土壤，冲刷山体表面，摧毁路径上的植被，改变区域的植被类型和生态系统结构，冰崩还可能会形成新的沉积层，改变局部的地质环境。

4）引发次生灾害

冰崩的发生可能会诱发泥石流、洪水等次生灾害，形成灾害链。冰崩时，有大量的冰、水裹着碎屑物从冰川上冲下来，形成泥石流；如果冲到河道里，有可能堵塞河道，形成堰塞湖；若冲到冰川湖中，会形成涌浪，且冰体融化会造成冰川湖水位升高，形成洪水灾害。

10.2.4　冰（岩）崩灾害防治

目前，对于冰崩灾害尚未形成系统的防治体系，可通过以下措施降低其危害程度。

1. 建立监测与预警系统

完善灾害预警预报，形成冰崩灾害风险管控体系。通过卫星遥感、全球定位系统（global

positioning system，GPS）、地震监测仪等技术手段，在冰崩灾害易发区建立预警系统，通过实时监测数据，分析冰川变形特征，及时发布预警信息，减少人员伤亡和财产损失。

2. 修建工程防护结构

在冰（岩）崩灾害的高风险区域，修建挡墙、堤坝等工程防护设施，以阻挡或引导崩塌物，减少对下游区域的影响。

3. 改善生态环境

尊重冰川生态系统的自然规律，减少对冰川的过度开发和干扰，保持冰川原真风貌。在冰崩灾害区域周边，通过植树造林等方式恢复植被覆盖，减少水土流失，提高山体的稳定性，降低冰（岩）体崩塌的可能性。

10.3　冰湖溃决

冰湖是由冰川作用（如冰川运动、消融或冰川堆积物阻塞河流）而形成的湖泊，常见于高山地区。冰湖溃决也称冰湖溃决洪水，是指因冰湖在外界扰动作用下出现排水倾泻或坝体垮塌而形成的地质灾害，是一类在高海拔冰川发育地区特有的灾害形式（图 10.8）。

图 10.8　冰湖溃决

图片来源：美国地质调查局（USGS），https://www.usgs.gov/index.php/media/images/suicide-basin-glacial-lake-outburst-flood-juneau-alaska [2025-05-12]

在全球气候变暖的背景下，我国的冰川整体上处于加速消融状态，伴生的冰崩、冰湖溃决等灾害风险加剧。据不完全统计，20世纪以来，西藏地区已有33个冰湖前后发生37次溃决，同时灾害呈逐渐增加趋势。冰湖的形成及其发生溃决的原因多种多样，本节将分别就冰湖及冰湖溃决灾害进行介绍。

10.3.1 冰湖分类

按照冰湖形成机理，可以将冰湖划分为冰川侵蚀湖、冰碛阻塞湖、冰川阻塞湖、冰面湖、冰下（内）湖和其他冰川湖六大类（表10.1）。

表10.1 冰湖的界定与分类体系（据Yao et al.，2018）

大类名称	亚类名称	含义
冰川侵蚀湖	冰斗湖	形成于冰斗内的湖泊
	冰川槽谷湖	形成于由冰川作用形成的“U”形槽谷中的湖泊
	其他冰川侵蚀湖	由冰川作用所形成但难以明确分类的湖泊
冰碛阻塞湖	终碛阻塞湖	在冰川终碛垄与冰川末端洼地间形成的湖泊
	侧碛阻塞湖	受冰川侧碛垄阻挡积水形成的湖泊
	冰碛垄热融湖	在冰川终碛垄或侧碛垄上洼地内形成的湖泊
冰川阻塞湖	冰川前进阻塞湖	由于冰川前进或跃动阻塞河谷蓄水形成的湖泊
	其他冰川阻塞湖	坝体为冰川冰体但非冰川前进而形成的湖泊
冰面湖		位于冰川表面的湖泊
冰下（内）湖		位于冰川内部或冰床上的湖泊
其他冰川湖		由滑坡、基岩崩塌、泥石流阻塞冰川融水形成的湖泊

1. 冰川侵蚀湖

冰川侵蚀湖（简称冰蚀湖）是指冰川在运动过程中，冰床受冰川刨蚀和磨蚀作用下形成的积水洼地汇水而成的湖泊，按其地貌形态又可分为冰斗湖、冰川槽谷湖和其他冰川侵蚀湖。

冰斗湖指发育在冰斗内的湖泊，冰川槽谷湖指形成于因冰川运动而成的“U”形谷底中的冰湖，其余因冰川作用而形成但难以根据地貌辨别且不属于其他类型的冰川湖泊可归为其他冰川侵蚀湖。

2. 冰碛阻塞湖

冰碛阻塞湖是指受冰碛垄（冰川运动中所搬运的岩石、土壤、冰等形成的垄状堆积物）

阻塞而在冰碛垄与冰川之间形成的湖泊。按其所在位置可分为终碛阻塞湖、侧碛阻塞湖和冰碛垄热融湖。

终碛垄是指冰川终端位置暂时稳定时冰碛物在冰川前缘堆积形成的弧形垄岗状地形；侧碛垄是指在冰川暂时稳定时期在两旁谷坡上的堆积物形成的地形。冰碛垄热融湖是指因埋藏于冰碛中的死冰（与主冰川脱离，不能运动的冰）受热熔融化，引起地表沉陷而形成的积水洼地。

3. 冰川阻塞湖

冰川阻塞湖指以冰川冰作为坝体的冰湖。根据其形成原因可分为冰川前进阻塞湖和其他冰川阻塞湖，前者是因冰川前进堵塞河谷蓄水而成。

4. 冰面湖

冰面湖是指位于冰川表面的湖泊，是因冰川表面差异消融形成的临时性积水洼地。

5. 冰下（内）湖

冰下（内）湖是指在冰川内部或冰床上发育形成的湖泊，因冰川内高压环境下冰的熔点降低，冰融化而形成的湖泊，这类湖泊可与外界分隔数百万年。

6. 其他冰川湖

其他冰川湖是指在冰川作用区，由于山体滑坡、基岩垮塌、泥石流或雪崩阻塞冰川融水所形成的湖泊。

10.3.2 冰湖溃决形成条件和影响因素

1. 冰湖的形成条件和影响因素

冰湖的形成主要依赖于特定的地质和气候条件。高海拔地区的低温环境和丰富的冰川资源是冰湖形成的基本条件；而气候变化（降水、气温等）对冰湖的形成和溃决有直接影响。

（1）**地质条件**：冰湖往往形成在构造活动剧烈的地区，如喜马拉雅山脉、安第斯山脉和阿尔卑斯山脉，这些地区具有明显的断层和褶皱构造，有利于形成集水地形。

（2）**气候条件**：气温升高导致冰川退缩，冰川融水量增加，冰川的动态变化加剧，冰湖的形成及溃决风险增加。

2. 冰湖溃决的形成条件和影响因素

冰湖溃决的形成是因冰湖堤坝失稳，其发生受多种因素影响，包括湖泊水量、冰坝稳定性、气温和冰川动态变化等。

（1）**冰坝稳定性：**冰坝的结构稳定性是影响冰湖溃决的关键因素。冰坝的厚度、组成成分和冰川与湖水的相互作用都会影响其稳定性。

（2）**气象因素：**异常高温、降雨或暴风雪可能导致冰川快速融化或冰坝破裂垮塌，进而诱发冰湖溃决。

（3）**地震活动：**地震活动可能导致冰川崩塌或冰坝破裂垮塌，是冰湖溃决的潜在触发因素。

10.3.3 冰湖溃决类型

根据坝体类型，冰湖溃决主要可以分为以下几种类型（Zhang et al.，2024）。

（1）**冰坝溃决：**指由冰川直接阻挡形成的冰湖因冰坝的崩塌或部分破裂导致湖水迅速流出，这是最常见的溃决模式。

（2）**冰碛湖溃决：**是全球仅次于冰坝湖溃决的第二常见类型，发生于由冰碛物形成的湖泊中，冰碛坝的破坏因湖水的渗漏、侵蚀或溢流引起。

（3）**基岩坝溃决：**主要发生于由基岩阻挡形成的天然湖泊中。基岩坝通常比较稳定，因此这些冰湖发生溃决的频率比冰坝和冰碛湖低，基岩坝的溃决通常因大规模的冰、雪崩冲击或因溢流引起。

（4）**冰川或冰下湖溃决：**主要与冰川的动态变化、冰盖下的地热活动有关，其发生频率相对较少。

10.3.4 冰湖溃决的物理机制

冰湖溃决有多种触发因素，其物理机制复杂，涉及水力学、热力学和冰川动力学等多方面因素。其中，亚洲高山区冰碛湖溃决的诱发因素可分为五类，即冰–雪崩或冰川滑塌、滑坡–岩崩、强降水或上游来水、埋藏冰融化或管涌、地震（张太刚等，2021）。前三种诱因主要是大量物质（水、冰雪、岩石等）进入湖中形成可以高达数十米的涌浪，破坏坝体的稳定性。物质向湖中运动和产生的涌浪可能导致两种不同的坝体溃决机制：第一种是由于涌浪的冲击而导致坝体立即破裂；第二种是由于流出水量增加而导致坝体破裂。相比于直接溃坝，这一过程相对缓慢。埋藏冰可能占冰碛坝的大部分体积，地下冰的消融会破坏坝体的结构完整性，从而削弱坝体的稳定性。当形成冰下管道导致冰湖逐渐被排空，一般没有明显的溃决痕迹；当冰碛垄塌陷或者形成管涌时，同样会导致坝体破裂。强度较大的地震足以对冰碛坝的稳定性产生影响，同时地震还会引发滑坡、冰崩等。在某些情况下，难以判别是地震直接导致冰湖溃决，还是地震导致的物质运动所造成。

10.3.5 冰湖溃决灾害影响

1. 引发洪水及其对下游的影响

冰湖溃决通常会引发大规模洪水，对下游地区造成严重威胁。洪水的破坏力取决于湖泊储水量、溃决速度以及地形条件。

（1）**下游侵蚀：**洪水的强大冲击力会导致下游河床和河岸的严重侵蚀，破坏桥梁、道路等基础设施。

（2）**泥石流与滑坡：**冰湖溃决后，洪水可能携带大量泥沙和石块，形成泥石流。此外，也可能引发次生滑坡灾害。

（3）**农业和居住区的损失：**洪水泛滥会淹没农田、破坏农作物，甚至导致村镇毁灭，造成人员伤亡和经济损失。

2. 冰湖溃决对生态环境的影响

冰湖溃决不仅对人类活动产生影响，还会对当地的生态系统造成破坏。

（1）**河流生态系统的改变：**洪水会改变河流的水文特征和栖息地结构，影响水生生物的生存。

（2）**土壤侵蚀与沉积：**洪水导致的土壤侵蚀会减少土地肥力，而沉积物的堆积可能改变地形和水文环境。

（3）**长远生态影响：**冰湖溃决可能破坏脆弱的高山生态系统，影响动植物的生存和迁徙。

3. 冰湖溃决的社会经济影响

冰湖溃决带来的社会经济影响广泛而深远，主要体现在基础设施损毁、农业损失、旅游业受挫及灾害应急与恢复成本增加等方面。

（1）**基础设施损毁：**洪水会冲毁道路、桥梁、电力和通信设施，导致交通和通信中断。

（2）**对旅游业的影响：**冰湖所在的高山地区通常是旅游地，灾害会导致游客数量锐减，影响当地经济。

（3）灾害应急与恢复成本：政府和社会需要投入大量资源进行灾害应急、救援和恢复，增加了经济负担。

10.3.6 冰湖溃决灾害防治

1. 冰湖溃决灾害的监测与预警

有效的监测与预警系统是防止冰湖溃决灾害的重要手段。主要内容包括遥感与地面监测、早期预警系统和社区参与。

（1）遥感与地面监测：通过卫星遥感、无人机和地面监测站实时监控冰湖水位、冰坝稳定性和冰川动态。

（2）早期预警系统：建立基于监测数据的早期预警系统，及时向下游地区发出灾害预警信息。

（3）社区参与：加强当地居民的防灾意识和应急演练，确保预警信息能及时传达并有效响应。

2. 工程防治措施

降低湖泊容量和加固冰碛坝的合理工程措施会有效缓解或降低冰湖溃决洪水灾害风险（表 10.2），针对冰湖溃决的工程防治措施包括：

表 10.2 高风险冰川湖防治措施及典型案例（据 Wang et al.，2022）

防治工程	措施	典型案例		
		位置	名称	解释
人工引流	明挖	秘鲁白山山脉	帕尔卡科查	这个冰碛湖于 1941 年溃坝，随后于 1974 年开挖了一个明渠，使湖面水位降低至 3m
	排水隧道		帕隆	该排水隧道于 1984 年投入使用，湖面水位可降低 52m
	虹吸		513 湖	在 1989 年就已安装的虹吸管使该地的基岩坝湖面水位下降了 8m

（1）人工降低湖泊水位：通过开挖排水通道或使用泵站等手段，降低冰湖水位，减小溃决风险。

（2）加固冰坝：在冰坝的脆弱部位进行加固处理，如建设防洪堤坝或加固坝体，增强冰坝的稳定性。

（3）建设泄洪通道：预先修建泄洪通道，确保冰湖溃决时湖水能够安全地导出，减轻下游的洪水威胁。

3. 非工程防治措施

除工程措施外，非工程防治措施同样重要，灾前、灾中、灾后，各级行政部门、专家、企业、非政府组织、社区居民都要全程参与，形成信息共享、资源共享、协调分担的多方位防灾减灾联动机制。非工程防治措施主要包括法律法规与政策支持、公众教育与意识提升，以及国际合作与信息共享。

（1）**法律法规与政策支持**：制定相关法律法规，明确冰湖溃决灾害的防治责任和措施，并提供资金支持。

（2）**公众教育与意识提升**：通过宣传和教育提高公众对冰湖溃决灾害的认识，增强防灾减灾意识。例如，全球冰川监测讲座（Global Glacier Monitoring Lectures），是由以世界冰川监测服务处（World Glacier Monitoring Service，WGMS）为首的不同学术机构和组织举办的系列讲座，介绍全球冰川变化和相关灾害，包括冰湖溃决灾害。

（3）**国际合作与信息共享**：与国际组织和邻国合作，分享冰湖溃决监测信息和防治经验，建立跨境灾害应对机制。例如，国际山地综合发展中心（International Centre for Integrated Mountain Development，ICIMOD），是一个政府间知识和学习中心，代表兴都库什–喜马拉雅（Hindu Kush-Himalaya，HKH）地区人民开展工作，致力于促进生态无害化发展，加强了区域合作，促进山地保护和可持续发展。

10.4　冰川泥石流

冰川泥石流是发生在现代冰川和积雪地区的由冰川洪水挟带冰碛物等松散堆积物形成的饱含砂石的特殊洪流（图 10.9），是一种与冰川运动密切相关的灾害现象，通常具有瞬间暴发、运动速度快（可达 200km/h）、运动距离远（可波及数十千米）、规模大（体积可达百万立方米）等特征。冰川泥石流处于冰雪型地质灾害的“下游”，其发育海拔相对较低，但灾害影响范围极大（申艳军等，2022）。我国的冰川泥石流灾害主要分布在西藏和新疆天山地区，在全球变暖的影响下，冰雪消融导致的冰川泥石流的发生频率将会进一步增加。

图 10.9　冰川泥石流

图片来源：美国地质调查局（USGS），https://www.usgs.gov/media/images/mount-hood-showing-white-river-glacier-and-location-debris-flow [2025-05-12]

10.4.1　冰川泥石流的形成条件

冰川泥石流的形成至少需要三个条件：物源条件、水源条件和地形条件。

1. 物源条件

冰川泥石流的形成需要丰富的松散固体物质。冰川的消融退化、冰崩雪崩所带来的丰富的冰碛物、冻融作用产生的碎屑岩以及沟谷两侧的崩滑堆积体是冰川泥石流的主要固体物质来源。

2. 水源条件

冰川泥石流的水力来源主要有三个方面：冰川和积雪消融产生的融水、冰崩和雪崩融水、冰湖溃决引发的洪水。

3. 地形条件

发生冰川泥石流的地形一般具备形成区、流通区和堆积区三个部分：

（1）上游形成区的地形多为三面环山，一面出口为瓢状或漏斗状，地形比较开阔、周围山高坡陡，有利于水和碎屑物质的集中。

（2）中游流通区的地形多为狭窄陡深的沟谷，谷床坡降大，使泥石流能迅速运动。

（3）下游堆积区的地形为开阔平坦的山前平原或河谷阶地，使堆积物沉积。

除上述必要形成条件外，降水和温度是与冰川泥石流发生直接相关的两个重要因素，暖湿气候有利于大型冰川泥石流暴发。此外，人类活动如放牧活动、工程建设等增加了冰川灾害风险。

10.4.2　冰川泥石流类型

冰川泥石流可分别根据冰川类型和泥石流发育程度、水动力条件进行分类（邬光剑等，2019）。

1. 根据冰川类型和泥石流发育程度

1）海洋型冰川泥石流

这类泥石流主要形成于念青唐古拉山至横断山及喜马拉雅山南坡等海洋型冰川分布区，拥有充足的固态物质和水源，因此发生频率高。

2）亚大陆型冰川泥石流

这类泥石流主要形成于喀喇昆仑山、阿尔泰山、中国西天山、祁连山东段及喜马拉雅山北坡等区域，以冰湖溃决型泥石流为主。

3）极大陆型冰川泥石流

这类泥石流主要形成于天山东段、祁连山西段、昆仑山和青藏高原北部，其特点是分布稀疏且规模小。

2. 根据水动力条件

1）冰雪融水型泥石流

冰雪融水型泥石流是由于温度升高，冰川、积雪强烈消融，形成洪水冲蚀冰碛物所形成。

现有资料表明，产生冰川泥石流的水源，以冰川融水为主。春夏季的气温上升导致冰川和积雪加速消融，产生大量融水。这些融水沿着冰川表面或裂隙通道流出，汇聚到冰川前沿，是冰川泥石流最常见的水力来源。海洋型冰川的古乡沟冰川区，泥石流频发，夏季冰川融水超过总水量的 95%。

2）冰崩雪崩型泥石流

冰崩雪崩型泥石流指海洋型冰川区和亚大陆型冰川区，由大型冰崩、雪崩引发的泥石流。冰崩和雪崩向下游快速运动并不断碰撞冲击，在此过程中伴随升温和融化，为泥石流的发育提供了足够的物源和水源。

3）冰湖溃决型泥石流

冰湖溃决型泥石流通常由以下两种情况引起：第一是冰崩或大体积水体在短时间内落入冰湖，引起涌浪强烈冲刷坝体导致冰湖溃决；第二是由于坝体内的冰夹层融化引起管涌，最终导致坝体溃决。冰湖溃决后洪水沿途冲刷裹挟松散固体物质，从而形成冰湖溃决型泥石流。

10.4.3 冰川泥石流灾害影响

1）河道形态改变

冰川泥石流往往携带大量泥沙、碎石，其形成的堆积体可能堵塞河道，导致河道变窄，河水变深，进而会对河岸产生影响。严重的堵塞还可能形成堰塞湖，对其下游地区存在严重威胁。

2）生态环境破坏

冰川泥石流向下游快速移动，可能会对沿途动植物的栖息地造成损坏，其携带的泥沙碎石进入河流、湖泊后可能会影响水质，对生态环境造成影响。

3）引发次生灾害

冰川泥石流可能引发系列次生灾害，如冰川泥石流堵江，形成堰塞湖，堰塞湖溃决会引发严重的山洪灾害。

10.4.4 冰川泥石流灾害防治

目前，对于泥石流的防治方法已逐步发展了一套相对完整的体系，冰川泥石流的防治亦可借鉴其方法，主要包括工程治理措施、生物防治措施、监测预警与管理保障措施。

1. 工程治理措施

工程措施主要是指在泥石流灾害的形成区、流通区和堆积区内，修建蓄水引水、排导引流、拦挡支护、停淤稳土工程及改土护坡工程等，以达到控制、减轻甚至消除灾害再次形成的目的。其中在形成区，可修建淤地坝等固沟工程，加固沟床，稳定形成区的物质；在泥石流流通区可修建格栅坝、桩林等结构，拦截泥石流中的固体物质，降低危害程度；在堆积区应该修建排导工程及停淤工程，排泄泥石流或引导其运动到预定区域，以减轻其对人类活动区域的危害程度。

2. 生物防治措施

生物防治措施主要包括恢复植被和合理耕牧，利用植被保水固土、涵养水源等功能，防止松散碎屑物大量形成，削弱泥石流形成需要的水动力条件，从而减小泥石流的发生概率。

冰川泥石流发生后，应立即开展生态修复工作，通过植树造林、恢复土壤植被，减缓泥石流对生态系统的长期破坏，恢复区域生态功能。合理规划土地利用，避免在人口稠密区或重要基础设施附近进行过度开发，减少人为活动对自然环境的干扰，降低泥石流灾害的发生概率。

3. 监测预警与管理保障措施

冰川泥石流往往具有突发性，早期识别和监测是预防灾害的首要措施。利用卫星遥感、无人机、地面雷达和地质探测仪器，可以实时监测冰川和周围区域的变化，识别潜在的滑坡或冰川崩塌区域。在潜在灾害区建立完善的预警系统，提高防灾减灾社会宣传，通过短信、广播、网络等多种途径向居民及时发布预警信息，并开展应急演练，提高社区的防灾意识和应对能力。

思　考　题

1. 冰冻圈地质灾害主要包括哪些？
2. 我国冰冻圈地质灾害主要分布在哪里？
3. 雪崩根据含水量可分为几种？分别是什么？
4. 冰（岩）崩灾害防治可采取什么手段？
5. 冰湖溃决可以引发哪些次生灾害？
6. 冰川泥石流和非冰冻圈中泥石流的区别是什么？

参考文献

胡文涛，姚檀栋，余武生，等. 2018. 高亚洲地区冰崩灾害的研究进展. 冰川冻土，40(6): 1141-1152.

李鸿琏，蔡祥兴. 1989. 中国冰川泥石流的一些特征. 水土保持通报，(6): 1-9.

刘大翔，程尊兰，赵鑫，等. 2013. 雪崩防治工程研究与应用现状. 山地学报，(4): 425-433.

秦大河，姚檀栋，丁永建，等. 2016. 冰冻圈科学辞典. 北京：气象出版社.

仇家琪. 2005. 雪崩学. 乌鲁木齐：新疆科学技术出版社.

申艳军，陈思维，张蕾，等. 2022. 冰雪型地质灾害链高位萌生、动力溃散及物相转化过程剖析. 冰川冻土，44(2): 643-656.

童立强，裴丽鑫，涂杰楠，等. 2020. 冰崩灾害的界定与类型划分——以青藏高原地区为例. 国土资源遥感，32(2): 11-18.

王宗盛，姚鑫，孙进忠，等．2014. 冰川泥石流研究进展概述．工程地质学报，22(s1): 459-465.
魏学利．2019. 冰川泥石流启动机理与防治方法——以中巴公路奥布段泥石流为例．北京：科学出版社．
汶林科，向灵芝，蔡毅，等．2016. 雪崩的形成机理研究．山地学报，34(1): 1-11.
邬光剑，姚檀栋，王伟财，等．2019. 青藏高原及周边地区的冰川灾害．中国科学院院刊，34(11): 1285-1292.
谢自楚，谢维尔斯基 И В．1996. 天山积雪与雪崩．长沙：湖南师范大学出版社．
张太刚，王伟财，高坛光，等．2021. 亚洲高山区冰湖溃决洪水事件回顾．冰川冻土，43(6): 1673-1692.
张议芳，刘阳，苏鹏程，等．2023. 西藏地区冰崩灾害研究进展．中国地质灾害与防治学报，34(2): 132-145.
Ancey C. 2001. Snow Avalanches. Berlin Heidelberg: Springer: 319-338.
Kotlyakov V M, Rototaeva O V, Nosenko G A. 2004. The September 2002 Kolka glacier catastrophe in North Ossetia, Russian Federation: evidence and analysis. Mountain Research and Development, 24(1): 78-83.
Pralong A, Funk M. 2006. On the instability of avalanching glaciers. Journal of Glaciology, 52(176): 31-48.
Röthlisberger H. 1977. Ice avalanches. Journal of Glaciology, 19(81): 669-671.
Wang W, Zhang T, Yao T, et al. 2022. Monitoring and early warning system of Cirenmaco glacial lake in the central Himalayas. International Journal of Disaster Risk Reduction, 73: 102914.
Yao X, Liu S, Han L, et al. 2018. Definition and classification system of glacial lake for inventory and hazards study. Journal of Geographical Sciences, 28: 193-205.
Zhang G, Carrivick J L, Emmer A, et al. 2024. Characteristics and changes of glacial lakes and outburst floods. Nature Reviews Earth & Environment, 5(6): 1-16.

第 11 章　地质灾害的识别监测与智能分析

11.1 地质灾害早期识别和监测

11.2 应急测绘与快速制图响应

11.3 应用于地质灾害研究的智能测绘技术前沿发展

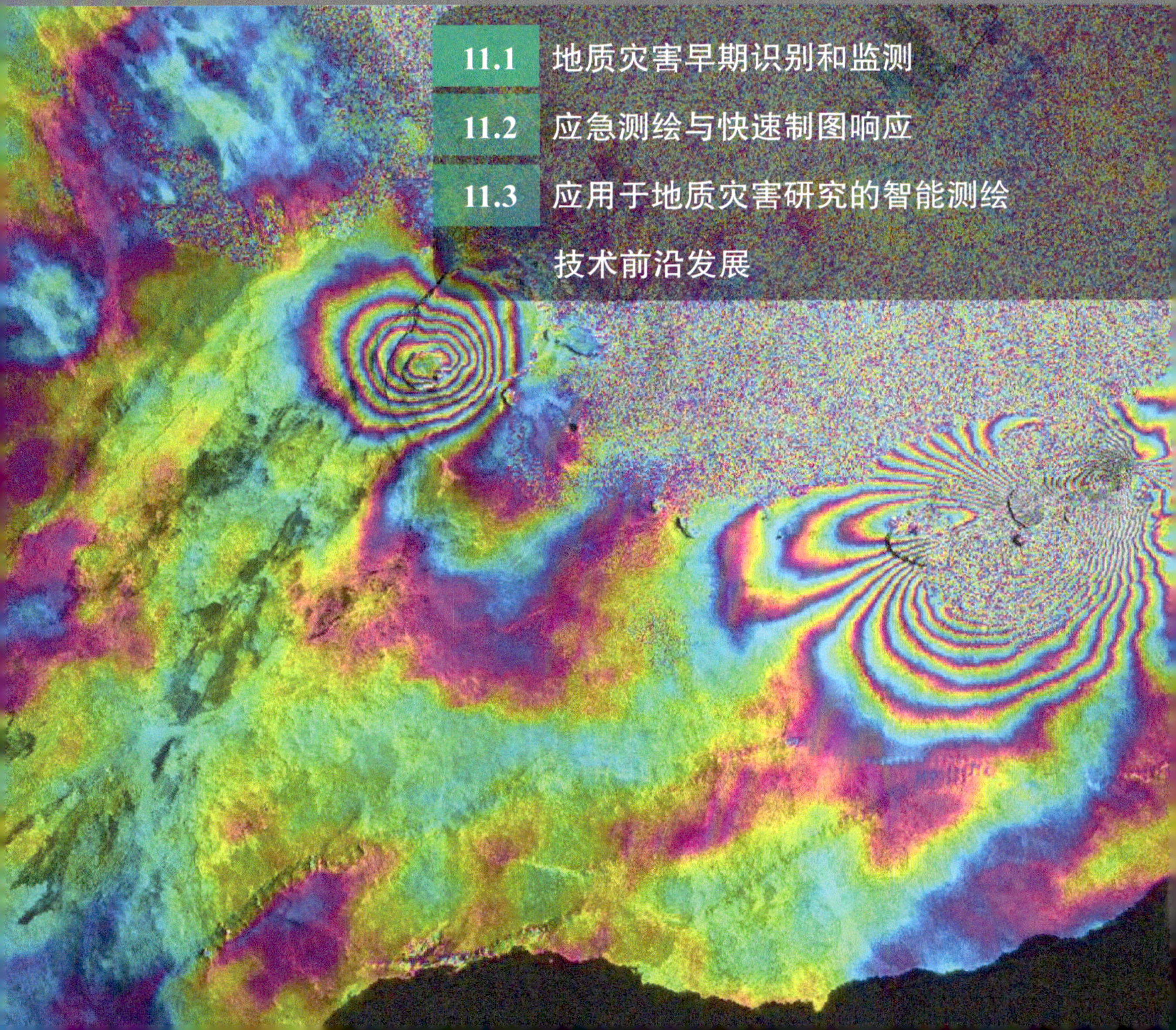

11.1　地质灾害早期识别和监测

地质灾害隐患早期识别和监测工作的核心目的是通过科学手段提前发现潜在灾害风险，动态追踪隐患变化趋势，最大限度减少灾害损失。其意义一方面在于有效保障人民生命财产安全，依托对地观测、多源传感器、数值模拟、模型试验、人工智能等技术对滑坡、泥石流等隐患点进行实时监测和预警，为人员撤离和应急响应赢得宝贵时间；另一方面，可为国土空间规划、基础设施建设提供地质安全依据，减少甚至避免灾害对交通、能源等重大基础设施工程的破坏，体现“主动防控、防优于治”的现代减灾理念，对构建韧性社会具有深远意义，促进经济社会可持续发展。

11.1.1　现场地质灾害调查

现场地质灾害调查技术是通过实地勘察、仪器监测（图 11.1）与数据分析，对地质灾害（包括滑坡、崩塌、泥石流、地裂缝、地面塌陷、地面沉降等）隐患点、易发地质灾害点和历史地质灾害点进行排查调查、识别评估与动态监测的综合技术体系，是防灾减灾工作中不可或缺的基础性环节，对于减少地质灾害的发生和减轻灾害损失具有重要意义。其核心是通过人工经验、工程钻探与测量，获取来自现场第一手的灾害体的结构特征、发展趋势和触发因素数据，为灾害预警与防治提供科学依据。

工程地质钻探可揭露地下岩土体结构，通常采用取芯钻探结合原位测试的方法，获取滑动面位置、岩土体物理力学参数等关键数据；地球物理勘探（如高密度电法、地震折射法、地质雷达等）用于探测地下异常体分布；地表变形监测网络［包括全球导航卫星系统（global navigation satellite system，GNSS）监测站、裂缝计、倾斜仪等］实时记录变形动态；水文地质调查则着重分析地下水与灾害发育的关联性。近年来，随着技术进步，包括小型无人机遥感、三维激光扫描、地基雷达及传感器网络等新型技术手段也逐渐被应用于现场地质灾害调查中。现场调查能够弥补遥感等间接监测手段的不足，通过实地验证遥感解译结果，发现隐蔽性灾害特征，特别是对于高位远程滑坡、深层蠕动型滑坡等复杂灾害类型具有不可替代的作用。

图 11.1　蜘蛛式监测装置

用于研究 2014 年 3 月 22 日华盛顿州西北部滑坡，装置内部包含用于探测滑坡运动的高精度 GPS 装置和用于探测微小震动的检波设备。这种监测装置可由直升机部署，获取的监测数据可实时传输至后台。

图片来源：美国地质调查局（USGS），版权协议：CC0 1.0 Universal

11.1.2　基于多源遥感的地质灾害识别和监测

自 20 世纪 60 年代以来，遥感技术得到了迅猛发展。遥感技术通过获取地表电磁波谱信息，为地质灾害隐患的早期识别与空间分布分析提供了非接触、大范围的观测手段。

1. 光学遥感

光学遥感技术通过获取光学遥感图像的反射光谱，获取包含空间信息的遥感图像特征（灰度、色调、亮度、纹理等）定性或定量判断灾害或隐患的位置、形态、边界、影响范围和活动性等特征信息，在地质灾害监测、预警和评估中发挥着重要作用。1972 年，美国国家航空航天局（National Aeronautics and Space Administration，NASA）发射了陆地遥感卫星 Landsat 1，开创了地球陆地资源长期监测。Landsat 系列是全球运行时间最长的地球观测卫星项目，至今已发射九颗同系列卫星，为全球资源监测、环境研究和气候变化提供了超过 50 年的数据支持。

随着时代发展，中高分辨率卫星影像的出现使基于多期光学影像提取地质灾害区域地表形变成为可能。光学影像互相关技术是一种基于数字图像匹配原理的地表形变监测方法。该技术利用互相关函数，快速识别两期及以上光学遥感影像的同名点，计算同名点在水平方向的二维水平位移矢量，理论测量精度可达亚像元级（1/40~1/10 像元）。在地质灾害监测领域，该技术通过分析多时相影像序列的位移场空间分布特征，结合数字高程模型（digital elevation model，DEM）、地质构造等辅助数据，可有效识别处于活跃变形阶段的潜在滑坡体。其应用效果主要受影像质量和地物两大因素制约，主要适用于形变明显且范围较大的未发生滑坡，且识别精度受到云（雨）、影像重访周期、地表植被等因素影响。随着计算机处理能力的提升，与地理信息系统（geographic information system，GIS）分析方法的进步以及云端处理平台的蓬勃发展，光学遥感至今仍是地质灾害防控体系中不可或缺的技术手段。

2. 微波遥感

合成孔径雷达(synthetic aperture radar，SAR)是一种主动式微波遥感，主动发射电磁波，可以用来记录地物的散射强度信息和相位信息。其运行不依赖太阳光照及气候条件，可以在云、雨、黑夜等条件下采集地面回波，具备全天候观测的独特优势。

SAR 数据用于地质灾害识别可分为定性与定量两种方法。与光学影像相似，SAR 强度信息记录了地物后向散射的统计特性，受地形、粗糙度和湿度等物理参数影响，表现为不同的强度值或灰度信息。因此通过分析灾害前后 SAR 影像差异可以确定灾害体的位置和范围，一定程度上弥补了光学影像受到云层或长时间降雨影响导致数据缺失问题。

合成孔径雷达干涉测量（interferometric synthetic aperture radar，InSAR）技术自 20 世纪末发展至今，已成为地质灾害监测领域的重要技术手段。该技术通过分析雷达回波相位差实现地表形变监测(图 11.2)。21 世纪以来，永久散射体合成孔径雷达干涉测量(permanent scatterer-InSAR，PS-InSAR）和小基线集合成孔径雷达干涉测量（small baseline subset-InSAR，SBAS-InSAR）等时序 InSAR 技术快速发展，通过多时相数据解算，解决了大气误差和失相干等问题，实现了广域尺度（数百至数千平方千米）、毫米级形变监测，为滑坡风险区识别、地面沉降等缓变地质灾害研究提供了全新视角。目前，InSAR 技术已在我国黄土高原、青藏高原、西南山区等地质灾害高发区实现规模化应用。未来随着多种新型 SAR 卫星观测星座的发射投用和数据处理算法的进步，InSAR 技术将在监测精度、时空分辨率和自动化程度等方面实现新的突破。

当地面形变超过 InSAR 技术可监测的最大形变范围(如年形变速率达到米级)时，基于相位信息的 InSAR 技术失效，无法获取有效地面形变信息。此时，则应采用 SAR 强度信息的像元偏移量跟踪法（pixel offset tracking，POT），获取较大尺度的地表二维形变信息，识别潜在且快速形变的地质灾害。目前，该方法被广泛应用于冰川运动分析冰川表碛物运动模式重建等研究。

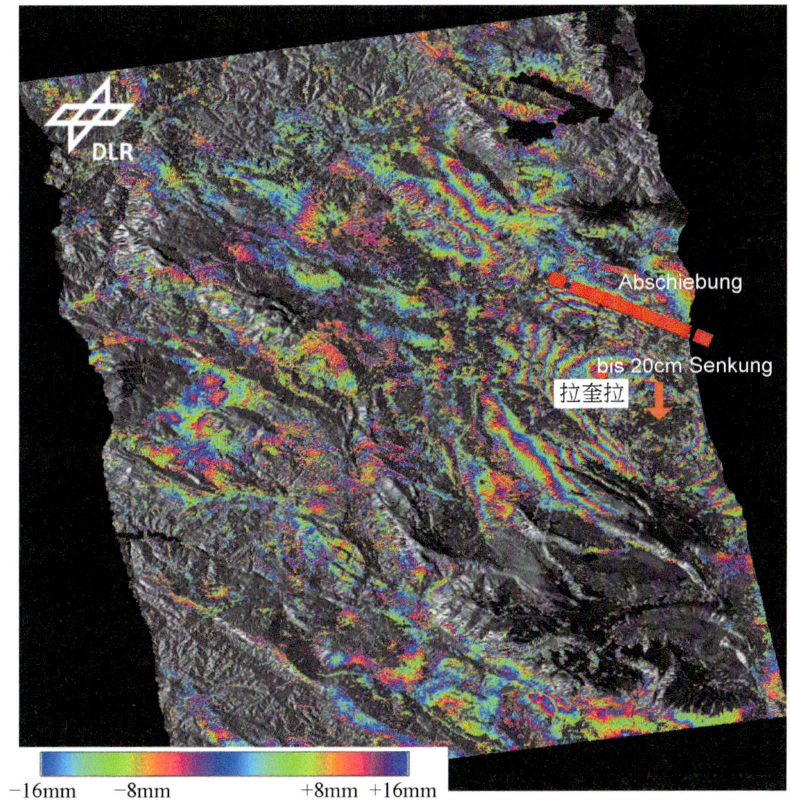

图 11.2　基于 InSAR 方法分析 TerraSAR-X 卫星于 2009 年 2 月 6 日和 4 月 13 日影像获取干涉图

用于分析 2009 年 4 月 6 日意大利中部拉奎拉地区里氏 6.3 级地震引发的地面变形，最大沉降量约为 20cm，断层运动主要发生在拉奎拉东北部的断层处，在图片上用红色标记。图片来源：德国航空太空中心（Deutsches Zentrum für Luft-und Raumfahrt，DLR），版权协议：CCA3.0 unported

3. 基于多源遥感数据的地质灾害遥感识别和监测

随着遥感技术的进一步发展，多源遥感数据的融合突破了基于单传感器进行地质灾害监测的技术局限，显著提升了灾害识别、机理分析和预警能力。激光雷达（light detection and ranging，LiDAR）通过主动发射激光脉冲，可穿透植被获取高精度地形数据，精准刻画滑坡体边界与微地貌特征，尤其在森林覆盖区滑坡隐患识别中具有不可替代性。重力卫星（如 GRACE）通过监测地球重力场变化，反演地下水储量波动、岩溶塌陷或冰川消融等地球深部物质迁移过程，为地质灾害提供地下诱因分析。超高分遥感（如 WorldView 系列、高分七号）则凭借亚米级分辨率的光学影像，辅助 InSAR 形变结果，验证灾害体空间点位。多源数据的协同应用，突破了单一技术在地表 – 地下、宏观 – 微观监测的局限性，为地质灾害全链条防控理论构建提供了多维信息支撑。

地质灾害遥感识别技术经历了从面向像素、面向对象到深度学习的三大发展阶段，其技术演进与遥感数据获取能力的提升和计算机技术的发展密切相关。在面向像素阶段（第一阶段），主要通过像元级光谱特征差异进行灾害识别，可分为监督与非监督两类方法：前者依赖训练样本建立分类模型，后者则直接基于归一化植被指数（normalized difference vegetation index，NDVI）、DEM 等辅助数据，采用变化向量分析、K 均值聚类等算法实现灾害场景分类。随着高分辨率遥感数据的普及，面向对象方法（第二阶段）通过多尺度分割技术将像元聚合为具有语义信息的对象单元，不仅有效抑制了椒盐噪声，更能综合利用多种地质灾害的不同形态（如滑坡的形状指数、长宽比等物理参数）、纹理 [灰度共生矩阵（gray-level co-occurrence matrix，GLCM）特征] 及环境上下文特征，显著提升灾害源区和承灾体边界识别精度和特征提取能力。当前，基于人工智能方法的智能识别（第三阶段）通过深度学习模型自动挖掘多源遥感数据中的深层特征和隐式关联，在滑坡自动编目、敏感性分析预测及灾害体三维重建等方面展现出强大优势，推动地质灾害识别进入智能化时代（张勤等，2022）。

11.2　应急测绘与快速制图响应

应急测绘技术体系是以快速响应自然灾害、事故灾难等突发事件为目标，通过集成遥感、地理信息系统、全球定位系统（即 3S 技术），构建的空天地一体化数据采集、处理与分析平台。其核心是通过高精度实时地理信息获取、动态监测与智能分析，为灾情评估、救援指挥和决策提供空间信息，具备快速响应、多源数据融合、可视化表达和协同联动等特点，是现代应急管理中不可或缺的技术保障体系。

11.2.1　无人机应急航测

无人机应急航测是灾害应急响应的关键手段，具备部署灵活、影像采集分辨率高、复杂地形适应性强等优势。通过搭载多光谱相机、激光雷达或倾斜摄影测量等设备，可在灾后数小时内完成数平方千米区域的航测，快速生成正射影像、三维模型及灾害体量估算数据，为灾情评估、救援部署和避险决策提供技术支持；同时无人机可充当应急通讯中继平台，保障灾区救援指挥信息传输，使多种应急测量系统收集的数据实时回传至云端平台，结合 GIS 显著提高人工调查效率。

11.2.2　移动测量系统快速部署

移动测量系统在地质灾害应急测绘中通过复杂灾情场景中的快速机动、高效数据场景感知和实时、近实时灾害数据分析能力，为灾情快速研判和应急救援决策提供来自现场的“一手数据”。搭载于多种平台（包括无人机、车辆、四足机器人平台等）的多种传感器（如 360° 全景相机、GNSS 定位模块、三维激光扫描仪、合成孔径雷达等）（图 11.3），可深入灾区交通中断或人员难以抵达的区域（如塌方道路、密林、高位陡峭地形等）快速采集高精度三维灾情信息，并通过 5G 传输等技术实时回传，实现现场数据采集 – 云端处理 – 应急指挥中心联动的闭环，结合即时定位与地图构建（simultaneous localization and mapping，SLAM）技术可实现地下空间或塌方体内部结构建模，其特点是“边走边测”，将应急测绘周期从数周、数天缩短为数小时，显著提升应急响应效率；为灾区建筑物损毁应急评估、灾区被困人员定位、危岩体定位与震后临滑预警等提供高精度数据支持。

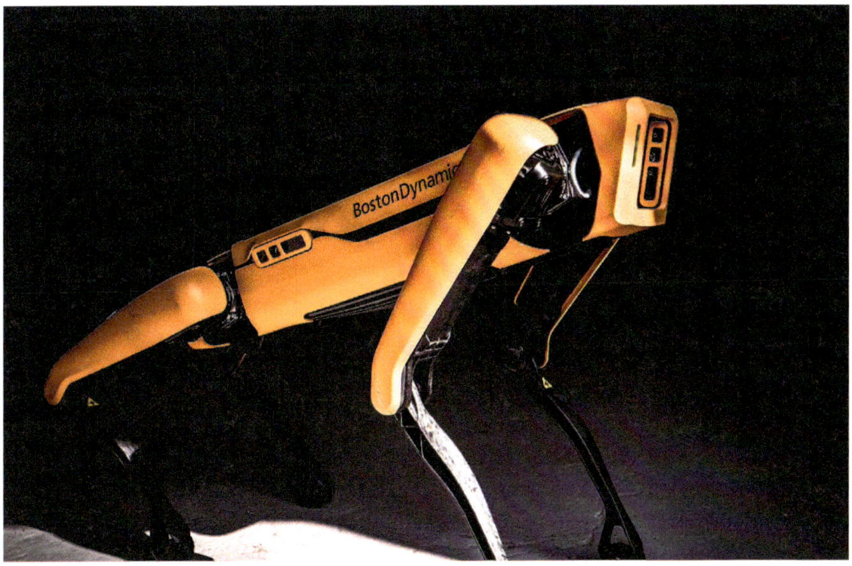

图 11.3　波士顿动力公司的四足机器人

可搭载高清相机、GNSS、LiDAR 等多种测量设备，可深入灾害现场获取一手数据。图片来源：Unsplash

11.2.3 卫星影像应急获取通道

应急条件下，卫星影像获取面临挑战：一是一些商业卫星影像产品常规申请流程复杂、周期较长且成本高昂，难以满足发展中国家灾后应急数据需求；二是卫星在常态下需要按固定轨道运行并遵守拍摄计划，对轨道进行应急调整需要卫星运行机构等特殊权限，导致应急数据获取滞后于需求。现已有多种国际合作机制（如 UN-SPIDER、CHARTER）或商业卫星资源（如 Maxar、PlanetScope）等快速通道能够补充以上不足，在灾害发生后启动卫星影像应急拍摄，获取大范围、多时相的遥感数据，以满足灾情评估和救援决策的时效性需求（图 11.4）。此外，部分国内自主卫星系统具备应急响应模式，自然资源部卫星遥感应用中心等机构可调度卫星调整轨道，实现重点区域快速重访并采集数据，用于应急支持。

图 11.4　2018 年 9 月 6 日北海道里氏 6.7 级地震

震中位于北纬 42.7°，东经 142°，造成大范围滑坡。左图展示由 Landsat 8 卫星 2017 年 7 月 26 日拍摄的影像，右图展示 2018 年 9 月 15 日（地震后九天）拍摄的滑坡情况。图片来源：Landsat 8 卫星影像，版权协议：Public Domain

11.3　应用于地质灾害研究的智能测绘技术前沿发展

11.3.1　人工智能技术

长期以来，地质灾害的传统评估方法依赖专家经验与统计学模型，存在效率低、精度受限等问题。机器学习（machine learning）采用多源数据驱动，可高效处理地质灾害专题数据（如地形地貌、地质构造、气象水文信息等）及历史滑坡编目等多维度数据；针对数据集尺度大小差异采用多种基于机器学习、深度学习、集成学习、迁移学习的智能算法，识别关键致灾因子并进行地质灾害发生条件判断，实现多源异构数据的非线性关系挖掘。未来趋势倾向于结合滑坡物理模型数值模拟和时序监测数据，提升滑坡风险评估的自动化水平和动态智能预测能力。

11.3.2　新型数据采集技术及体系构建

1. 低功耗传感器监测网络

低功耗监测网络是通过分布式传感器节点实现对隐患点的长期、实时、自动化监测，有效弥补传统人工巡查效率低、覆盖范围有限等不足。该网络通常基于低功耗广域网络（low-power wide-area network，LPWAN）技术（如 LoRa、NB-IoT）框架，具备超低功耗、广覆盖和强穿透特性，能在无市电供应的野外环境中稳定运行数月甚至数年。监测内容涵盖地质灾害风险区形变（GNSS、裂缝计）、地下水位（孔隙水压力计）、土壤含水率［时域反射仪（time domain reflectometry，TDR）传感器］、倾斜变形（倾角计）及降雨量等多维参数，以分钟级采样频率构建时空连续监测数据集。通过边缘计算节点对原始数据进行本地预处理（如位移速率阈值判断），仅触发预警时上传关键数据，大幅降低通信能耗。

2. 三维激光扫描建模

三维激光扫描是一种非接触式三维测量方法。其工作原理是通过发射激光脉冲并接收反射信号，获取测站到监测目标表面的实际距离、方位角度、反射强度等多维参数，结合自动化数据采集、整合和存储系统，实时构建高密度点云数据。经专业建模算法处理后，点云数据可转化为具备毫米级精度的三维数字化模型。该技术核心优势体现在以下三个方面：第一，通过该方法获取的亚厘米甚至毫米级精度点云数据可满足复杂地貌的精细建模需求；第二，三维激光扫描设备搭载模式突破传统测量限制，支持地面单站扫描与无人机或车载平台动态扫描，增加了观测的灵活性；第三，相比于全站仪基于离散点状目标的采样模式，三维激光扫描方法可实现面状海量空间数据的高效获取，显著降低人力和时间成本和危险地质环境下的传统测绘安全风险。

3. 无人机倾斜摄影测量

无人机倾斜摄影测量是一种结合无人机技术和摄影测量技术的高效三维建模方法，分辨率可达厘米级，适用于复杂地形观测。通过在同一飞行平台上搭载多台传感器，从垂直、前视、后视、左视、右视等不同角度采集影像，经过图像预处理、配准、三维模型生成和精细化处理，构建监测目标的高保真三维模型，精准反映地形信息。对多时相地面三维模型进行时序形变分析，可获取地表形变时空热点区域，识别地质灾害隐患。该方法能够从多个角度获取监测目标的纹理和几何信息，弥补了传统垂直摄影测量的不足。凭借其高精度、高效率、低成本和灵活性，无人机倾斜摄影测量提高了在三维实景场景模型中开展地质灾害隐患识别和研判效率。

4. 基于“天–空–地”一体化地质灾害监测体系

中国作为全球地质灾害最为频发的国家之一，地质灾害隐患呈现“分布广、隐蔽性强、高位发育”的显著特征。目前全国通过传统人工排查已发现地质灾害隐患点近 30 万处，然而近年来发生的多起重大地质灾害事件大多不在已知隐患点范围内，暴露出传统调查手段在复杂地质环境下的局限性。特别是在高海拔、高植被覆盖区域，人工排查面临“看不见、够不着、查不准”的困境。为破解这一难题，我国创新性地构建了“天–空–地”一体化监测技术体系，通过多平台协同观测实现地质灾害隐患的早期识别与动态监测（许强等，2019）。

“天基”层面实现广域筛查：主要依托卫星遥感技术，其中 InSAR 技术对地表形变的毫米级、大尺度监测特别适用于大区域隐患普查；高分辨率光学影像则用于地表异常特征的精细识别。“空基”层面完成重点区域、重点事件的精细识别：以有人机、无人机航测为核心技术手段，通过搭载激光雷达、多光谱相机等传感器，获取“天基”遥感筛查出的小流域尺度地质灾害隐患区域的发育条件和演化特征。“地基”层面确保灾害体内部物理参数的动态跟踪：由多种专业监测设备组成，形成密集的物联网监测网络，通过低功耗广域网络（LPWAN）技术实现监测数据实时传输，监测频率可达分钟级。在关键隐患点，还可部署视频监控、次声监测等新型传感设备，构建多维立体监测体系。在此基础上，通过建立“云–边–端”协同的智能预警平台，整合多源监测数据，利用多种灾害物理模型和机器学习算法分析灾害演化规律，最终形成“隐患识别—动态监测—智能预警”的全链条防治体系。这一创新模式不仅有效破解了“隐患在哪里”的识别难题，更为解决“何时发生”这一世界性难题提供了中国方案，为提升国家防灾减灾能力提供了重要技术基础。

11.3.3　技术集成与系统平台

1. 海量数据的在线云端处理

谷歌地球引擎（Google Earth engine，GEE）是自 2011 年由谷歌公司推出的云平台，提供 PB 级的卫星影像和地理空间数据集，依托分布式云计算架构，支持 Python 和 JavaScript 开发环境，使用户能够直接在云端进行地理空间分析、数据可视化分析及处理结果的多格式导出。GEE 的核心优势在于其海量数据存储和高性能并行计算能力，可在数分钟内完成传统工作站和本地处理器数日甚至数周才能完成的计算任务，极大减少用户因数据下载和本地处理的时间，显著提高地质灾害监测分析的时效性。

PIE-Engine 地球科学引擎是我国航天宏图信息技术股份有限公司自主研发的一套基于容器云技术构建的面向地球科学领域的云计算服务平台，是国内首个自主可控的基于互联网规模化运行的对地观测遥感数据处理与服务引擎，实现了云上多源异构遥感数据处理流程的灵活搭建、任务全程监控、多端协同作业和准实时快速处理，具有强大的数据存储和高性能分析计算能力。该平台整合了 PB（千万亿字节，petabyte）级的高分系列、Sentinel、Landsat 等国内外主流卫星数据资源，构建了集数据存储、处理分析和智能应用于一体的全链条服务体系。平台核心特色体现在四个方面：一是优先接入国产高分卫星数据，确保国家地理信息安全；二是提供丰富的遥感解译算法和人工智能（AI）分析模型，支持自然资源监测、生态环境评估、灾害应急管理等多个专业领域的深度应用；三是采用分布式云计算架构，具备 PB 级遥感数据的快速处理能力；四是提供低代码可视化开发环境，大幅降低遥感技术应用门槛。目前，PIE-Engine 已在洪涝灾害监测、森林火灾预警、农作物长势评估等典型场景中得到广泛应用，是我国自主遥感技术领域的重要突破和创新成果。

Geohazards-TEP 是由欧洲空间局（European Space Agency，ESA）开发的专题性地质灾害遥感云分析平台，专注于滑坡、地震、火山及洪涝等水文及地质灾害的监测与评估。该平台整合了以 Sentinel 系列卫星为主的多源遥感数据（光学、雷达、热红外等），提供从数据获取、处理到建模的一站式云端服务，支持形变监测、灾害影响评估及应急响应决策。其核心优势在于高性能计算能力与专业化分析工具，可快速处理大范围地质灾害数据，并支持算法共享与国际协作。典型应用包括地震形变场快速制图、群发滑坡快速识别、区域尺度 InSAR 形变分析等。相较于支持多种编程语言开发环境的 GEE 和 PIE-Engine，Geohazards-TEP 侧重以地质灾害领域应用为单元的深度研究，需注册–审核访问，但提供更精细的专项支持，是灾害风险管理的前沿技术平台。

2. 数字孪生技术

数字孪生（digital twin）技术是指通过物联网、大数据和时空建模等手段，在虚拟空间中构建物理实体的动态数字化映射，实现虚实交互与智能决策的前沿技术体系。在地球系统科学领域中，数字孪生技术可实现大气－生态－地貌－水文等多圈层地表系统在虚拟空间中的动态表示，主要构成部分包括多源传感器数据采集、三维数字建模、实时仿真交互和 AI 预测。在地质灾害监测分析研究中，该技术整合卫星遥感、地面传感器和无人机等多源观测数据，构建三维动态地质灾害预测预警模型，实现灾害全生命周期的精准监测与智能预警。核心应用包括：基于卫星遥感、地面传感器网络等实时数据驱动的数字孪生体，动态模拟滑坡、泥石流和崩塌灾害等地质灾害的演化过程，结合机器学习算法可在地质灾害发生前数小时至数天发出预警；通过地质力学和多物理场耦合仿真，在虚拟环境中复现地质灾害发生机制（如冻土边坡失稳、地震滑坡、降雨滑坡等），为地质灾害成因分析提供科学依据；利用三维可视化平台模拟不同应急方案（如工程加固、疏散路线等），优化救灾策略和灾后重建规划；融合历史灾害数据与气候预测预报模型，评估区域长期地质灾害风险，为国土空间规划提供科学依据。

思　考　题

1. 地质灾害识别经历了从基于像素点、面向对象到机器学习的三个技术阶段，试论述各阶段的典型算法和适用条件，以及深度学习技术在地质灾害识别中的创新性体现在哪些方面。

2. 对比分析光学遥感、InSAR、无人机航测、现场调查等技术在面对不同类型的地质灾害识别中的技术特点与应用局限。

3. 结合近年来在我国发生的一次地质灾害事件，说明为什么需要构建“天－空－地”一体化地质灾害早期识别与监测体系；并为该地设计一套因地制宜的“天－空－地”一体化地质灾害早期识别与监测技术方案。

参考文献

许强，董秀军，李为乐. 2019. 基于天－空－地一体化的重大地质灾害隐患早期识别与监测预警. 武汉大学学报（信息科学版），44(7): 957-966.

张勤，赵超英，陈雪蓉. 2022. 多源遥感地质灾害早期识别技术进展与发展趋势. 测绘学报，51(6): 885-896.

第 12 章　地质灾害风险评估

12.1　地质灾害风险评估概况

12.2　地质灾害风险评估理论基础与方法

12.3　地质灾害危险性评估

12.4　地质灾害易损性评估

12.5　地质灾害风险管理

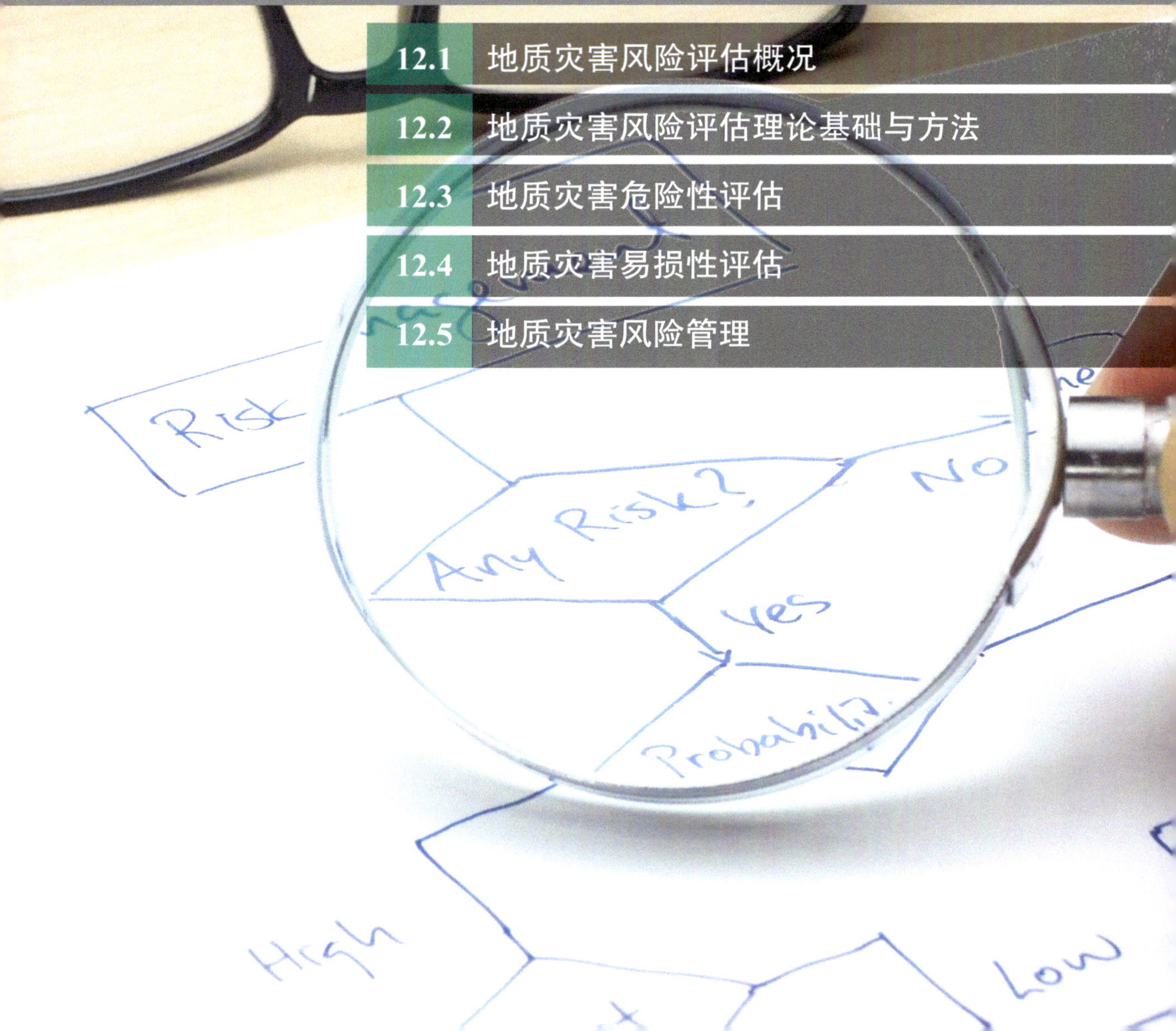

12.1　地质灾害风险评估概况

我国山地丘陵区约占国土面积的65%，地质条件复杂，构造活动频繁，崩塌、滑坡、泥石流、地面塌陷、地裂缝、地面沉降等灾害隐患多、分布广、防范难度大，是世界上地质灾害最严重、受威胁人口最多的国家之一。

我国每年因地质灾害造成的人员伤亡和经济财产损失十分巨大，学者们在灾害的预警、防治、减灾等方面做了大量研究。其中，地质灾害风险评估工作取得了重要进展，不但在减灾中发挥重要作用，更为政府的规划、布局和管理提供了参考。

12.1.1　地质灾害的基本属性

自然灾害和人为灾害统称灾害。地质灾害则是指在地球的发展演化过程中，由各种地质作用形成的灾害性地质事件。地质灾害在时空上的分布演化规律，既受制于自然环境，又与人类活动有关，通常是人类与自然界相互作用的结果。

需要注意的是，与地质灾害不同，那些仅仅使地质环境恶化，但并未直接破坏人类生命财产和生存环境的地质事件，我们则称其为地质现象或环境地质问题。例如，荒无人烟的地区发生的崩塌、滑坡、泥石流，没有直接造成人类生命财产的损毁，则不应称为灾害。

由以上地质灾害的定义，地质灾害既是一种自然现象，又是一种社会经济现象。因此，它具有自然和社会经济的双重属性。

（1）**自然属性**：指围绕地质灾害的动力过程表现的各种自然特征，如地质灾害的规模、强度、频次，以及灾害活动的孕育条件、变化规律等。

（2）**社会经济属性**：指与成灾过程密切相关的人类社会经济特征，如人口、财产、工程建设活动、资源开发、经济发展水平、防灾能力等。

12.1.2　地质灾害的分类与分级

1. 分类

根据动力来源分类：①内动力地质灾害（构造地震、火山、岩爆等）；②外动力地质灾害（主要包括泥石流、水土流失、水库淤积、水库及河湖塌库等）；③人为动力地质灾害（主要包括抽水等人工活动引起的地面沉降、地面塌陷、水库地震、水质污染等）。

根据地质灾害分布区域自然地理条件和空间特征分类：①山地地质灾害（崩塌、滑坡、泥石流）；②平原地质灾害（地面沉降）；③海岸地质灾害（海水入侵、海岸侵蚀）；④海底地质灾害；⑤矿井及人类工程地质灾害。

根据地质灾害活动的时间特点分类：①突发性地质灾害（地震、火山、崩塌、滑坡、泥石流、地面塌陷等）；②缓发性地质灾害（地裂缝、地面沉降、海水入侵、水土流失、土地荒漠化、土地盐渍化等）。

2. 分级

地质灾害分级主要是以受灾体主要特征和受灾体破坏程度为指标划分级次，反映地质灾害的程度。目前，国内外对地质灾害的分级尚未有比较统一的意见和标准，这里介绍《地质灾害危险性评估规范》（GB/T 40112—2021）中的分级。

（1）地质灾害危险性依据地质灾害发育程度分为大、中等、小三级（表 5.4）。

（2）地质灾害危害程度根据灾情和险情分为大、中等、小三级（表 5.5）。

（3）地质灾害危险性评估分级根据建设项目重要性划分为复杂、中等、简单三级（表 12.1）。

表 12.1　地质灾害危险性评估分级表

危险性	建设项目重要性		
	重要	较重要	一般
复杂	一级	一级	二级
中等	一级	二级	三级
简单	一级	三级	三级

12.1.3 地质灾害风险的基本概念及内涵

地质灾害风险的概念，通常包含两层意思，一是灾害发生的可能性；二是如果发生灾害，可能造成的后果。联合国人道主义事务部于 1991 年和 1992 年两次正式公布的自然灾害风险的定义，被广泛接受，即“风险是在一定区域和给定时段内，由某一自然灾害而引起的人们生命财产和经济活动的期望损失。”

根据地质灾害的概念及内涵，目前研究中对地质灾害风险的计算，普遍采用了简单但功能强大的计算公式：风险度 = 危险度 × 易损度。

12.2 地质灾害风险评估理论基础与方法

12.2.1 地质灾害力学原理

地质灾害变形破坏的力学原理如下。

（1）崩塌（图 12.1）：崩塌是在各种动力作用下，岩土体发生变形崩落的现象。其

图 12.1 崩塌

灾害形成过程主要分为三个阶段：第一阶段为不稳定因素积累阶段，岩土体在长期的地质营力作用下，产生节理、裂隙或断裂，逐渐破裂分割成支离破碎的块体，为崩塌活动奠定了基础；第二阶段为重力崩坠阶段，崩塌体脱离母岩，沿着最大重力梯度方向急剧而猛烈地崩落；第三阶段为平衡恢复阶段，同时又是下一次崩塌的准备阶段。

（2）**滑坡**（图 12.2）：滑坡带塑性区的发育和发展过程是滑坡灾变的力学过程。当滑带岩土逐渐破坏或滑带塑性区逐渐扩展，滑带全部贯通并达到基线破坏时，滑坡产生。

图 12.2　滑坡

（3）**泥石流**（图 12.3）：泥石流可以视作介于崩塌、滑坡等块体运动与含沙水流之

图 12.3　泥石流

间的一系列过程，泥石流体可视为介于含沙水体与土体之间的过渡性流体，既具有土体的结构性，又具有水体的流动性。在适当的地形条件下，大量的水体浸透流水山坡或沟床中的固体堆积物质，使其稳定性降低，饱含水分的固体堆积物质在自身重力作用下发生运动，便形成了泥石流。

（4）**地面沉降**（图 12.4）：经过地面沉降的长期调查研究，普遍认为地面沉降主要是由开采石油、天然气和地下水引起的，根据分层沉降标的观测资料，黏土层的压缩程度最大，因此，黏土排水固结的理论是解释地面沉降的基本原理。另外近年来，随着社会的快速发展，大规模建设开始后，地面上覆荷载显著增加，也导致了少量的地面沉降。

图 12.4　地面沉降

12.2.2　地质灾害风险评估框架

地质灾害风险评估，即分析不同强度和地质灾害发生的概率及其可能造成的损失，是对风险区发生不同强度地质灾害活动的可能性及其可能造成的损失进行的定量化分析与评估。地质灾害风险评估的目的是清晰反映评估区地质灾害总体风险水平与地区差异，为指导国土资源开发、保护环境、规划与实施地质灾害防治工程提供科学依据。地质灾害风险评估系统结构见图 12.5，实施步骤框架见图 12.6。

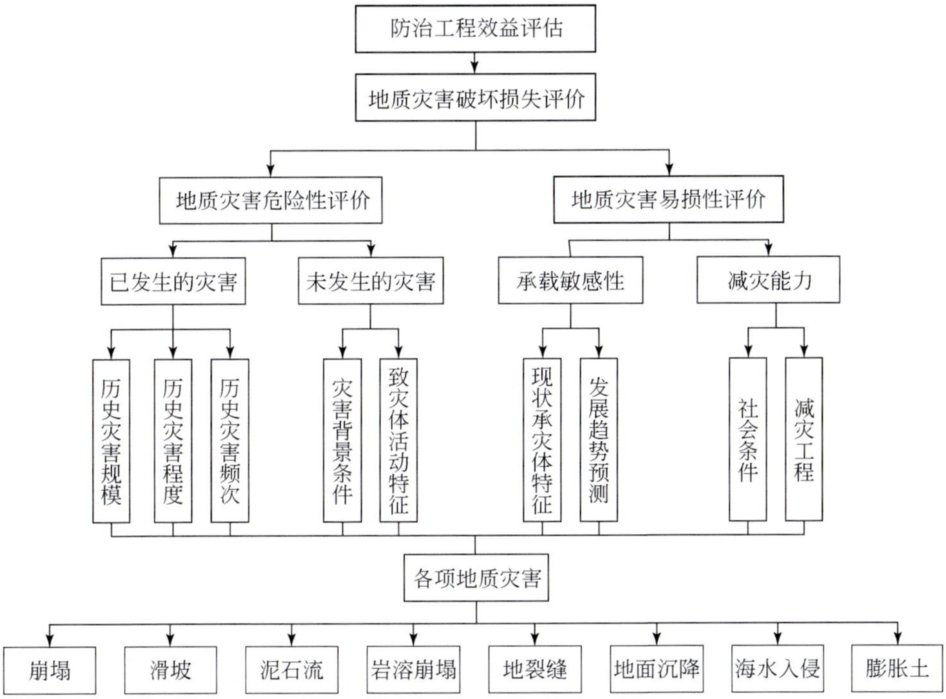

图 12.5　地质灾害风险评估系统结构示意图

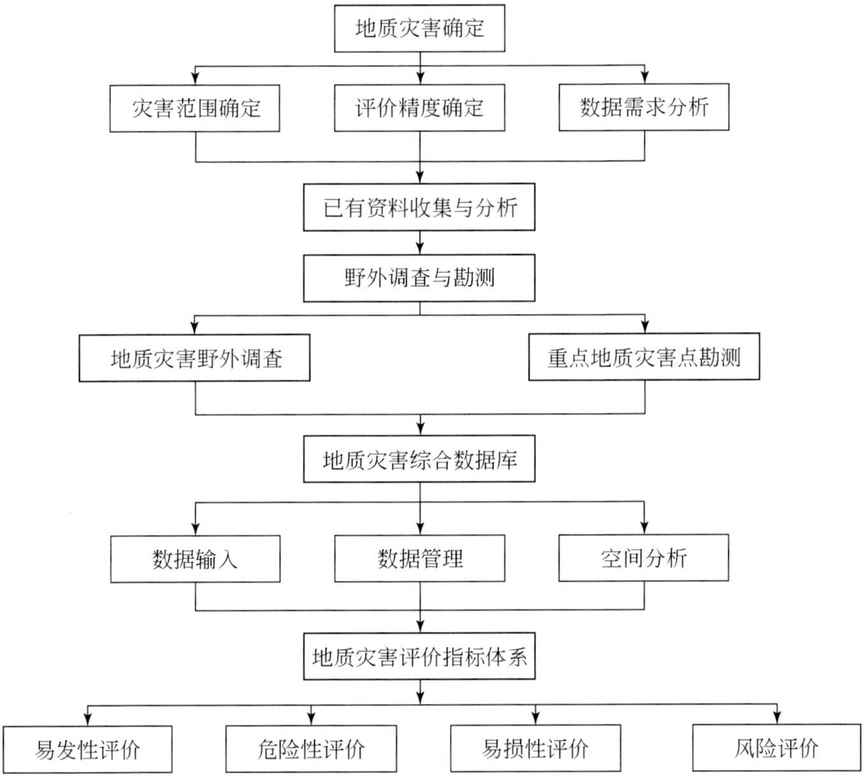

图 12.6　地质灾害风险评价实施步骤框架图

12.2.3 地质灾害风险评估方法

滑坡、泥石流等地质灾害的不确定性决定其评估方法需采用不确定性分析方法。随着概率论、数理统计及信息理论、模糊数学理论用于地质灾害预测，目前已形成了多种预测模型，其预测成果可相互对比、检验，从而可使预测成果更具有合理性、科学性。

目前常用的非确定性分析方法主要包括：

1. 参数合成法

参数合成法即专家经验指数综合评判法，它是最简单的定量评估方法。该类模型主要是建立在专家丰富经验的基础之上，用专家打分法等途径获取专家经验知识；专家选择影响地质灾害的因子并编制成图；根据专家的经验，赋予每个因子一个适当的权重，最后进行加权叠加或合成，形成地质灾害危险性分区图。

2. 数理多元统计模型法

数理多元统计模型法是通过对现有地质灾害及其类似不稳定现象与地质环境条件和作用因素之间的统计规律研究，建立相关的预测模型，从而预测区域地质灾害的危险性。

3. 层次分析法

层次分析法是对一个包括多方面因子却又难以准确量化的复杂系统进行分析评估时，根据各因子之间以及它们与评估目标的相关性，理顺组合方式和层次，据此建立系统评估的结构模型和数学模型。

4. 模糊综合评判法

模糊综合评判法是以模糊数学理论为基础，应用模糊关系合成的特性，从多个指标对被评价事物隶属等级状况进行综合性评判的一种方法，它对被评价事物的变化区间进行划分，并对事物属于各个等级的程度做出分析，这样就使得对事物的描述更加深入和客观。

5. 非线性模型预测法

非线性模型预测法又称误差拟传播（back propagation，BP）神经网络法，是把一组样本的输入－输出问题变为一个非线性优化问题而建立的预测模型。

6. 地理信息系统技术

地理信息系统（GIS）是集计算机科学、信息科学、现代地理学、遥感测绘学、环境科学、城市科学、空间科学、管理科学和现代通信技术为一体的新兴学科。GIS 把各种与空间信息相关的技术与学科有机地融合在一起，并与不同数据源的空间与非空间数据相结合，通过空间操作与模型分析，提供对规划、管理、决策有用的信息产品。因此，GIS 为我们提供了一种认识和理解地学信息的新方式。

利用 GIS 技术不仅可以对各种地质灾害及其相关信息进行管理，而且可以从不同空间和时间尺度上分析地质灾害的发生于环境因素之间的统计关系，评估各种地质灾害的发生概率和可能发生的灾害后果。

12.3　地质灾害危险性评估

危险性是指不利事件发生的可能性，滑坡、泥石流等地质灾害的危险性是指滑坡、泥石流灾害系统中孕灾环境和致灾因子的各种自然属性特征，可用滑坡、泥石流灾害过程强度或规模、频率、灾害影响区域及其影响程度、危害程度等危险度指标进行分析。

12.3.1　地质灾害危险性评估框架

地质灾害危险性评估框架见图 12.7。

12.3.2　地质灾害危险性评估指标体系

从定性的角度看，地质灾害的活动程度越高、危险性越大，可能造成的灾害损失就越严重；从定量评价的角度看，地质灾害的危险性需要通过具体的指标予以反映。

地质灾害活动条件的充分程度是控制地质灾害潜在危险性最重要的因素。从总体上说，地质条件、地形地貌条件、气候条件、水文条件、植被条件、人为因素是控制所有地质灾害活动的基本条件。但这些条件在不同类型地质灾害中的主次地位和作用方式不尽相同。对于有不同精度要求的点、面、区域评估，对各种条件和要素分析的详略程度也不尽一致，

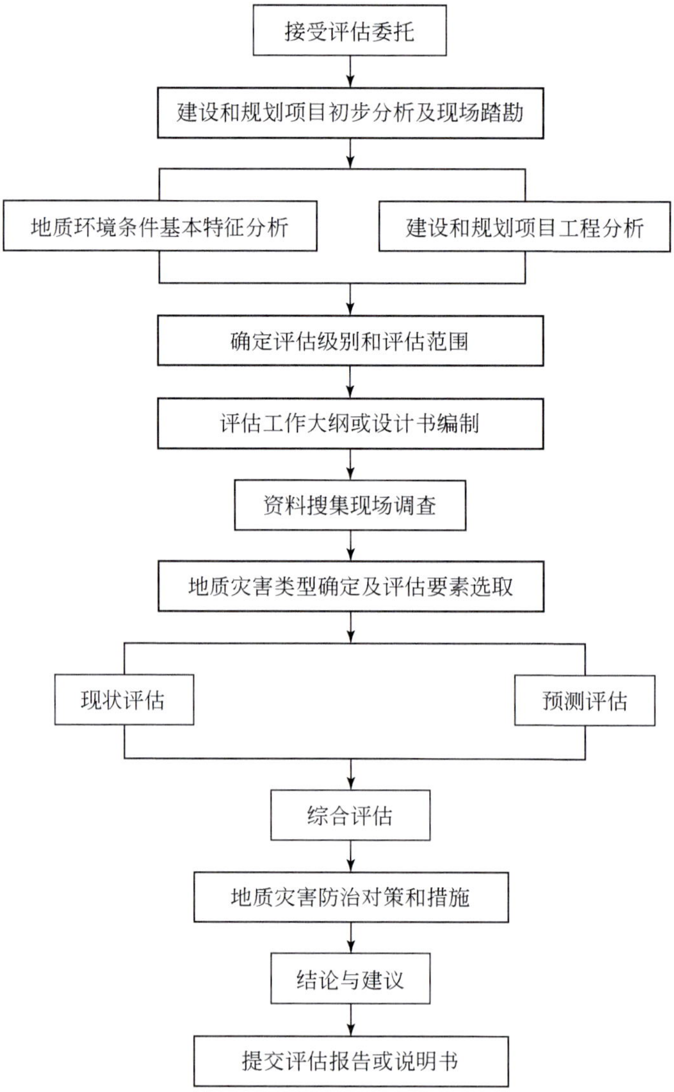

图 12.7 地质灾害危险性评估框架

图片来源：《地质灾害危险性评估规范》（GB/T 40112—2021）

所以评价指标各异。基于此差异，对于不同类型地质灾害的成灾特点和形成条件，需逐一进行论述。

例如，以地震触发的滑坡地质灾害的危险性评价指标体系，应包括环境本底因素和触发因素两部分，其中环境本底因素包括地震中滑坡对其响应明显的岩组、距河流距离、高差、坡度和坡向五个因素，触发因素包括地震和降水（图 12.8）。

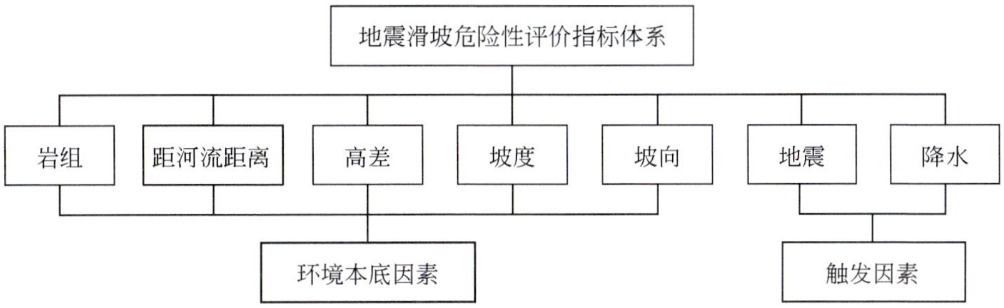

图 12.8　地震滑坡危险性评价的指标体系

12.4　地质灾害易损性评估

12.4.1　社会经济易损性构成及评价内容

易损性是指受灾体遭受地质灾害破坏机会的多少与发生损毁的难易程度。地质灾害的成灾程度一方面取决于治灾体条件；另一方面取决于受体条件。

社会经济状况对地质灾害成灾程度具双向影响：社会经济发达，地区人口、城镇密集的地区，受灾体密度大、价值高，地质灾害的危害范围广，造成的人口伤亡和经济损失大；但这些地区经济发达，防灾抗灾能力和灾后恢复能力强，因此减灾效益高，社会经济较落后的地区则与此相反。由此可见，社会经济易损性由社会经济条件和承灾体条件两方面基本要素构成。

在地质灾害风险评估中，易损性评价的基本目标是获得各方面易损性要素参数，为破坏损失评价提供基础。根据易损性构成，易损性评价的主要任务包括：

（1）划分受灾体类型；

（2）调查统计各类受灾体数量及分布情况；

（3）核算受灾体价值；

（4）分析各种受灾体遭受不同种类、不同强度地质灾害时的破坏程度及其价值损失率。

12.4.2 地质灾害破坏效应及承灾体类型划分

不同地质灾害的破坏效应大体相同，概括起来主要有以下几个方面。

（1）造成人员伤亡；

（2）破坏城镇、企业及房屋等建筑设施；

（3）破坏铁路、公路、航道以及桥梁、涵洞、隧道、码头等交通设施，威胁交通安全；

（4）破坏供水排水系统、供电系统、通信系统、供气系统等生命线工程；

（5）破坏水利工程；

（6）破坏农作物以及树木、森林等；

（7）破坏土地资源；

（8）破坏水资源；

（9）破坏机械、设备和各种室内财产。

由于地质灾害承灾体特别繁杂，所以在风险评估中，不可能逐一评价其易损性，只能将受灾体划分为若干类型，然后分类进行统计分析，进而获得各项易损性参数。划分地质灾害受体类型的依据和原则主要是根据地质灾害破坏效应，属于直线破坏充分考虑不同受灾体的共性和个性特征，同类型受灾体的性能、功能、破坏方式以及价值属性和核算方法基本相同或相似。根据此原则，将地质灾害承灾体大致划分为以下 15 类。

（1）人口：除了人口密度和数量外，还应考虑人口组成，特别注意儿童、老人以及残病等脆弱人口情况。

（2）房屋建筑：房屋种类繁多、特征各异，影响房屋抗灾性能主要是其结构特征，据此将房屋分为四类，即钢结构房屋、钢筋混凝土结构房屋、砖结构房屋、简易结构房屋。

（3）公路：包括路面、路基、涵洞及防护工程。

（4）铁路：包括轨道、路基、涵洞、防护设备、通信设备等。

（5）航道：包括水道及航道人工设施。

（6）桥梁：包括铁路桥、公路桥、立交桥、高架桥等。

（7）生命线工程：包括供水管线、排水管线、输变电线路、供气管线、供暖管线、通信线路等。

（8）水利工程：包括水库、大坝、堤防、渠道、机井等。

（9）生活与生产构筑物：包括水塔、烟囱、窑炉、储油罐、化工容器等。

（10）室内外设备及物品：包括飞机、汽车、拖拉机、船舶、仪器仪表、工具、商储物资、资料、办公与生活用品等。

（11）农作物：包括小麦、稻米、玉米、棉花、大豆、花生、烟草、蔬菜以及果树等农业培植的作物。

（12）林木：包括天然和人工播种的森林、树木。

（13）土地资源：根据不同用地类型及相应的开发利用价值，分为城市土地、农村宜耕土地、农村宜林、宜牧土地、荒原荒漠土地。其中城市土地进一步分为中心区土地、一般城区土地、近郊区土地、远郊区土地。

（14）地下水等矿产资源。

（15）其他：包括机场、发射场、海岸工程、古建筑、珍稀树木等。

12.4.3　地质灾害承灾体价值分析

将区域数据（按照城镇规划的土地利用，根据人口统计学研究的人口分布、按照如运输管理或电力供应等部门所确定的战略方案）放置在有关面积范围的图件上，这些图件的面积范围是通过针对每种情况的运动或形态的动力学模型判定得到的，如此便可识别出承灾体。

为进行易损性计算，可以将承灾体量化成货币值，或者从整体角度进行评估。此外若考虑承灾体折旧和灾后的残值，评估对象的现值可以按下列公式计算：

$$受灾体现值 = 重置价格 \times [(1- 残值率) \times 成新度 + 残值率]$$

其中，残值率是指建筑物及其他受灾体遭受灾害破坏后所剩余的残留价值与受灾体造价的比值，不同受灾体的残值率不用，我国对建筑等的残值率已有技术规定；成新度指的是评估对象的新旧程度，许多承灾体的相应取值在国家标准中均可参照。就评估价值而言，目前常用的方法有：

（1）对单一要素特定值的计算；

（2）利用效用函数；

（3）利用经验公式；

（4）就某一地区进行整体定性评估。

12.4.4　地质灾害易损性综合评估与易损度评估

承灾体的易损性（V）取决于要素的类型（K）和作用强度（S），即可表示为

$$V=f(K, S)$$

从实用的角度，为简化评估易损性的难度，往往仅以对承灾体的影响为基础。

评估某一情况所诱发的影响是以理论计算为基础，简单表示为承灾体价值（P）与易损性（V）的乘积：

$$C=P \times V$$

在这个方法中，每隔承灾体价值与相对易损性种类相乘（例如，物质易损性指数 × 财产指数 = 物质影响指数）。对每个灾害情况重复此计算过程，其中要考虑每个特定的作用强度等级，因为它影响着承灾体的易损性（V）。

物质、社会、环境和经济易损性评估标准见表 12.2。

表 12.2　物质、社会、环境和经济易损性评估表

物质易损性			社会易损性	
易损性种类	损失范围	指数	易损性种类	指数
建筑物完整	0	0	人员没有受影响	0
局部损失	1%~25%	0.25	人员被疏散，身体没受到伤害	0.25
严重损伤（可能修复好）	26%~50%	0.5	身体受到伤害（人员可以继续活动）	0.5
建筑物大部分被破坏（难于修复好）	51%~75%	0.75	人员严重受伤（50% 以上的人致残）	0.75
全部破坏（不能使用，如 >5% 倾斜度）	76%~100%	1	有死亡，51%~100% 的人致残	1
环境易损性			**经济易损性**	
易损性种类	损失范围	指数	易损性种类	指数
要素完整	0	0	没有中断	0
局部损失	1%~25%	0.25	短时间中断（数小时到一天）	0.25
严重危害（可能修复好）	26%~50%	0.5	较长时间中断（数天到一周）	0.5
大部分受破坏（难于修复）	51%~75%	0.75	长时间中断（数周到数月）	0.75
全部破坏	76%~100%	1	永久中断	1

12.5　地质灾害风险管理

12.5.1　地质灾害风险管理的目标与主要内容

整体上说，区域地质灾害管理的目标是协调人 – 地关系，减轻和避免地质灾害风险，

提高地质环境质量，促进地质环境保护与重建，保障环境与资源的可持续利用，从而促进社会经济的可持续发展。

地质灾害管理的主要内容是根据分级管理责任实施灾情管理，进行地质灾害调查、勘查和检测，制定与实施减灾规划和法规，推行减灾技术，筹措管理减灾资金，组织实施防治工程。

12.5.2 地质灾害风险管理的措施

自然灾害风险管理的措施主要有两种：一是通过降低自然灾害的危险度，即控制灾害的强度和频度，实施防灾减灾措施来降低风险；二是通过降低区域易损度，即合理布局和统筹规划区域内的人口和资产来降低风险。比较而言，通过后者降低区域易损度是目前较易实施的风险管理的主要措施。除此以外，也可以通过购买人身和财产保险，将风险转移至保险公司，这也是地质灾害风险管理行之有效的措施。

思 考 题

1. 地质灾害风险的基本概念及内涵是什么？
2. 地质灾害风险评估的主要包括哪些内容？
3. 地质灾害风险评估理论基础有哪些？展开阐述。
4. 地质灾害危险性评价分析评价的主要因素包括哪些？
5. 以滑坡为例，试简述地质灾害危险性评估指标体系。
6. 请阐述地质灾害管理的主要内容及地质灾害风险管理的两种主要措施。

参考文献

董颖，等．2009．地质灾害风险评估理论与实践．北京：地质出版社．
罗元华，张梁，张业成．1998．地质灾害风险评估方法．北京：地质出版社．
王雁林，郝俊卿，赵法锁，等．2014．地质灾害风险评价与管理研究．北京：科学出版社．

第 13 章　地质灾害防治管理

13.1 地质灾害防治管理概述

13.2 地质灾害预防管理

13.3 地质灾害应急管理

13.4 地质灾害防治管理案例

13.1　地质灾害防治管理概述

13.1.1　地质灾害管理基本概念

地质灾害管理指通过对灾害进行系统的观测和分析，改善有关灾害防御、减轻、准备、预警、恢复对策的一门应用科学。灾害管理学利用灾害科学的理论研究如何通过行政、经济、法律、教育和科学技术等各种手段对破坏环境质量的活动施加影响，调整社会经济可持续发展与防灾减灾的关系，通过全面规划合理利用自然资源达到促进经济发展并安全少灾的目的。

具体来说，地质灾害管理的主要内容是根据分级管理责任，实施灾情管理，进行地质灾害调查与勘查，防治工程管理与项目管理，制定与实施减灾规划与减灾法规，推行减灾技术，合理使用减灾资金，组织实施防治工程。灾情管理是地质灾害管理和减灾工作的基础。地质灾害减灾工程管理的基本目的是提高减灾科学水平，最大限度地发挥减灾效益。多年来的地质灾害管理和防治工作，灾害经济等“软件”内容非常薄弱。新时代地质灾害防灾减灾理念见图 13.1，在本章后续内容中将对地质灾害管理未来发展做具体介绍。

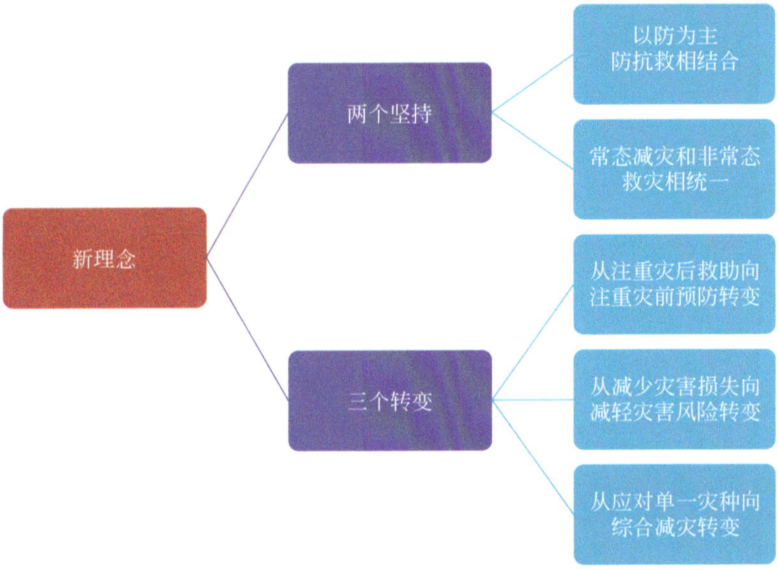

图 13.1　新时代地质灾害防灾减灾理念

课外拓展

2024年全国地质灾害成功避险案例

1. 福建松溪“6·16”吴山头村滑坡灾害避险：严格落实汛中避险转移方案

2024年6月16日1时30分，福建省南平市松溪县茶平乡吴山头村发生山体滑坡，规模约5万m^3，造成28栋房屋倒塌或损毁。因提前两天将村民转移避险，未造成人员伤亡。

2. 湖北秭归“7·10”张家红屋场滑坡灾害避险：风险区长期演练、培训见成效

2024年7月10日11时，湖北省秭归县沙镇溪镇三星店村香山路张家红屋场发生滑坡，造成香山路损毁342m、张家红房屋滑动20余米，因提前避险撤离74户206人并封闭道路，无人员伤亡，避免直接及间接经济损失约5000万元。

3. 广西德保“6·15”暮洞村泥石流灾害避险：技术保障到位，撤离迅速果断

2024年6月15日19时30分左右，广西壮族自治区百色市德保县敬德镇暮洞村曲江屯、根梅屯、堂洞屯（三屯同位于一处冲沟口处）发生一起泥石流地质灾害。灾害发生前，当地政府组织紧急撤离，受威胁的18人实现成功避险。

4. 重庆武隆“6·28”长田坎滑坡灾害避险：加密会商，逐步撤离受威胁群众

2024年6月28日凌晨，受强降雨影响，重庆市武隆区长坝镇鹅冠村叶家堡组长田坎滑坡发生灾情，造成坡体上3栋房屋损毁，直接经济损失约120万元。因提前撤离受威胁居民32户55人，未造成人员伤亡。

5. 陕西岚皋“8·12”王家湾滑坡灾害避险：“人防+技防”联动防灾避险

2024年8月12日凌晨，陕西省岚皋县城关镇四坪社区王家湾发生滑坡，导致1栋2层4间房的民房被完全冲垮掩埋，另外1栋3层楼房与6层楼房的房屋背部被滑土半包围。因受威胁人员提前撤离，实现成功避险。

6. 湖南平江“7·1”芭蕉村滑坡灾害避险：群策群防及时发现灾害隐患

2024年7月1日19时，受持续强降雨影响，湖南省岳阳市平江县童市镇芭蕉村新

屋组发生大面积山体滑坡，方量（体积）达 200 万 m^3，属于大型土岩混合滑坡。滑坡前缘的 11 户房屋全部被掩埋，滑坡体堆积在沟道内，形成了水体方量达 5 万 m^3 的堰塞湖，导致 7 户房屋被淹、道路中断、河道堵塞，电力、通信等基础设施损毁严重。受威胁群众 108 户 303 人被提前撤离，成功避险。

7. 四川万源“7・11”改板湾滑坡灾害避险：“一对一”确保撤离高效完成

受持续强降雨影响，2024 年 7 月 11 日 3 时 27 分，四川省万源市罗文镇团堡梁村解放湾组改板湾发生高位岩质滑坡，造成 33 户 173 间房屋严重受损、3 户 16 间房屋被掩埋，两条通村水泥路损毁 600m，输电线路铁塔 1 座受损。因提前避险转移受威胁住户 22 户 34 人，确保了当地群众生命安全。

8. 四川乐山“7・25”红岩凼滑坡灾害避险：基层识灾、辨灾、避灾能力有效提升

2024 年 7 月 25 日 8 时 20 分，四川省乐山市沙湾区牛石镇朝山村 3 组红岩凼附近山体发生大规模滑坡，形成链式灾害，造成 5 户村民房屋倒塌，10 户民房及 1 处养猪场房屋受损。由于巡查人员发现险情及时，提前疏散转移 33 户 77 人，成功避免 15 户 35 人因灾伤亡，避免直接经济损失 50 万元。

9. 云南河口“9・9”子丫小组滑坡灾害避险：落实“1262”精细化预报与响应联动机制

2024 年 9 月 9 日 22 时 30 分，受连续强降雨天气影响，云南省河口县河口镇南屏社区子丫小组地质灾害隐患点突发滑坡，造成居民房屋 36 户 79 间受损。由于受威胁群众 36 户 74 人提前转移避险，未造成人员伤亡。

10. 西藏定日“7・5”邦色沟泥石流灾害避险：有效避免链式灾害，致灾威胁扩大

2024 年 7 月 5 日 22 时至 6 日凌晨，受持续强降雨影响，西藏自治区定日县绒辖乡邦色沟暴发泥石流灾害，导致通往绒辖乡政府驻地道路交通、电力、通信等中断，公路路基、桥梁、涵洞等设施不同程度受损，得益于及时预警和提前转移群众，未造成人员伤亡。

13.1.2 灾害管理一般原则

1）超前原则

灾害管理要具有一定的超前性、预见性（如地震设防烈度）。

2）兼、融原则

地质灾害管理应与有关的社会管理融合起来，同时应兼顾人们的生产生活、社会的状态与发展（如大震救灾需考虑到社会秩序与社会活动的恢复）。

3）动态调控与中心转移原则

减灾与其他社会工作在人力、经济投入等方面的比例关系、侧重面，会随着减灾过程的常规发展与突发事件的冲击发生相应变化。灾害管理应及时引导、控制相关活动，实现减灾系统总效益与社会系统总效益的最大化。

4）软硬兼施原则

灾害管理需适时运用法律规范等“硬手段”，并加强防灾意识引导、重点关系协调等“软手段”。

5）全局优先原则

减灾效果需以系统的整体效益来体现。因此，灾害管理必须做到以全局为重。

6）就近调度原则

对日常减灾工作的支持应以就地为主、邻区为辅、外围为助、国家为补。但在面临突发、重大的自然灾害时，国家及其他地区应给予充分支持。

7）长远利益至上原则

减灾工作涉及长远利益与短期利益间的矛盾。防灾体系的建立与相应的城市改造在一定程度上消耗了当地的经济积累。

8）科学筹划原则

灾害管理涉及对象、影响因素、相关部门等较多，内部关系复杂，外部联系众多。在进行决策时，需运用先进数学方法，充分进行灾情评估，慎重进行科学分析，以尽可能优化方案。

13.1.3 地质灾害管理中的韧性理念

1. 韧性的定义与意义

地质灾害管理中的韧性（resilience）是指一个工程与社会系统在面对地质灾害等突发事件时，抵御冲击、减轻损失、快速恢复并适应未来风险的综合能力。它既包括灾害发生前的风险识别与准备能力，也涵盖灾害发生时的快速响应与资源调度能力，以及灾后恢复期的重建、反思与制度优化能力。

韧性的提出与发展是一个跨学科、多领域的演进过程，其理论根源可追溯至生态学、社会学、灾害学等多个学科，并在应对气候变化、灾害风险等全球性挑战中不断深化。地质灾害韧性防灾减灾理念的提出历程及关键节点见表 13.1。

表 13.1 地质灾害韧性防灾减灾理念的提出历程及关键节点

时间	来源	关键贡献
1973 年	C. S. Holling	提出生态韧性理论，奠定韧性研究基础
2001 年	Berkes 和 Folke	提出社会–生态系统韧性（SES resilience），整合自然与社会维度
2002 年	联合国	在联合国可持续发展峰会上，倡导地区可持续发展国际理事会（ICLEI）首次正式将韧性的概念引入到了城市公共治理领域，并提出了韧性城市（resilient city）的概念，开启了韧性城市研究的先河
2005 年	联合国	在日本兵库县举行了联合国世界减灾会议，会议通过了《兵库行动框架》，明确提出了通过韧性城市来应对自然灾害的理念
2011 年	第二届世界城市科学发展论坛暨首届防灾减灾市长峰会	在中国成都召开，主题为“让城市更具有韧性和关注城市发展与合作：构建人类宜居和可持续发展城市”，通过了《让城市更具韧性“十大指标体系”成都行动宣言》，在中国城市建设中首次提到韧性概念
2014 年	日本	编制完成了《全国国土强韧化计划》，把建设“韧性国土”作为基本国策
2015 年	联合国	《2015—2030 仙台减灾框架》提出“增强经济社会韧性”量化目标（如减少灾害死亡率）
2020 年	IPCC 第六次评估报告	明确“气候韧性发展”路径，强调减缓、适应与韧性三位一体
2021 年	中国	在《中华人民共和国国民经济和社会发展第十四个五年规划和 2035 年远景目标纲要》第二十九章第二节中提出了建设宜居、创新、智慧、绿色、人文和韧性城市，这标志着韧性城市建设已纳入国家规划
2022 年	中国	在《“十四五”国家综合防灾减灾规划》中明确指出，要将安全和韧性、灾害风险评估等纳入国土空间规划编制要求
2023 年	国际地质灾害与减灾协会	在《上海宣言：边坡工程抗震韧性、鲁棒性与可持续性设计》中明确提出，要构建新一代边坡工程抗震韧性设计与评估指南，确保边坡的长期稳定性和安全性是全球共享的防灾目标和优先策略

在地质灾害防治中，韧性作为综合减灾理念的重要组成部分，强调的不仅是“硬件防灾”的工程能力，更关注制度建设、公众意识、社区动员、信息传播等“软件支撑”体系的整体协同。它体现了从“以灾为中心”向“以人为核心”的管理范式转型，是实现科学防灾、全民减灾和系统性治理的关键保障。随着防灾减灾理念的不断深化，韧性的内涵也在不断拓展，逐渐与生态文明建设理念深度融合，将“人与自然和谐共生”作为价值取向，一体推进生态修复与灾后恢复。通过推广生态护坡、植被重建、水土保持等绿色防灾措施，提升工程与环境的整体韧性；通过构建协同恢复的社会系统，增强区域灾后的生态服务功能与社会适应能力。这种韧性与生态相融合的治理路径，不仅提升了地质灾害管理的现代

化水平，也使防灾减灾工作成为推动可持续发展、建设资源节约型和环境友好型社会的重要支撑。

2. 韧性理念与地质灾害管理原则的关系

基于韧性理念的地质灾害管理不仅体现为灾后“恢复得快”，更体现在灾前“准备得好”、灾中“应对得当”的全过程管控能力。因此，它与地质灾害管理的多项原则形成有力支撑与互促作用：

（1）在超前性原则中，韧性社会拥有更强的风险识别、预判和资源准备能力；

（2）在软硬兼施原则中，社会韧性承载了法律宣传、公众教育、社区动员等“软手段”功能；

（3）对于就近调度原则，韧性强的地方政府与社区更能第一时间发挥本地资源、组织快速反应；

（4）在科学筹划原则下，提升社会韧性有助于优化方案设计，实现“人员 - 制度 - 资源”多维联动。

与传统地质灾害管理模式相比，韧性管理体现了从“结果控制”向“过程适应”的理念转变。传统管理模式通常强调以技术手段、工程措施和行政管理为主导，目标是防止灾害发生或控制损失；而韧性管理则更加强调系统整体的应对能力和在灾害面前的持续运行与快速恢复能力。因此，韧性管理的提出不仅是对传统模式的补充，更是灾害风险治理理念的更新升级，引导地质灾害管理工作走向“风险共治、全民参与、持续适应”的治理新阶段。

3. 韧性的维度及其表现形式

韧性是一个多维度的综合概念，其内涵因应用领域（如灾害管理、生态保护、城市规划等）而有所差异。传统韧性理论通常以四维度框架为基础（如技术、组织、经济、社会），但在地质灾害管理这一具体领域，由于灾害的复杂性和社会系统的多层级特征，韧性维度需要更细致的解构。

社会韧性：是指社会群体、社区和个体在灾害发生前后的感知、反应与恢复能力，是地质灾害防治体系中最基础且最广泛的韧性表现形式。主要体现在公众防灾意识与风险认知水平、社会网络和邻里互助能力、教育普及程度、灾害演练等。一个具备高度社会韧性的社区，往往在灾前预警响应速度快、灾中转移执行效率高、灾后社会秩序恢复快，能够有效减少次生社会性损失。

组织韧性：是指政府机构、社区组织、专业救援单位等在灾害应对过程中的指挥、协调、执行与自我调整能力，是保障地质灾害管理机制高效运转的关键力量。关键要素包括：

多部门协同与分级响应机制的健全程度、应急预案体系的完备性与实用性、基层治理能力与群测群防网格化体系的覆盖力等。组织韧性强的区域，往往具备更高的应急响应效率和资源调度能力，在灾害发生后能快速恢复社会功能与基本服务。

经济韧性：反映的是区域或社区在地质灾害冲击下维持和恢复经济活动的能力，直接影响灾后的重建速度与可持续发展水平。主要表现包括：灾前保险与财政储备机制的健全、经济结构的多样性与灵活性、灾后恢复资金的可获取性与调配效率、生计保障能力等。具备高经济韧性的地区能够更快实现经济活动重建，降低灾害对区域发展的长期拖累效应。

技术韧性：是指地质灾害防治工程、监测系统、预警技术及信息平台在面对灾害时的可靠性、适应性与持续运行能力，是构建综合防灾体系的重要支柱。关键技术能力包括：智能化监测与预警系统的覆盖率和准确率、基础设施的抗灾能力与可修复性、数智平台支持的指挥调度与风险分析能力、技术人才与装备储备水平等。随着科技发展，技术韧性正从单一预警转向多维感知、多灾种融合与“数字孪生”支持的动态响应，成为提升综合灾害管理效能的核心要素。

由于韧性的高维度属性和复杂的表现形式，基于韧性的地质灾害风险管理是一个复杂体系，目前发展还未完善。尽管如此，加强社会韧性的建设，已成为新时代地质灾害治理体系和治理能力现代化的重要内容。在今后的地质灾害管理中，应将韧性理念贯穿于灾前预防、灾中应对、灾后恢复全过程，推动形成“系统防灾、全民减灾”的良好局面。

13.1.4　地质灾害管理采用“硬手段”案例

兴荣煤矿开采导致兴荣村部分村民房屋开裂受损以及地表出现裂缝、下沉或隆起，地下水干涸等地质灾害。

对于已经达到应当采取搬迁避让标准的Ⅲ、Ⅳ级房屋，织金县人民政府并未组织受灾村民进行搬迁、避让，而是由兴荣煤矿根据房屋受灾程度支付房屋赔偿金，由村民自行选址另建房屋。兴荣村村民张习亮等 91 人认为织金县人民政府、兴荣煤矿未采取实质性的治理措施，遂以织金县人民政府为被告提起行政诉讼，请求判决织金县人民政府采取搬迁、避让措施。

2020 年 9 月 21 日，最高人民法院第五巡回法庭公开开庭：责令贵州省织金县人民政府根据兴荣村村民受灾程度及灾情变化，依法履行组织搬迁、避让的职责，相关费用由贵州新浙能矿业有限公司织金县绮陌乡兴荣煤矿承担。

13.1.5 地质灾害管理采用"软手段"案例

自然资源部发布2024年度全国地质灾害成功避险十大案例，见图13.2。宣传典型案例有助于推广各地的好经验、好做法，更好地以鲜活事例增强群众灾害风险意识、提升基层避险水平、提高减灾防灾能力。

2025年5月12日是第17个全国防灾减灾日。应急管理部信息研究院联合多个政府部门和社区机构，在北京市朝阳区太阳宫广场共同举办"防灾减灾进社区、平安守护千万家"科普宣传活动。活动共发放防灾减灾科普宣传资料、应急文创产品1500余份，惠及社区居民千余人，进一步增强了社区居民防灾减灾意识、提升了自救互救技能，牢筑安全发展基础，得到社区居民广泛好评（于小川，2025）。

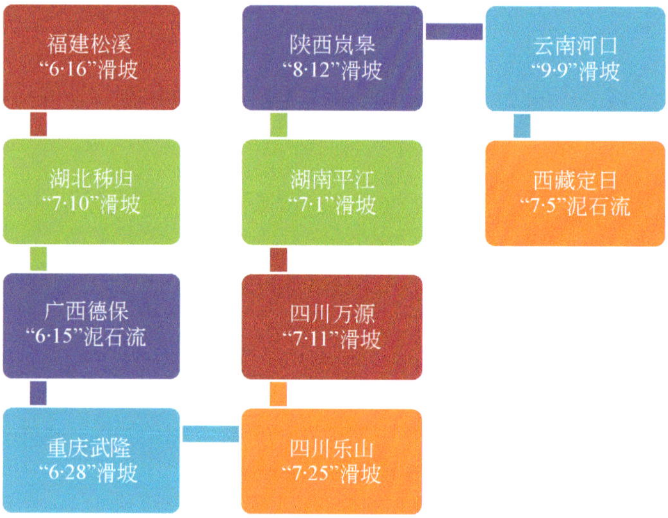

图13.2 2024年度全国地质灾害成功避险十大案例

13.1.6 地质灾害防治管理国内外先进经验和做法

目前国内外地质灾害管理的先进经验和做法主要可以总结为以下七点：

（1）构建了完善的法规体系；

（2）高度重视灾害科学研究工作；

（3）建立了先进的灾害监测预警及发布机制；

（4）完善了协调有效的应急管理体系；

（5）拥有专业化的应急救援队伍；

（6）广泛参与的社会化自救互救形式；

（7）制度化的公众防灾意识宣传与普及。

13.1.7　灾害管理的主要内容和手段

（1）主要内容：根据分级管理责任，实施灾情管理，进行地质灾害调查与勘查，防治工程管理与项目管理，制定与实施减灾规划与减灾法规，推行减灾技术，合理使用减灾资金，组织实施防治工程。

（2）基本原则：①实行分级管理，推进减灾社会化；②推进灾害管理信息化、科学化、现代化、规范化、法制化；③同其他自然灾害管理相结合；④同资源管理、环境管理及国土开发等相结合；⑤同国家改革和建立社会主义市场经济相结合。

管理范例：①十有，有组织、有经费、有规划、有预案、有制度、有宣传、有预报、有监测、有手段、有警示；②五到位，地质灾害隐患评估到位、地质灾害隐患点群测群防员联系到位、地质灾害隐患点组织巡查到位、处理地质灾害防治宣传材料发送到位、发生地质灾害灾情险情人员到位；③七包七落实，全国 30 多万群测群防员区县干部包镇、乡镇干部包村、村干部包户、党员包群众、单位包职工、教师包学生、景区包游客，落实转移地点、转移路线、抢险队伍、报警信号、避险设施、报警人员、转移人员。

（3）主要手段。

经济手段：①筹措管理地质灾害减灾资金，支持地质灾害勘查、监测、研究、防治及灾后恢复和重建；②发展减灾产业，结合市场经济发展，组织社会减灾活动；③推行灾害保险，调动社会积极性，广泛投入减灾事业。

行政手段：①制定和实施减灾规划；②进行减灾宣传教育；③组织实施基础性地质灾害勘查和区域地质灾害监测、预测以及灾情评估工作；④指挥协调抗灾救灾及灾后重建，最大限度地减少灾害损失。

法律手段：①灾害管理基本法；②专门性灾害管理法规；③地方性灾害管理法规。

此外，还应对地质灾害进行分级管理，管理分级与责任分工可参考见表 13.2。

表 13.2　地质灾害分级责任简表

管理分级	地质灾害自然环境保护与治理	地质灾害预防与治理	地质灾害研究与管理
中央政府与地方政府	国土整治与区域环境保护	重大灾害与区域性灾害预测、监测、预报、防治	制定法规与规划，进行减灾宣传与教育，组织研究，进行国际合作
行业与企业	企业环境保护与治理	支持政府减灾活动，实施企业地质灾害预测、预报、监测、防治	执行减灾法规，进行减灾宣传与教育，制定企业减灾规划，进行灾害研究与国际合作
个人	规范生产活动，避免破坏环境	提高减灾意识，加强家庭和个人生命财产的御灾能力，预防小型灾害	遵守减灾法规

尤其要注意，在地质灾害管理过程中，应重视个人行为的影响，下面举例说明由于个人行为导致的地质灾害及其对周围居民环境产生的恶劣影响。

1. 案例展示：湖南，切坡建房，造成山体滑坡

2017 年 6 月 29 日至 2017 年 7 月 2 日，湖南省长沙市宁乡县境内持续强降雨。2017 年 7 月 1 日，沩山乡祖塔村王家湾组因长时间强降雨发生山体滑坡，致多人伤亡和失联。2017 年 7 月 2 日，湖南省地质灾害监测预警应急响应由Ⅲ级提升至Ⅱ级，长沙市宁乡县地质灾害应急响应提升至Ⅱ级。

灾后通过现场调查和前后影像对比分析，该处发生山体滑坡的主要原因是山下村民在历史上切坡建房后形成高陡边坡，边坡后缘板岩和含碎石黏土在强降雨和人类活动的共同作用下诱发滑坡。滑坡主滑方向 140°，平面呈 U 形，滑坡后缘标高为 404m，前缘高度为 329m，相对高差为 75m，斜长为 140m，宽为 80m，面积为 1.12 万 m^2，平均厚约 7m，体积为 7.84 万 m^3，滑动距离约 250m，为小型浅层牵引式顺层岩土混合型滑坡。

此外，国内也有诸多组织实施地质灾害监测成功避险案例值得其他地区政府部门学习借鉴。

2. 案例展示：湖北，恩施市提前预警滑坡，成功避险

2020 年 7 月 16 日以来，湖北省恩施市遭遇连续强降雨；7 月 17 日下午 4 时许，屯堡乡地质灾害监测员在巡查地质灾害点时，发现地表裂缝，预警了滑坡变形，及时上报滑坡险情。省委省政府启动Ⅱ级应急预案，自然资源部、省自然资源厅迅速调集专家技术力量及 30 台套仪器设备，投入灾害现场提供技术支持。恩施州迅速组织公安干警、消防应急、乡村干部、“尖刀班”300 余人，进村入户，转移群众。7 月 17 日下午 5 时，根据工程地质学家建议，第一批滑坡附近 19 户 100 人以上居民撤离；7 月 18 日上午 8 时 29 分，第二组 32 户 100 多人被疏散。撤离工作于 7 月 18 日下午 6 时前全部完成，前两轮共撤离 51 户 261 人。然后，为了将山体滑坡本身和山体滑坡坝对当地居民可能造成的风险降到最低，当地政府疏散了该地区所有可能受到山体滑坡影响的居民。截至 7 月 21 日下午，共有 1963 户 8397 人从山泥倾泻附近撤离。

2020 年 7 月 21 日 5 时 30 分左右，湖北省恩施土家族苗族自治州屯堡乡马者村沙子坝约 144 万 m^3 滑坡体顺沟道滑入清江形成堰塞湖。因避险防范有序、应急支撑有力，无一人伤亡，最大限度地减少了因灾损失。

滑坡发生后，考虑到如果滑坡坝继续升高高度，上游水位会进一步上升；如果大坝决堤，可能会影响到位于下游的恩施市，因此采用了灾害管理方案降低滑坡风险。

该方案主要有两个预防措施：

（1）清空下游大龙潭水库的库容，避免滑坡坝溃坝后对下游恩施市的洪水威胁；

（2）利用强径流冲洗滑坡坝，通过增加上游云龙河水库的流量，阻止滑坡坝高的

增加。

7 月 21 日上午 10 时 15 分，云龙河水库加水泄洪，突破滑坡坝顶，形成溢洪道泄洪，水位逐渐下降，瞬间缓解了滑坡坝溃坝危险。这项行动成功地减低了由滑坡引起的灾害的潜在威胁。

该次地质灾害成功避险案例表明，既要压实防灾责任，落实巡查排查制度，实现市、乡、村和监测员四级联防网络的联动效应，更要强化科技支撑体系与能力建设，这样才能化解灾害风险，确保人民群众的生命安全。

13.2　地质灾害预防管理

13.2.1　地质灾害预防管理原则

以预防为主，避让与治理（生态治理）相结合；

以常规治理为主，常规治理与应急治理相结合；按规划对地质灾害隐患点实施常规治理，对突发性的、情况紧急的地质灾害可不按规划要求实施应急治理；统筹规划、讲求实效、重点突出、分步实施；

坚持监测预警为主，监测预警与工程治理相结合；

坚持各级政府对辖区内地质灾害防治负责；

坚持谁诱发、谁负责原则，自然原因形成的地质灾害隐患由政府出资治理。

13.2.2　地质灾害监测预报新技术

随着时代进步，地质灾害防治技术日益发展。对于未来的地质灾害监测预报新技术趋势主要为逐步实现地质灾害防治的信息化、自动化和智能化。通过装备的技术升级实现由人防到人防 + 技防到技防 + 人防的转变，大力提升地质灾害防治科技支撑能力。目前，已有的地质灾害监测预报技术如图 13.3 所示。

未来地质灾害监测预报预期形成“天 – 空 – 地”一体化的“三查”体系。

图 13.3　现有地质灾害监测预报技术

13.2.3　地质灾害治理技术

地质灾害防治是指对不良地质现象进行评估，通过有效的地质工程技术手段，改变这些地质灾害产生的过程，以达到防止或减轻灾害发生的目的。地质灾害防治工作，实施预防为主、避让与治理相结合的方针，按照以防为主、防治结合、全面规划、综合治理的原则进行。目前，地质灾害治理主要从以下几点出发：

（1）新高聚物注浆治理，可增大滑坡抗滑力、增强滑面阻水性、提高滑坡完整性、加固已有重力型治理工程；

（2）挡土墙、锚杆、抗滑桩、削坡减重、面坡处理、加筋、泥石流拦挡和排导；

（3）免灌种植、植绿、水土流失治理、生态文明建设。

未来地质灾害防治技术新趋势主要体现在融合治理工程安全与生态文明建设，实现人与自然和谐共生，以及推动地质减灾从保障治理工程安全为唯一目标的“基础减灾阶段”进入“康养减灾阶段”的新常态。具体原则可总结为以下四点：

（1）考虑灾害体自愈能力——地质灾害物理演进模拟理论研究；

（2）注重景观保护与生态修复——环境友好型地质灾害减灾新技术；

（3）遵从山水林田湖沙草一体化保护原则——治理与国土资源再造；

（4）生态文明视角——防治工程服役性能综合研究。

13.2.4　生态文明的基本定义

生态文明是人类为保护和建设美好生态环境而取得的物质成果、精神成果和制度成果的总和，是贯穿于经济建设、政治建设、文化建设、社会建设全过程和各方面的系统工程，反映了一个社会的文明进步状态。所谓生态文明，是人类文明的一种形式。它以尊重和维护生态环境为主旨，以可持续发展为根据，以未来人类的继续发展为着眼点。

13.2.5 生态文明建设的必要性与紧迫性

为从根源对地质灾害进行防治，有效防范生态环境风险，我国需进一步加强生态文明体制改革，加大生态系统保护力度。目前资源、环境、生态对我国社会经济发展的制约作用已发生五个方面的重大变化：

1）时间上由短期制约向长期制约转变

资源约束已经从以技术和经济限制为特征的流量约束转变为以资源存量接近耗竭为特征的存量约束。

2）空间上由局部制约向全局制约转变

资源短缺已经从资源禀赋差的地区扩展到资源禀赋好的区域，从东部沿海发达地区扩展到西部欠发达的内陆省区。

3）种类上由少数制约向多数制约转变

20 世纪，资源对经济发展的约束仅是指个别资源，且约束的程度较轻。以矿产为例，我国的矿产资源形势不容乐观，现有已探明的 45 种主要矿产资源中，将有 26 种不能满足经济发展对其的需求。

4）强度上由弹性制约向刚性制约转变

20 世纪 70 年代以来，人类每年对地球的需求已经超过了其更新再生能力，与全球大部分国家类似，我国自此一直处于生态赤字之中。2008 年，我国人均生态足迹为 2.1gha[①]，是人均生物承载力（0.87gha）的将近 2.5 倍，由于人口数量大，我国的生态足迹总量是全球各国中最大的。

5）表征上由隐性制约向显性制约转变

日益增长的资源需求与日益减少的人均资源量的矛盾和更多的自然灾害是最直接的证据。当区域发展必须依靠资源调动，尤其是水资源调动时，资源约束已经从隐性向显性转变。

13.2.6 生态文明建设的基本路径

1）资源保护与节约：生态文明建设的重中之重

在整个生态系统中，人是主动的，环境是被动的承受和反馈，资源是人与环境的中

① 生态足迹单位，1gha=1ha/ 人，1ha=1hm^2=1 万 m^2。

心环节，是环境中直接为人类利用的那一部分，环境恶化是资源不合理利用、资源破坏、流失、污染的结果，资源是根本，环境是表征，资源保护与节约是生态文明建设重中之重。自然资源总量多，人均占有量少是我国的基本国情，根据《中华人民共和国可持续发展国家报告》，关键的资源要素人均淡水、耕地、森林、石油和铁矿石资源仅分别为世界平均水平的 28%、43%、25%、7.7% 和 17%，同时，我国城镇化发展加速，人均水资源、能源用量呈上升趋势（图 13.4）。据国家统计局数据，1953 年，我国能源消费总量仅为 0.5 亿吨标准煤，2023 年达到 57.2 亿吨标准煤，比 1953 年增长 104.7 倍，年均增长 6.9%。与此同时，我国清洁能源消费的比重不断提高（图 13.4）。资源短缺的基本国情和非安全因素增加的基本态势，决定了我国在发展中必须高度重视资源节约和保护。例如，在耕地保护方面，我国长期坚持量质并重，守牢耕地红线。据 2024 年中国自然资源公报数据，全国耕地面积呈稳定态势，耕地流向展现积极变化。2023 年，全国耕地面积为 19.29 亿亩（1.29 亿 hm^2），同比增长 0.8%。

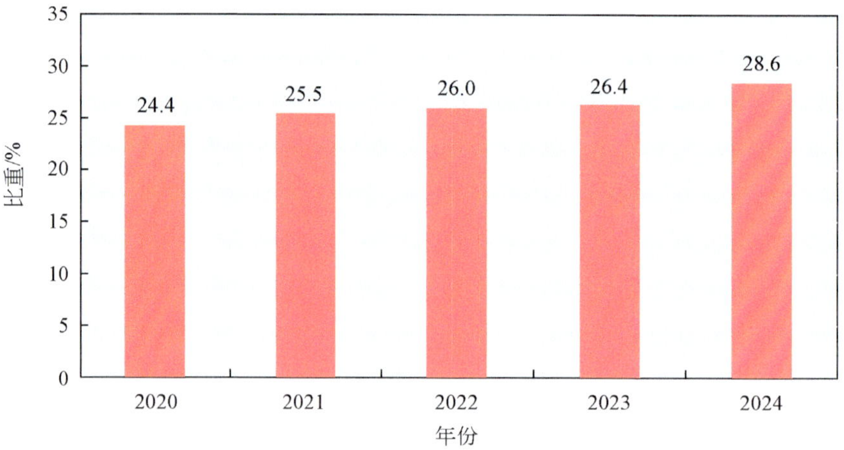

图 13.4　2020~2024 年清洁能源消费量占能源消费总量的比重图

2）环境保护与治理：生态文明建设的关键所在

十八大提出全面建成小康社会，环境质量的提高，人居环境的改善是小康社会的重要指标。环境保护和治理是提高人居环境的关键，是生态文明建设的关键所在。“十一五”期间，国家将主要污染物排放总量显著减少作为经济社会发展的约束性指标，着力解决突出的环境问题，环境保护取得积极进展，但目前我国环境状况总体恶化的趋势尚未得到根本遏制，废水排放总量和氮氧化物的排放呈持续上升趋势，环境事件数量虽然有下降趋势，但是污染与破坏的直接经济损失却没有得到有效控制。环境问题带来的环境矛盾凸显，压力继续加大。日益严峻的环境形势和日益强烈的公民环境意识，决定了我国在发展中必须高度重视环境保护和治理。

3）生态保护与修复：生态文明建设的重要载体

生态保护与修复的目的是给自然留下更多修复空间，它为生态文明建设提供重要载体，也是未来发展的希望所在。截至 2014 年，全国荒漠化土地总面积 26.12 万 hm^2，占国土总面积的 27.20%，各省荒漠化土地面积见图 13.5。面对严重退化、巨额赤字的严峻生态现实，决定了我国在发展中必须高度重视生态保护和建设。虽然我国加大生态修复的力度，森林覆盖率由 1990 年的 12.98% 上升到 2011 年的 20.36%，但生态保育不仅包括局部生态系统的保护和修复，还需要提高和完善生态系统的服务功能。目前在生态系统服务方面还存在结构性的政策缺位，尤其是生态补偿制度尚未全面建立，使得生态效益及相关的经济效益在保护者与受益者、破坏者与受害者之间不公平分配，导致了受益者无偿占有生态效益，保护者得不到应有的经济激励。

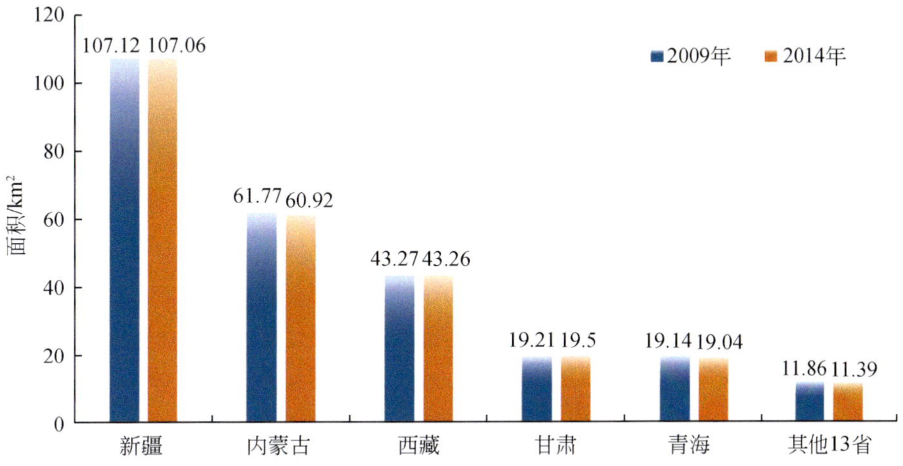

图 13.5　全国各省荒漠化土地面积

图片来源：中国荒漠化和沙化状况公报，http://www.forestry.gov.cn/main/65/content-835177.html [2022-12-09]

4）国土开发与保护：生态文明建设的空间规制

国土是空间、资源、环境、生态等的总称，是生态文明建设的空间载体。国土空间开发与保护要按照人口资源环境相均衡、经济社会生态效益相统一的原则，控制开发强度、调整空间结构，促进生产空间集约高效、宜居适度、山清水秀，它从空间系统上把握资源、环境、生态的协调，是生态文明建设的空间规制。长期以来，我国对于资源开发没有从国土空间来进行整体把握，分区管理，造成了国土开发的失序，开发强度失当，整体格局失衡；开发空间的不合理，导致人口分布与经济布局的失衡，城市建设空间和工矿空间单位面积的产出较低，绿色生态空间减少。

13.3　地质灾害应急管理

13.3.1　地质灾害防治应急管理发展趋势

在地质灾害应急管理中，不断提高风险识别预警、信息共享、远程响应、协同救援、综合保障能力，已然成为全球灾害事故智慧应急发展的前沿趋势。信息技术赋能智慧应急发展四个着力点：①非常规、未知风险的识别和评估；②多元协同与系统化应急；③全行业整合、高共享、深应用的智慧应急；④主动感知与预测预警的智能联动。未来地质灾害防治应急管理基础研究方向主要包括：

（1）风险评估，重大灾害事故及多灾种耦合致灾机理与规律；

（2）虚拟现实，多因素耦合的情景构建与情景推演理论方法；

（3）关联效应、性能演化，承灾载体灾变机理与韧性评估方法；

（4）阈值触发、精准决策，多粒度信息综合集成与融合分析方法；

（5）噪声辨别、虚假互联网声音过滤，灾害事故舆情分析方法；

（6）数字孪生 、态势预测，数据驱动的灾害事故案例推理方法；

（7）信息快速获取与传输、智能化救援，应急处置与救援技术及装备理论基础；

（8）智联快速分析，复杂灾害的大数据与大计算融合分析方法。

13.3.2　地质灾害应急管理体制

加强突发性地质灾害应急管理机制，是当前新形势下防灾减灾工作必须解决的一项重大课题。地质灾害应急行动要突出“快、准”的特点。“快”是指地质灾害应急体系的应急反应速度、快速出动能力、现场反馈能力十分迅捷；“准”是指在全方位现场监控的前提下，通过决策分析等使得其行动准确，救灾措施得力，救灾部署到位。

地质灾害成功应急避险案例：2021 年 7 月 5 日四川省木里县项脚乡项脚沟泥石流（图 13.6）——1042 人成功转移、118 人避免因灾伤亡。地质灾害发生时间线如下：7 月 5 日 16 时 30 分，州防汛防地灾指挥部向全州发布天气预警，17 时 30 分县防汛防地灾联合指挥部发布信息，告知项脚等乡镇有大到暴雨，发生中小河流洪水和山地灾害的气象风险等级较高，请各乡镇注意加强防范；17 时左右，自高山往下游方向七条支沟已陆续降雨，

17 时 45 分，位于主沟下游的木里县项脚乡项脚村开始下雨；17 时 47 分，今年安装在主沟中游的已投入使用的泥石流隐患专业监测预警设备发出预警警报，乡村干部及监测人员立即向威胁区群众发出预警撤离信息，并组织项脚乡应急民兵分队挨家挨户通知群众紧急转移撤离；18 时 7 分，危险区群众全部按预案演练撤离路线迅速安全转移至避险点；18 时 10 分后，项脚沟支沟黄泥巴沟、瓦科沟、甲尔沟等七处隐患点相继暴发泥石流，物源冲出沟口规模约 162 万 m^3。由于预警及时、撤离果断，各级工作人员反应迅速，在发出预警信息 30min 内提前组织转移 251 户 1042 人（含施工人员 94 人），避免了 20 户 118 人（不含施工人员）因灾伤亡，避免经济损失 1421 万元，实现成功避险。

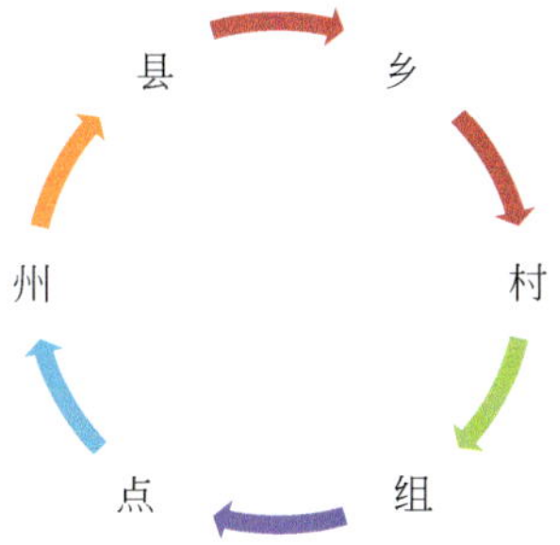

图 13.6　四川省木里县项脚乡项脚沟泥石流现场

图片来源：四川省自然资源厅，http://dnr.sc.gov.cn/scdnr/scszdt/2021/7/7/7355ec422c3b4b5fa3726383c6038a43.shtml [2022-12-09]

此外，2003 年国务院第 172 号令发布实施了《地质灾害防治条例》。该条例的第二十六条针对突发性地质灾害提出了应急预案：

应急机构和有关部门的职责分工；

抢险救援人员的组织和应急、救助装备、资金、物资的准备；

地质灾害的等级与影响分析准备；

地质灾害调查、报告和处理程序；

发生地质灾害时的预警信号、应急通信保障；

人员财产撤离、转移路线、医疗救治、疾病控制等应急行动方案。

除此之外，《国家突发地质灾害应急预案》中各地的地质灾害应急预案都体现出以下共同原则：

（1）预防为主，以人为本。始终把保障人民群众的生命财产安全作为应急工作的出发点和落脚点。

（2）统一领导，分工负责。在各级党委、政府统一领导下，有关部门各司其职，密切配合，共同做好突发地质灾害应急防治工作。

（3）分级管理，属地为主。我国幅员辽阔，不同种类、不同程度的地质灾害时有发生，因此实行分级管理、属地为主的原则符合我国基本国情。

13.3.3 灾害应急响应体系

根据自然灾害的危害程度等因素，国家减灾委设定四个国家自然灾害救助应急响应等级：Ⅰ级响应由国家减灾委主任统一组织、领导；Ⅱ级响应由国家减灾委副主任（民政部部长）组织协调；Ⅲ级响应由国家减灾委秘书长组织协调；Ⅳ级响应由国家减灾委办公室组织协调。当某一省（自治区、直辖市）行政区域内，发生特别重大自然灾害，一次灾害过程出现死亡 200 人以上；或紧急转移安置或需紧急生活救助 100 万人以上；或倒塌和严重损坏房屋 20 万间以上；或干旱灾害造成缺粮或缺水等生活困难，需政府救助人数占农牧业人口 30% 以上，或 400 万人以上时，启动Ⅰ级响应。由国家减灾委统一领导、组织自然灾害减灾救灾工作。

我国初步建立了以下机制，以确保救灾应急工作的顺利进行：

（1）社会应急动员机制；

（2）救灾应急体系；

（3）应急救援队伍体系；

（4）救灾应急资金拨付机制；

（5）灾害信息发布机制；

（6）救灾应急物资储备机制；

（7）灾情预警会商和信息共享机制；

（8）重大灾害抢险救灾联动协调机制。

13.3.4 应急预案建设内容

（1）本行政区地理位置、地形地貌、气象与气候、人口分布等基本情况概述；

（2）本行政区内易燃易爆工厂、仓库分布情况，重点保护单位的分布情况，可能的灾害源分布情况，医疗救护单位及力量的分布情况等基础资料汇总；

（3）对行政区可能发生的灾害及程度的分析，对本地区应对灾害能力的评估；

（4）灾害发生后应急指挥机构的组成及各部分的职责说明；

（5）灾害发生后应急救援队伍的组织方案，应急设备的调集方案；

（6）灾害发生后的通信联络方案和灾情报告、报警的方式方法；

（7）应急救援队伍的行动纲领；
（8）信息发布方式方法；
（9）灾后恢复重建建议；
（10）灾害应急预案的维护方式与时序。

13.4　地质灾害防治管理案例

1. 案例一：保康县尧治河村生态综合治理案例

保康县尧治河村以矿区变景区、居民区变景区、山区变景区“三区”融合建设为依托，在“两山”实践创新基地建设中走出了一条“三区”融合、让“绿水青山”流金淌银、美村富民的新路子（图 13.7）。

图 13.7　湖北省保康县尧治河村在矿渣填埋基础上建起的日月广场

图片来源：襄阳市人民政府，http://sthjj.xiangyang.gov.cn/hjxx/hjglywxxgk/zrst/202005/t20200527_2131932.shtml [2022-12-09]

先后关闭 15 个露天开采矿点、八家矿粉厂，实施水土治理和植被恢复，全村绿色生态恢复率达到 92%，建起了生态苑、环保苑、节约苑、和谐苑等“四苑”，建成了三个国家 4A 级旅游景区，旅游收入超 2 亿元。

2. 案例二：宜宾市三江口长江生态综合治理案例

宜宾，因长江在此由金沙江、岷江汇合而成，素有“万里长江第一城”的美誉。三江口位于四川省宜宾市主城区境内长江、金沙江、岷江交汇处，但由于历史原因，宜宾市三江口生态修复区域内乱搭乱建现象严重，长江源头水体受到严重污染，生态环境遭到严重破坏。2013 年起，宜宾市开始实施三江口长江公园建设，通过“拆迁约 2000 户的棚户区、收集污水、建设污水管网、设置亲水步道、合理配置园林绿化”等措施，对江畔人居环境、城市景观、文化设施等实现升级改造。截至目前，已建成近 80km 生态绿道，新增沿江绿地约 305km，亲水节点、休闲驿站、公园 15 个。2015 年，长江公园建成开放以来日均接待市民 1 万人以上，高峰期近 10 万人。如今，人与自然和谐共生，实现了良好的生态效益、经济效益和社会效益（图 13.8）。

图 13.8　四川省宜宾三江口全景图片

图片来源：四川省人民政府，https://www.sc.gov.cn/10462/10464/10465/10595/2022/10/10/08525ec6f4dc48d7b44e0654eb51c655.shtml [2022-12-09]

3. 案例三：上海生态文明建设案例

崇明坚持生态优先、绿色发展，在产业生态、人居生态、自然生态等方面下功夫。2021 年 5~7 月“花开中国梦”第十届中国花卉博览会是推动生态环境优势向生态发展优势转化的重要途径。崇明生态岛发展全力打造“绿水青山就是金山银山”的“崇明案例”（图 13.9）。

四个绿色发展案例被列入国家长江经济带绿色发展试点示范实施情况评估报告；森林覆盖率达 30%，地表水环境功能区达标率 100%，环境空气质量优良率 91.5%，占全球种群数量 1% 以上的水鸟物种数达 14 种。冬之梅、夏之荷、春之玉兰、秋之金菊等同期绽放，万花争艳而不见零落，神奇之美令人赞叹。公园水体生态治理工程，在清除湖底淤泥的同时，全面布局了水下森林的种植，并通过在水体中投放肉食性鱼类，合理配置浮游动物等方式，形成食物链，构建起具有稳定净化功能的水生态系统。

图 13.9　上海市崇明岛东滩湿地

图片来源：中华人民共和国生态环境部，https://www.mee.gov.cn/xxgk2018/xxgk/xxgk15/201908/t20190814_728903_wh.html [2022-12-09]

思　考　题

1. 地质灾害管理的主要原则与内容有哪些?
2. 目前地质灾害监测预报新技术主要有哪些？
3. 生态文明建设内容主要包括哪些方面？
4. 地质灾害防治应急管理基础研究方向有哪些？
5. 灾害应急响应体系主要包括哪些内容？

参 考 文 献

于小川 . 2025. 防灾减灾进社区平安守护千万家——应急管理部信息研究院举办 2025 年全国防灾减灾日科普宣传活动 . 当代矿工 , (6): 12.

Berkes F, Colding J, Folke C. 2003. Navigating Social-Ecological Systems: Building Resilience for Complexity and Change. Cambridge: Cambridge University Press.

Holling C S. 1973. Resilience and stability of ecological systems. Annual Review of Ecology and Systematics, 4: 1-23.

Kikstra J S, Nicholls Z R, Smith C J, et al. 2022. The IPCC Sixth Assessment Report WGIII climate assessment of mitigation pathways: from emissions to global temperatures. Geoscientific Model Development, 15(24): 9075-9109.

United Nations. 2005. Hyogo framework for action 2005–2015: building the resilience of nations and communities to disasters. United Nations Office for Disaster Risk Reduction Report, https://www.unisdr.org/files/1217_HFAbrochureEnglish.pdf [2025-05-12].

United Nations Office for Disaster Risk Reduction. 2015. Sendai framework for disaster risk reduction 2015–2030. https://www.undrr.org/publication/sendai-framework-disaster-risk-reduction-2015-2030 [2025-05-12].

（SCPC-BZBEZH25-0007）

扫码获取 增值服务
刮开涂层 激活资源
一经刮开 概不退换
0004415484

地质灾害机理与防治

（第二版）

科学出版社微信公众号

科学出版社　地质分社
E-mail：earthscience@mail.sciencep.com

销售分类建议：地质灾害

www.sciencep.com

ISBN 978-7-03-083272-6

定价：198.00 元